Längenprüftechnik	1
Fertigungstechnik	2
Maschinenelemente und Maschinentechnik	3
Instandhaltung	4
Qualitätsmanagement	5
Steuerungs- und Regelungstechnik	6
Computertechnik	7
Handhabungstechnik	8
Grundlagen der Elektrotechnik	9
Werkstofftechnik	10
Lernfeld Abschlussprüfung	11
Sachwortverzeichnis	12

Prüfungsbuch Metall- und Maschinentechnik

Vorbereitung zur:

- Facharbeiterprüfung
- Gesellenprüfung
- Berufskollegprüfung
- Meisterprüfung
- Technikerprüfung

für Industrie und Handwerk

Peter Schultheiß

3., neu bearbeitete Auflage

Best.-Nr. 3150
Holland + Josenhans Verlag Stuttgart

3., erweiterte und neu bearbeitete Auflage 2009

Umschlagfoto: mauritius images GmbH, Mittenwald
Zeichnungen: Peter Schultheiß, Stuttgart

Dieses Buch ist auf Papier gedruckt, das aus 100 % chlorfrei gebleichten Faserstoffen hergestellt wurde.

Alle Rechte vorbehalten. Das Werk und seine Teile sind urheberrechtlich Geschützt. Jede Verwertung in anderen als den gesetzlich zugelassenen Fällen bedarf deshalb der vorherigen Einwilligung des Verlages.
Hinweis zu § 52 a UrhG: Weder das Werk noch seine Teile dürfen ohne eine solche Einwilligung eingescannt und in ein Netzwerk eingestellt werden. Dies gilt auch für Intranets von Schulen und sonstigen Bildungseinrichtungen.
Die Verweise auf Internetadressen und -dateien beziehen sich auf deren Zustand und Inhalt zum Zeitpunkt der Drucklegung des Werks. Der Verlag übernimmt keinerlei Gewähr und Haftung für deren Aktualität oder Inhalt noch für den Inhalt von mit ihnen verlinkten weiteren Internetseiten.

© Holland+Josenhans GmbH & Co., Postfach 10 23 52, 70019 Stuttgart
Tel: 0711 / 6 14 39 20, Fax: 0711 / 6 14 39 22,
E-Mail: verlag@holland-josenhans.de, Internet: www.holland-josenhans.de

Gesamtherstellung: LFC print+medien GmbH, 72770 Reutlingen
ISBN 978-3-7782-3150-0

VORWORT

Die Entwicklung im Bereich Maschinen- und Metalltechnik bringt ständig Veränderungen mit sich. Die Neuordnung der Lehrpläne für die Maschinentechnik- und Metallberufe hat eine Fülle von neuen Lerninhalten gebracht, insbesondere in den Bereichen Instandhaltung, Steuerungstechnik und Qualitätsmanagement. Die Einführung der handlungsorientierten Lernfelder zielt verstärkt darauf ab, sich Lerngegenstände weitgehend selbstständig anzueignen. Der ganzheitliche Ansatz der Berufsausbildung beinhaltet somit neben der Fachkompetenz gleichberechtigt die Methoden-, Sozial- und Individualkompetenz.

Bei der Gestaltung des Prüfungsbuches für die Ausbildungsberufe der Metall- und Maschinenbautechnik wurde versucht, diesen Anforderungen gerecht zu werden. So sollen bei der Lösung der unterschiedlichen Aufgaben aus den Bereichen der Berufstheorie selbstständig Lösungsansätze gefunden werden. Dazu sollen Sie, durch Abdecken des Lösungsvorschlags, angeregt werden. Erst wenn Sie Ihren eigenen Lösungsvorschlag erarbeitet haben, sollten Sie einen inhaltlichen Vergleich vornehmen. Der Umgang mit dem Tabellenbuch zur Informationsbeschaffung ist hierfür eine Voraussetzung.

Ich wünsche Ihnen, dass Ihre beruflichen Kompetenzen mit der Bearbeitung der methodisch gestalteten Aufgaben dieses Buches gefestigt und erweitert werden.

Peter Schultheiß

Inhaltsverzeichnis

1	**Längenprüftechnik**	
1.1	Prüfen	12
1.2	Prüfmittel	20
1.3	Oberflächenprüfung	33
1.4	Toleranzen und Passungen	39

2	**Fertigungstechniktechnik**	
2.1	Arbeitssicherheit	52
2.2	Fertigungsverfahren	54
2.3	Urformen	54
2.4	Umformen	61
2.5	Trennen und Zerteilen	78
2.6	Spanen	86
2.6.1	Bohren, Reiben, Gewindeschneiden	89
2.6.2	Drehen	96
2.6.3	Fräsen	107
2.6.4	Schleifen, Honen, Läppen	113
2.6.5	Abtragen	120
2.6.6	Thermisches Trennen	127
2.7	Fügen	129
2.7.1	Kleben, Löten	129
2.7.2	Schweißen	134

3	**Maschinenelemente und Maschinentechnik**	
3.1	Gewinde und Schraubenverbindungen	146
3.2	Stiftverbindungen, Welle-Nabe-Verbindungen	150
3.3	Federn	153
3.4	Achsen, Wellen und Lager	155
3.5	Kupplungen	175
3.6	Riementrieb	176
3.7	Zahnräder, Zahnradgetriebe	179
3.8	Vorrichtungen	184

© Holland + Josenhans

4 Instandhaltung
4.1	Instandhaltungsmaßnahmen, Abnutzungsvorrat	186
4.2	Schmierstoffe	190
4.3	Reibung	198
4.4	Korrosion und Oberflächenschutz	200

5 Qualitätsmanagement
5.1	Qualitätsmanagementsysteme	208
5.2	Seven Tools	215
	- Paretoanalyse	
	- Ishikawa	
	- FMEA	
5.3	Statistische Prozesslenkung (SPC)	221
	- Histogramm	
	- Wahrscheinlichkeitsnetz	
	- Maschinenfähigkeitsuntersuchung	
	- Prozessfähigkeitsuntersuchung	
	- Regelkarten	
5.4	Tabellen / Formeln	248

6 Steuerungs- und Regelungstechnik
6.1	Steuerung und Regelung	254
6.2	Darstellung logischer Verknüpfungen	257
6.3	Pneumatische Steuerungen	263
6.4	Sensoren	275
6.5	GRAFCET	277
6.6	Elektropneumatische Steuerungen	284
6.7	Hydraulische Steuerungen	290
6.8	Speicherprogrammierbare Steuerungen (SPS)	302
6.9	CNC-Steuerungen	319
6.9.1	Werkzeugformdatei	339

7 Computertechnik
7.1	Grundlagen	342
7.2	Algorithmen	346
7.3	Programmieren	348

8 Handhabungstechnik
8.1 Handhaben 356
8.2 Robotertechnik 359

9 Grundlagen der Elektrotechnik
9.1 Begriffe, Größen und Berechnungen 366
9.2 Stromwirkung 373
9.3 Gefahren und Schutzmaßnahmen 375

10 Werkstofftechnik
10.1 Einteilung und Eigenschaften der Werkstoffe 378
10.2 Aufbau und Gefüge metallischer Werkstoffe 381
10.3 Legierungen 383
10.4 Eisen und Stahl 389
10.5 Wärmebehandlung von Stahl 395
10.6 Eisen-Gusswerkstoffe 403
10.7 Nichteisen-Metalle 407
10.8 Kunststoffe 415
10.9 Verbundwerkstoffe 419
10.10 Sinterwerkstoffe 421
10.11 Werkstoffprüfung 424

11 Lernfeld-Abschlussprüfung
Auftrags- und Funktionsanalyse 434
    Anlage analysieren und Bauteile dimensionieren 437
    Ablaufsteuerung planen 438
    SPS-Programm erstellen 441
    Anlagesicherheit bewerten 443
    Energieverbrauch berechnen und verbessern 444
Fertigungstechnik
    Fertigung Planen 446
    Fertigung Durchführen 447
    Fehlerkosten analysieren und bewerten 448

12 Sachwortverzeichnis 451

1 Längenprüftechnik

1.1	Prüfen	12
1.2	Prüfmittel	20
1.3	Oberflächenprüfung	33
1.4	Toleranzen und Passungen	39

1 Längenprüftechnik

1.1 Prüfen

1 Worin unterscheiden sich „subjektive Prüfungen" von „objektiven Prüfungen"?

Subjektive Prüfungen erfolgen durch Sinneswahrnehmungen, z. B. die mit den Fingern durchgeführte Prüfung der Rauheit einer Werkstückoberfläche.
Objektive Prüfungen erfolgen mit Prüfmitteln, das können Messgeräte oder Lehren sein.

2 Worin unterscheidet sich das Messen vom Lehren?

Messen ist ein Maßvergleich mit einem Messgerät. Das Ergebnis ist ein Messwert, das Istmaß.
Lehren ist ein Maß- und/oder Formvergleich mit einer Lehre. Das Ergebnis ist eine Beurteilung: Gut, Ausschuss oder Nacharbeit.

3 Begründen Sie, warum es in der modernen Technik notwendig ist, genau bestimmte und allgemein verbindliche Maßeinheiten festzulegen.

Durch die internationalen wirtschaftlich-technischen Beziehungen muss eine internationale einheitliche technische Sprache gesprochen werden.
(SI = Internationales Einheitensystem)

4 Nennen Sie die 7 Größen und deren Einheit, welche die Basis für das internationale Einheitensystem (SI) bilden.

- **Länge** l in Meter [m]
- **Masse** m in Kilogramm [kg]
- **Zeit** t in Sekunde [s]
- **Stromstärke** I in Ampere [A]
- **Temperatur** ϑ oder T in Grad Celsius [°C] oder Kelvin [K]
- **Lichtstärke** I_v in Candela [cd]
- **Stoffmenge** n in Mol [mol]

1 Längenprüftechnik

5 Aus welchen Basis-SI-Einheiten setzt sich die Einheit der Kraft, 1 Newton, zusammen?

Aus Kilogramm, Meter und Sekunde

$$1\,N = \frac{1\,kg \cdot 1\,m}{1\,s^2}$$

6 Welche Bedeutung haben Vorsätze wie Kilo- oder Milli-, die einer Maßeinheit vorangestellt werden?

Vorsätze werden verwendet, wenn man sehr große oder sehr kleine Werte angeben will, z. B.:
- Kilo- = mal 1 000
- Mega- = mal 1 000 000
- Milli- = mal 0,001
- Mikro- = mal 0,000 001

7 Welche Gesamtlänge L in Meter ergibt sich aus den folgenden Teillängen:
350 dm + 232 600 mm + 40 cm + 500 000 µm

$$\boxed{\begin{array}{l}1\,m = 10\,dm = 100\,cm \\ = 1000\,mm \\ 1\,mm = 1000\,\mu m\end{array}}$$

$L = (35 + 232{,}6 + 0{,}4 + 0{,}5)\,m$
$L = \mathbf{268{,}5}$ m

8 Welche Gesamtfläche A in dm² ergibt sich aus den folgenden Teilflächen:
23 000 mm² + 170 cm² + 2,24 m² + 50 000 mm²

$$\boxed{\begin{array}{l}1\,m^2 = 100\,dm^2 = 10\,000\,cm^2 \\ = 1\,000\,000\,mm^2\end{array}}$$

$A = (2{,}3 + 1{,}7 + 224 + 5)\,dm^2$
$A = \mathbf{233}\,dm^2$

9 Wie groß ist die Summe der Winkel 30°35′ 45′′ und 15°30′ 18′′?

$30°\ 35′\ 45′′$
$+15°\ 30′\ 18′′$
$= 45°\ 65′\ 63′′$
$= 45°\ 66′\ 3′′ = \mathbf{46°\ 6′\ 3′′}$

10 Stellen Sie die Formel schrittweise nach d um:

$$C = \frac{D-d}{L}$$

$C = \dfrac{D-d}{L}$ mal L
$C \cdot L = D - d$ $+ d$
$C \cdot L + d = D$ $- (C \cdot L)$
$d = D - (C \cdot L)$

© Holland + Josenhans

1 Längenprüftechnik

11 Erläutern Sie, am Beispiel 90 km/h in m/s, wie zusammengesetzte Einheiten umgerechnet werden.

1. Ausgangseinheit und gesuchte Einheit hinschreiben:

$$90 \frac{km}{h} \text{ in } \frac{m}{s}$$

2. Vor jede Einheit den Faktor 1 schreiben

$$90 \frac{1 \cdot km}{1 \cdot h}$$

3. Ausgangseinheit durch gesuchte Einheit ersetzen

$$90 \cdot \frac{1000 \; m}{3600 \; s}$$

4. Faktoren zusammenfassen

$$\frac{90\,000 \; m}{3600 \; s} = 25 \; \frac{m}{s}$$

12 Lösen Sie die folgende Bestimmungsgleichung nach der Unbekannten x schrittweise auf:

$$\frac{3x+1}{5} - \frac{9x-7}{2} = -8$$

$$\frac{3x+1}{5} - \frac{9x-7}{2} = -8 \quad \text{mal 10}$$
$$\frac{10(3x+1)}{5} - \frac{10(9x-7)}{2} = -80 \quad \text{kürzen}$$
$$2(3x+1) - 5(9x-7) = -80$$
$$6x + 2 - 45x + 35 = -80$$
$$-39x + 37 = -80 \quad \text{mal}(-1)$$
$$39x - 37 = 80 \quad +37$$
$$39x = 117 \quad :39$$
$$x = 3$$

13 Welche Bezugstemperatur ist beim genauen Messen einzuhalten? Begründung.

Werkstück und Messzeug müssen eine Temperatur von 20 °C haben, da sich bei Temperaturänderungen auch ihre Länge ändert.
So ändert sich z. B. die Länge eines 100 mm langen Stahlparallelendmaßes um 1,15 µm je Grad Celsius.

14 An einer Aluminium-welle wurde sofort nach dem Drehen, $t = 65\ °C$, der Durchmesser $d = 40{,}01$ mm gemessen.
Wie groß ist der Durchmesser bei einer Bezugstemperatur von 20 °C?

Hinweis:
$\alpha_{Al} = 0{,}00002 3\,8$ 1/°C

$$\Delta t = t_2 - t_1$$
$$\Delta d = \alpha \cdot d_1 \cdot \Delta t$$
$$d_2 = d_1 + \Delta d$$

$\Delta t = 20\ °C - 65\ °C = -45\ °C$
$\Delta d = 0{,}0000238/°C \cdot 40{,}01\,\text{mm} \cdot (-45\ °C)$
$\Delta d = -0{,}04\,\text{mm}$

$d_2 = 40{,}01\,\text{mm} + (-0{,}04\,\text{mm})$
$d_2 = \mathbf{39{,}97}\,\text{mm}$

15 Der skizzierte Flachstahl ist $L = 1\,600$ mm lang.

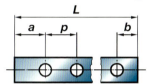

Berechnen Sie
a) Anzahl der Bohrungen n, wenn die Lochmittenabstände und die Randabstände jeweils 64 mm betragen.
b) Teilung p, wenn im Flachstahl 14 Löcher in gleichen Abständen gebohrt werden sollen. Die Randabstände betragen $a = b = 20$ mm.
c) Anzahl der Bohrungen n, wenn der Lochmittenabstand 60 mm, der linke Randabstand 70 mm und der rechte Randabstand 30 mm beträgt.

p ... Teilung
L ... Gesamtlänge
n ... Anzahl der Bohrungen
a ... Randabstand
b ... Randabstand

a) Randabstand = Teilung

$$p = \frac{L}{n+1}$$

$n = \dfrac{L}{p} - 1 = \dfrac{1600\,\text{mm}}{64\,\text{mm}} - 1 = \mathbf{24}$

b) Randabstand ≠ Teilung

$$p = \frac{L - (a+b)}{n-1}$$

$p = \dfrac{1600\,\text{mm} - (20+20)\,\text{mm}}{14 - 1}$
$p = \dfrac{1560\,\text{mm}}{13} = \mathbf{120}\,\text{mm}$

c) Randabstand ≠ Teilung

$n = \dfrac{L - (a+b)}{p} + 1$
$n = \dfrac{1600\,\text{mm} - (70+30)\,\text{mm}}{60\,\text{mm}} + 1$
$n = \mathbf{26}$

1 Längenprüftechnik

16 Was versteht man beim Prüfen unter einer Messabweichung?

Die Abweichung des Prüfergebnisses von der tatsächlichen Größe des zu prüfenden Gegenstandes.
Zum Beispiel:
gemessener Wert: 30,200 mm
tatsächlicher Wert: 30,178 mm
Messabweichung: **0,022** mm

17 Beim Messen können „systematische" und „zufällige" Fehler vorkommen. Worin unterscheiden sie sich?

Systematische Fehler treten regelmäßig auf und können beim Prüfen berücksichtigt werden.
Zufällige Fehler sind bei jeder Messung anders und können beim Prüfen kaum berücksichtigt werden.

18 Welche Messfehler zählen zu den „systematischen Fehlern"?

Regelmäßig auftretende Fehler, wie Fehler durch das Messgerät, z. B. Steigungsfehler der Messspindel, Teilungsfehler, Abnutzung der Messflächen.
Nichtbeachtung messtechnischer Grundsätze, z. B. das Nichteinhalten der Bezugstemperatur führt bei gleichen Bedingungen stets zur gleichen Messabweichung.

19 Wodurch können „zufällige Fehler" verringert werden?

Zufällige Fehler versucht man dadurch verringern, dass man mehrere Messungen am gleichen Werkstück durchführt und aus ihnen den Mittelwert errechnet, der dann dem tatsächlichen Wert sehr nahe kommt.
Beispiel: 1. Messung: 80,45 mm
2. Messung: 80,50 mm
3. Messung: 80,50 mm
4. Messung: 80,55 mm
Mittelwert: 80,50 mm
Persönliche Fehler des Prüfenden können durch gezielte Messübungen weitgehend verringert werden.

1 Längenprüftechnik

20 Eine Messschraube zeigt bei der Überprüfung mit Endmaßen folgende Messwerte:
- **Endmaß 10,000 mm**
  ⇨ **Messwert 9,99 mm**
- **Endmaß 20,000 mm**
  ⇨ **Messwert 19,99 mm.**

Welche Fehlerart liegt hier vor und welche Bedeutung hat dies für künftige Messungen?

Da die Abweichung regelmäßig vorkommt, liegt ein systematischer Fehler vor.
Die bekannte Abweichung von 0,01 mm kann bei allen künftigen Messungen berücksichtigt werden.

21 **In welchem Fall gilt ein Prüfmittel als „fähig"?**

Ein Prüfmittel ist fähig, wenn es eine bestimmte Mindestgenauigkeit erbringt.
Es gilt als „fähig", wenn die Messunsicherheit des Messergebnisses höchstens ±10 % der Maßtoleranz beträgt.

22 **Eine Bohrung wird mit d = 25,025 mm gemessen. In welchem Bereich kann das tatsächliche Maß liegen, wenn die Messunsicherheit $u = \pm 5\ \mu m$ beträgt?**

Da 5 µm = 0,005 mm sind, kann das tatsächliche Maß zwischen 25,020 mm und 25,030 mm liegen.

23 **Erläutern Sie den in der Messtechnik verwendeten Begriff „Justieren".**

Justieren bedeutet, ein Messgerät so einzustellen, dass die Messabweichungen möglichst gering bleiben oder deren Fehlergrenzen nicht überschritten werden.
Das Justieren erfordert also einen Eingriff, der das Messgerät oder die Maßverkörperung meistens bleibend verändert, wie z.B. den Zeiger neu zu positionieren.

1 Längenprüftechnik

24 Wozu dienen in der Messtechnik „Normale"? Nennen Sie Beispiele für Normale.

Normale sind Prüfmittel, mit denen Messgeräte überprüft, d. h. kalibriert werden. Das Normal wird bei bestimmten Messgeräten auch zum Justieren des Messbereiches vor der Kalibrierung verwendet.
Beispiele für Normale: Parallelendmaße, Gewichtsstücke, elektrische Widerstände usw.

25 Erläutern Sie den in der Messtechnik verwendeten Begriff „Kalibrieren".

Kalibrieren bedeutet, die Messabweichungen am vollständigen Messgerät festzustellen; es erfolgt kein technischer Eingriff am Messgerät.
Bei anzeigenden Messgeräten wird durch das Kalibrieren die Messabweichung zwischen der Aufschrift und dem richtigen Wert bestimmt. Dabei legt man dem Gerät ein Objekt mit bekannten Maßen vor (Normal) und bestimmt die Abweichung der Anzeige vom bekannten Maß. Das Ergebnis und die zugehörige Messunsicherheit werden in einem Kalibrierschein festgehalten.

26 Erfüllt ein Messgerät bei der Prüfung alle Anforderungen, wird es als geeicht gestempelt.
Was bedeutet „Eichen"?

Eichen bedeutet eine gesetzlich vorgeschriebene Prüfung von Messgeräten auf Einhaltung der eichrechtlichen Vorschriften, insbesondere der Eichfehlergrenzen.
Eichungen werden in der Bundesrepublik Deutschland von den Landeseichämtern und staatlich anerkannten Prüfstellen unter fachlicher Aufsicht durch die Physikalisch-Technische Bundesanstalt durchgeführt.
Mit einem Stempel wird die voraussichtliche Einhaltung für die Gültigkeitsdauer der Eichung bestätigt.

Das "D" im Eichzeichen steht für Deutschland, die Zahl 22 auf dem Band für Baden-Württemberg. Das Jahreszeichen mit Schildumrandung gibt das Jahr des Ablaufs der Eichgültigkeit an.

27 „Parallaxenfehler"
a) Erklären Sie, wie Messabweichungen durch „Parallaxe" entstehen.
b) Wodurch kann dieser Fehler vermeiden werden?

a) Messabweichungen durch Parallaxe entstehen, wenn
  - ein Strich oder ein Zeiger nicht in der Skalenebene liegt,
  - unter schrägem Blickwinkel, hier β, abgelesen wird.

b) Vermeiden lässt sich diesen Fehler, indem man
  - Prüfmittel mit abgeschrägten Messkanten verwendet ⇨ $a = 0$,
  - senkrecht, hier A, auf anzeigende Prüfgeräte blickt ⇨ $f = 0$.

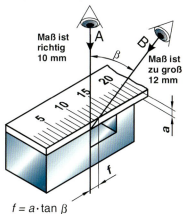

$f = a \cdot \tan \beta$
$f = 0$, wenn $\beta = 0$ oder $a = 0$

1 Längenprüftechnik

1.2 Prüfmittel

28 Wie werden Messgeräte eingeteilt?

- In Maßverkörperungen, z. B. Bandmaß oder Parallelendmaß.
  Sie verkörpern die Längeneinheit durch den Abstand von Teilstrichen oder durch den Abstand zweier paralleler bzw. geneigter Flächen.
- In anzeigende Messgeräte, z. B. Messschieber oder Messschraube.
  Sie geben den Vergleich digital oder analog als Messwert an.

29 Nennen Sie je drei anzeigende Messgeräte zum
a) berührenden Messen
b) berührungsfreien Messen.

a) Messuhr
   Messschieber
   Bügelmessschraube
b) Messmikroskop
   Lasermessgerät
   Pneumatisches Messgerät

30 Wodurch wird bei Parallelendmaßen das Maß verkörpert?

Durch zwei planparallele Messflächen.

31 Für welche Anwendungsaufgaben werden Endmaße verwendet?

- Zum Prüfen von Messgeräten und Lehren
- Zum genauen Einstellen und Justieren von Geräten und Werkzeugen
- Zum Kalibrieren anderer Endmaße

32 Warum dürfen Stahlendmaße nicht längere Zeit „angesprengt" bleiben?

Aufgrund der hohen Oberflächengüte haften die Endmaße aneinander. Werden sie nach Gebrauch nicht wieder zerlegt, besteht die Gefahr, dass sie „kaltverschweißen" und sich nicht mehr trennen lassen.

1 Längenprüftechnik

33 Aus welchen Werkstoffen, außer gehärtetem Stahl, werden Endmaße noch hergestellt? Geben Sie deren Eigenschaften im Vergleich zu den Stahlendmaßen an.

Hartmetall
Sie sind wesentlich verschleißfester als Stahlendmaße.
Problematisch ist die um 50 % geringere Wärmedehnung gegenüber den Stahlendmaßen, was zu Messabweichungen führen kann.
Keramik
Haben eine stahlähnliche Wärmedehnung, eine hohe Verschleißfestigkeit und bedürfen keiner besonderen Pflege.

34 Wie viele Maßbildungsreihen und Maßblöcke enthält der Normalsatz (N-Satz) von Endmaßen?

Der Normalsatz hat 5 Maßbildungsreihen mit insgesamt 45 Blöcken.

Normalsatz		
Reihe	Endmaße mm	Stufung der Blöcke mm
1	1,001 bis 1,009	0,001
2	1,01 bis 1,09	0,01
3	1,1 bis 1,9	0,1
4	1 bis 9	1
5	10 bis 90	10

35 Worauf ist beim Zusammenstellen von Endmaßkombinationen zu achten?

- Eine Endmaßkombination soll aus möglichst wenigen Einzelblöcken bestehen.
- Man beginnt mit dem kleinsten Endmaß, d.h. mit der letzten Ziffer des Maßes.

36 Das Maß 50,028 mm soll mit Endmaßen (N-Satz) erstellt werden. Welche Endmaße müssen Sie aneinander schieben?

1. Endmaß: 1,008 mm
2. Endmaß: 1,020 mm
3. Endmaß: 8,000 mm
4. Endmaß: 40,000 mm
           50,028 mm

1 Längenprüftechnik

37 Worin unterscheiden sich Parallelendmaße mit
- Genauigkeitsgrad 0
- Genauigkeitsgrad K?

Endmaße mit der Genauigkeit 0 werden zum Kalibrieren von Messgeräten verwendet.
Die Endmaße mit der Genauigkeit K haben kleinere Toleranzen und werden zum Kalibrieren anderer Endmaße verwendet.

38 Die Breite einer Schwalbenschwanzführung soll überprüft werden.

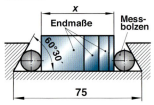

a) Berechnen Sie das Kontrollmaß x (auf drei Stellen nach dem Komma) der aufgestellten Parallelendmaße, wenn der Messbolzendurchmesser 12 mm beträgt.

b) Wie lautet die Endmaßkombination, die zur Erzeugung des Maßes aneinander geschoben werden muss?

a) Kontrollmaß x:

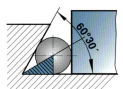

$$\tan \alpha = \frac{\text{Gegenkathete (GK)}}{\text{Ankathete (AK)}}$$

mit $\alpha = \dfrac{60°30'}{2} = \dfrac{60{,}5°}{2} = 30{,}25°$

und Gegenkathete $= \dfrac{D}{2} = 6$ mm

$\text{AK} = \dfrac{\text{GK}}{\tan \alpha} = \dfrac{6 \text{ mm}}{\tan 30{,}25°}$

$\text{AK} = 10{,}288$ mm

$x = 75 \text{ mm} - 2 \cdot \text{AK} - 2 \cdot \dfrac{D}{2}$

$x = 75 \text{ mm} - 20{,}577 \text{ mm} - 12 \text{ mm}$

$x = \mathbf{45{,}423}$ **mm**

b) Endmaßkombination
   1. Endmaß: 1,003 mm
   2. Endmaß: 1,020 mm
   3. Endmaß: 1,400 mm
   4. Endmaß: 2,000 mm
   5. Endmaß: 40,000 mm
                   45,423 mm

39 Die Abbildung zeigt ein Sinuslineal.

a) Wozu wird dieses Prüfmittel verwendet?
b) Beschreiben Sie den Prüfvorgang.
c) Geben Sie die Endmaßkombination an, wenn mit diesem Prüfmittel, ein Winkel von 25,415° eingestellt werden soll.

a) Zum Prüfen und Einstellen beliebiger Winkel zwischen 0° und 60°.

b) Das einstellbare Winkelmessgerät wird mit Hypotenusenlängen von 100 mm bis 500 mm geliefert. Während der Messung bleibt diese Länge unverändert, so dass die Winkeldarstellung durch Längenänderung an der Gegenkathete (unterstellen von Parallelendmaßen) erfolgt.

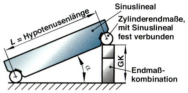

c) Die Länge der Gegenkathete wird mit Hilfe der Winkelfunktionen berechnet,

$$\sin \alpha = \frac{\text{Gegenkathete}}{\text{Hypotenuse}} = \frac{GK}{L}$$

$GK = L \cdot \sin \alpha$

$GK = 200 \text{ mm} \cdot \sin 25{,}415°$

$GK = \mathbf{85{,}834}$ mm

und dann mit der folgenden Endmaßkombination erstellt:

1. Endmaß		1,004 mm
2. Endmaß		1,030 mm
3. Endmaß		1,800 mm
4. Endmaß		2,000 mm
5. Endmaß		80,000 mm
		85,834 mm

40 Mit welchen Nonien werden Messschieber hergestellt?

- 1/10 mm - Nonius
- 1/20 mm - Nonius
- 1/50 mm - Nonius

1 Längenprüftechnik

41 Benennen Sie die Hauptbestandteile eines Universalmessschiebers.

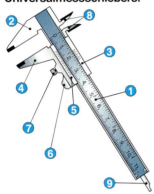

① Schiene mit Strichskalen (mm und Inch) und
② festem Messschenkel
③ Schieber mit
④ beweglichem Messschenkel und
⑤ Nonien
⑥ Schieberfeder und
⑦ Klemmschraube
⑧ Schneidenförmigen Messflächen (Kreuzschnäbel) für die Innenmessung
⑨ Tiefenmessstange

42 Welche Messungen können mit Messschiebern durchgeführt werden?

- Innenmessungen
- Außenmessungen
- Tiefenmessungen

43 Welche Vorteile haben Messschieber mit elektronischer (digitaler) Ziffernanzeige?

Sie zeigen den Messwert durch Leuchtziffern an. Dadurch werden Ablesefehler vermieden. Außerdem lassen sich durch Taster die Anzeige auf Null stellen und Messwerte speichern.

44 Warum verstößt der Messschieber gegen den „Abbe'schen Grundsatz"?

Nach Abbe soll das Messgerät so konstruiert sein, dass Messstrecke am Prüfgegenstand und Maßverkörperung in einer Flucht liegen. Dieses sog. Komparationsprinzip ist beim Messschieber, abgesehen vom Tiefenmaß, nicht gegeben.

1 Längenprüftechnik

45 Welchen Nonius zeigen die abgebildeten Messschieberausschnitte? Begründung.

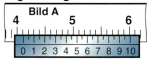

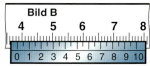

- Bild A zeigt einen Zwanzigstel-Nonius.
  Begründung:
  19 mm der Strichskala sind in 20 Teile auf dem Nonius geteilt.

- Bild B zeigt einen erweiterten Zwanzigstel-Nonius.
  Begründung:
  39 mm der Strichskala sind in 20 Teile auf dem Nonius geteilt.

46 Welchen Nonius zeigt der skizzierte Messschieberausschnitt?
Lesen Sie den Messwert ab und erklären Sie allgemein, wie ein Messschieber abgelesen wird.

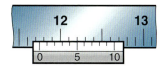

- Zehntel-Nonius (1/10-Nonius).
- Messwert: 117,5 mm.

Beim Ablesen wird der Nullstrich des Nonius als Komma betrachtet.
Links vom Komma liest man auf der Strichskala die vollen Millimeter ab (hier 117 mm) und sucht dann rechts vom Nullstrich den Teilstrich des Nonius aus, der sich mit einem Teilstrich der Strichskala deckt.
Die Anzahl der Teilstrichabstände geben dann je nach Nonius die Zehntel-, Zwanzigstel- oder Fünfzigstel- Millimeter an
(hier 5/10 mm = 0,5 mm).
Beide Werte addiert ergeben den Ablesewert.

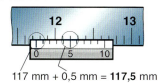

117 mm + 0,5 mm = **117,5** mm

1 Längenprüftechnik

47 Wie wird am Arbeitsplatz ein Messschieber auf Maßabweichungen überprüft?

- Nach dem leichten Zusammenschieben der Messschenkel müssen die Nullstriche von Schieber und Lineal übereinstimmen
- Prüfung der schneidenförmigen Messflächen für die Innenmessung kann durch Grenzrachenlehren oder Grenzlehrringen erfolgen

48 Benennen Sie die Hauptteile der abgebildeten Bügelmessschraube.

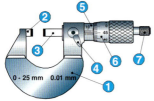

- Bügel mit Isolierplatte ① und Messamboss ②
- Messspindel ③ mit Spindelfeststelleinrichtung ④
- Skalenhülse ⑤
- Skalentrommel ⑥
- Kupplung (Ratsche) ⑦

49 Welche Ablesegenauigkeit hat die Messschraube?

Die Ablesegenauigkeit beträgt 1/100 mm.

50 Welche Gewindesteigung kann die Messspindel einer Messschraube haben?

Die Spindelsteigung kann 0,5 mm oder 1 mm betragen.

51 Wie ist der Umfang der Skalentrommel einer Messschraube eingeteilt, wenn die Messspindel eine Steigung von 0,5 mm aufweist?

Die Skalentrommel ist in 50 Teile geteilt.
Der Skalenteilungswert ergibt bei einer Steigung von 0,5 mm:
$$\frac{0{,}5 \text{ mm}}{50} = \frac{1}{100} \text{ mm} = 0{,}01 \text{ mm}$$

52 Welches Teil der Messschraube dient als Maßverkörperung?

Als Maßverkörperung dient die geschliffene Messspindel.

1 Längenprüftechnik

53 Beschreiben Sie anhand des skizzierten Messschraubenausschnitts, wie eine Messschraube abgelesen wird.

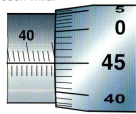

Ganze und halbe Millimeter werden an der Skalenhülse (hier 44,5 mm), die Hundertstel Millimeter werden auf der Skalentrommel abgelesen (hier 0,45 mm).
Die Addition aller Werte ergibt den Messwert.

Ablesebeispiel:
    44 ganze Millimeter: 44,00 mm
    1 halber Millimeter: + 0,50 mm
45 Hundertstel Millimeter: + 0,45 mm
                                44,95 mm

54 Wie wird am Arbeitsplatz eine Messschraube auf Maßabweichungen überprüft?

- Prüfen in Null-Lage
- Prüfen mithilfe von Endmaßen in verschiedenen Endlagen

55 Welche Aufgabe hat die Kupplung (Ratsche) der Messschraube?

Durch sie soll der Messdruck begrenzt und somit die Messgenauigkeit erhöht werden.

56 Wodurch können Messfehler beim Messen mit der Messschraube vermieden werden?

Voraussetzung ist die Genauigkeit der Messschraube.
- Mit gleicher Messkraft messen (Ratsche verwenden)
- Messschraube beim Messen nicht verkanten
- Messschraube keiner großen Erwärmung aussetzen (Isolierplatte verwenden)
- Auf Sauberkeit an Messschraube und Werkstück achten
- Richtig ablesen
- Messschraube nicht über das Werkstück pressen

1 Längenprüftechnik

57 Warum ist an der Bügelmessschraube eine Isolierplatte angebracht?

Damit keine Wärme von der Hand auf die Messschraube übergeht. Ein falsches Messergebnis durch Wärmeausdehnung wird somit vermieden.

58 Benennen Sie die Teile der abgebildeten Messuhr.

① Toleranzmarke
dient der Markierung des Kontrollbereichs, in dem sich der Zeiger bei der Prüfung des Werkstücks bewegen darf.

② Einspannschaft

③ Messbolzen

④ Messeinsatz
(Anschlussgewinde M2,5)
Normaleinsätze sind Kugeln mit einem Durchmesser von 3 mm aus Stahl, Hartmetall oder Rubin.

59 Wozu werden Messuhren verwendet?

- Prüfen von Form- und Lageabweichungen durch Maßdifferenzen
- Einstellen von Werkzeugmaschinen
- Verschleißprüfung, z. B. Zylinderverschleiß mit dem Innenmessgerät

60 Wodurch wird bei einer Messuhr der Messbolzenweg
a) in eine drehende Bewegung umgewandelt
b) vergrößert?

a) Die Bewegungsumwandlung erfolgt durch Zahnstange und Zahnrad.

b) Die Vergrößerung erfolgt durch ein Zahnradgetriebe.

61 Die Abbildung zeigt ein Fühlerhebelmessgerät.

a) Wozu wird dieses Messgerät verwendet?
b) Wie groß ist für dieses Messgerät der Anzeigebereich und der Skalenteilungswert?
c) Wie muss die Achse des Tasthebels liegen, um den richtigen Messwert direkt ablesen zu können?

a) Durch den schwenkbaren Tasthebel für kleine Unterschiedsmessungen vielseitig einsetzbar, z. B. für Rundlaufprüfungen oder für das Zentrieren und Ausrichten von Werkstücken.

b) *Anzeigebereich* ist der Bereich, der zwischen dem kleinsten und größten ablesbaren Wert des Messgeräts liegt, hier 0,8 mm. *Skalenteilungswert* (mit dem Symbol ▸l◂) ist der Wert, der angibt, um wie viel sich die Messgröße ändert, wenn auf der Skala des Messgeräts eine Änderung um einen Skalenteil erfolgt, hier 0,01 mm.

c) Um den richtigen Messwert direkt ablesen zu können, muss die Achse des schwenkbaren Tasthebels möglichst parallel zur Messfläche liegen.

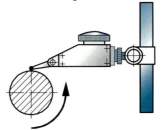

62 Warum ist das Skalenblatt der Messuhr drehbar ausgeführt?

Damit es bei jeder Zeigerstellung auf Null gestellt werden kann.

1 Längenprüftechnik

63 Wie messen pneumatische Messgeräte?

Indem sie Druck- oder Durchflussänderungen in Abhängigkeit vom Strömungswiderstand an der Messdüse erfassen.

64 Warum ist bei pneumatischen Messgeräten auch bei laufender Maschine eine Messung möglich?

Weil der Messwertaufnehmer berührungsfrei misst. Durch das Wegblasen von losem Schmutz, Kühlflüssigkeit oder Öl wird das Messergebnis nicht beeinträchtigt.

65 Nennen Sie Vorteile von pneumatischen gegenüber mechanischen Messgeräten.

- Lose Verschmutzungen des Werkstücks werden weggeblasen
- Berührungsfrei
- Messung bei laufender Maschine möglich
- Gleichzeitiges Erfassen von Maß-, Form- und Lagetoleranzen ist möglich
- Messwertaufnehmer und Anzeigegerät können räumlich getrennt sein
- Durch Zwischenschaltung elektrischer Anpasser ist eine Maschinenregelung möglich.

66 Warum hat die Ausschussseite eines Grenzlehrdorns das größere Maß und bei einer Grenzrachenlehre das kleinere Maß?

Mit einem Grenzlehrdorn werden Innenmaße, z. B. Bohrungen, geprüft. Passt das Höchstmaß in die Bohrung, so ist diese zu groß und somit Ausschuss.
Mit einer Grenzrachenlehre werden Außenmaße, z. B. Wellen, geprüft. Passt das Kleinstmaß über die Welle, so ist diese Ausschuss, da sie dann zu dünn ist.

1 Längenprüftechnik

67 Woran erkennt man die Ausschussseite einer Grenzrachenlehre?

Der Messrachen der Ausschussseite ist angeschrägt, mit roter Farbe versehen und mit dem unteren Grenzabmaß beschriftet.

68 Warum entspricht ein Grenzlehrdorn meist nicht dem „Taylor´schen Grundsatz"?

Der Taylor´sche Grundsatz besagt, dass die Gutlehre so ausgebildet sein muss, dass Maß und Form eines Werkstückes bei der Paarung mit der Lehre geprüft werden.

Praktisch ist diese Forderung kaum zu erfüllen, da der Gutseitenzylinderzapfen mindestens so lang wie die zu prüfende Bohrung sein müsste. Bei tiefen Bohrungen wäre der Grenzlehrdorn sehr unhandlich, schwer und teuer.

69 Eine Spielpassung ⌀60 H7 Bohrung / g6 Welle soll mit Grenzlehren geprüft werden.
Geben Sie die Gutseitenmaße an:
a) Grenzrachenlehre
b) Grenzlehrdorn.

a) Mit der Gutseite der Rachenlehre wird festgestellt, ob die Welle nicht zu groß ist. Sie verkörpert das Höchstmaß:
⌀60g6 ⇨ 59,990 mm.
b) Mit der Gutseite des Lehrdorns wird geprüft, ob die Bohrung nicht zu klein ist. Sie verkörpert das Kleinstmaß:
⌀60H7 ⇨ 60,000 mm.

70 Wie werden Lehren eingeteilt?

Formlehren: z. B. Radienlehre, Winkellehre, Gewindelehre, Haarlineal. Sie verkörpern die Sollkontur des Werkstücks.
Maßlehren: z. B. Grenzlehrdorne, Grenzrachenlehren, Fühlerlehren. Sie verkörpern als Grenzlehren die Toleranz zwischen Größt- und Kleinstmaß oder als Maßlehren ein einziges Maß.

1 Längenprüftechnik

71 Mit welchen Lehren werden Kegel geprüft?

- **Innenkegel** werden mit Kegellehrdornen geprüft
- **Außenkegel** werden mit Kegellehrhülsen geprüft

72 Welche Größen werden am Kegel geprüft?

- Kegeldurchmesser D und d
- Kegellänge L
- Kegelwinkel α
- Kegelverjüngung C
- Formabweichungen
- Mantelflächerautiefen.

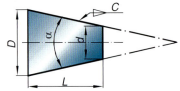

73 Beschreiben Sie den Vorgang des Lehrens eines Innenkegels.

Der Kegellehrdorn wird durch einen Kreide- oder Tuschierfarbanstrich markiert, in den Innenkegel eingeführt und verdreht. Es muss sich ein gleichmäßiges Tragbild ergeben.

74 Mit welchen Lehren werden
a) Außengewinde
b) Innengewinde
geprüft?

a) Gewindelehrringe und Gewindegrenzrachenlehren
b) Gewindelehrdorne und Gewindegrenzlehrdorne
Die Grenzlehren vereinigen die Gut- und die Ausschussseite.

75 Welche Fehler werden beim Lehren von Gewinden nicht berücksichtigt?

Obwohl die geprüften Gewinde „lehrenhaltig" sind, können sie Durchmesser- oder Flankenwinkelfehler aufweisen.

1.3 Oberflächenprüfung

76 Worin unterscheiden sich:
a) geometrisch ideale Oberfläche
b) wirkliche Oberfläche
c) Istoberfläche?

a) Die geometrisch ideale Oberfläche ist durch die Zeichnung festgelegt.
b) Die wirkliche Oberfläche weist fertigungsbedingte Abweichungen von der geometrisch idealen Oberfläche auf.
c) Die Istoberfläche ist die messtechnisch erfasste Oberfläche.

77 Was bezeichnet man als Gestaltabweichung?

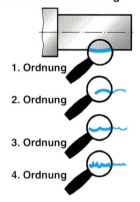

1. Ordnung
2. Ordnung
3. Ordnung
4. Ordnung

Gestaltabweichung ist die Gesamtheit aller Abweichungen der Istoberfläche von der geometrisch idealen Oberfläche.
Die wichtigsten sind:
Formabweichungen
  = Gestaltabweichung 1. Ordnung
Welligkeit
  = Gestaltabweichung. 2. Ordnung
Rauheit ⇨ *Rillen*
  = Gestaltabweichung 3. Ordnung
Rauheit ⇨ *Riefen*
  = Gestaltabweichung 4. Ordnung

Die Gestaltabweichung 5. Ordnung betrifft die Gefügestruktur und die Gestaltabweichung 6. Ordnung den Gitteraufbau des Werkstoffes.

78 Nennen Sie mögliche Ursachen für die Entstehung von Gestaltabweichungen
a) 1. Ordnung
b) 2. Ordnung
c) 3. Ordnung
d) 4. Ordnung.

a) Durchbiegungen bei der Werkstückherstellung, Führungsfehler, Einstellfehler

b) Maschinen- oder Werkzeugschwingungen

c) Schneidenform, Vorschub

d) Spanentstehung, z. B. Reißspan

1 Längenprüftechnik

79 Die meisten Oberflächenmessgeräte arbeiten nach dem Tastschnittverfahren.
Beschreiben Sie das Verfahren mit Hilfe der Abbildung.

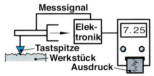

Die Prüffläche wird mechanisch in einem Profilschnitt abgetastet. Dazu wird das Tastsystem in Vorschubrichtung (meist quer zu den Rillen) über die zu prüfende Oberfläche gezogen. Der Taster, z. B. Diamant mit Spitzenradius 2 bis 5 µm, fällt dabei in Täler oder wird durch Berge gehoben. Diese Tastbewegung wird mechanisch-elektrisch in Signale gewandelt, verstärkt, evtl. gefiltert und einer Recheneinheit zugeführt, die die Signale anzeigt und auf einem Messprotokollstreifen ausdruckt.

80 Erläutern Sie die Oberflächenkenngrößen
a) Mittenrauwert R_a
b) Glättungstiefe R_p

a) Der **Mittenrauwert** R_a in µm ist der arithmetische Mittelwert aller Abweichungen von einem errechneten mittleren Profil.

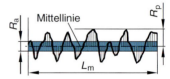

b) Die **Glättungstiefe** R_p ist der Abstand der höchsten Profilspitze zur Mittellinie.

81 Wovon ist die gemittelte Rautiefe R_z in erster Linie abhängig?

Vom Fertigungsverfahren.
So können beispielsweise folgende R_z–Werte erreicht werden:
- Honen R_z von 0,1 µm
- Reiben R_z von 4 µm
- Bohren R_z von 40 µm

82 Wie kann die Rauheit ohne Messgerät ermittelt werden?

Rauheitsunterschiede von 2 µm sind mit dem Fingernagel feststellbar, wenn Oberflächen-Vergleichsmuster zur Verfügung stehen.

1 Längenprüftechnik

83 Mit welcher Grenzwellenlänge und mit welcher Gesamtmessstrecke prüfen Sie die Oberfläche eines Drehteils, das mit einem Vorschub von 0,35 mm je Umdrehung gefertigt wurde?

Die gewählte Grenzwellenlänge λ und die Gesamtmessstrecke L_M sind entsprechend der Rillenabstände bzw. der Rautiefen zu wählen, siehe Tabelle.

Für den Vorschub $f = 0{,}35$ mm gilt:
- $\lambda = 2{,}5$ mm
- $L_M = 12{,}5$ mm

Wahl der Grenzwellenlänge λ (cut off)			
Rillen-abstand Vorschub mm	Rauhtiefe R_z µm	Grenzwellenlänge λ mm	Messlänge L_M mm
0,032 bis 0,1	bis 0,5	0,25	1,25
0,100 bis 0,32	0,5 bis 10	0,8	4
0,320 bis 1,0	10 bis 50	2,5	12,5

84 Das abgebildete Diagramm zeigt das P-Profil einer Werkstückoberfläche.

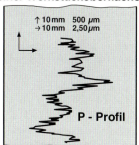

a) Welche Gestaltabweichungen der Oberfläche erfasst das P-Profil?
b) Wie erhält man aus dem P-Profil das Rauheitsprofil (R-Profil)?
c) Wie erhält man aus dem P-Profil das Welligkeitsprofil (W-Profil)?

a) Das P-Profil (Istprofil) enthält die Summe aller entstehenden Gestaltabweichungen der Oberfläche, z. B. Wellen, Rillen und Riefen.

b) Das Rauheitsprofil entsteht aus dem Istprofil (P-Profil) durch Ausfiltern der „langwelligeren" Wellen.

c) Das Welligkeitsprofil entsteht aus dem Istprofil (P-Profil) durch Ausfiltern der „kurzwelligeren" Rauheit.

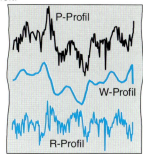

85 **Das abgebildete Diagramm zeigt ein R-Profil.**

Z1 = 5,11 µm
Z2 = 6,23 µm
Z3 = 4,33 µm
Z4 = 7,10 µm
Z5 = 4,12 µm

↑ 10 mm 500 µm
→ 10 mm 2,50 µm

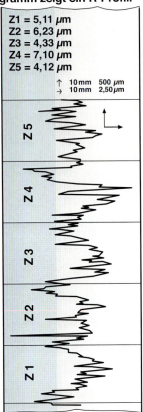

a) Beschreiben Sie, wie der Wert der gemittelten Rautiefe R_z ermittelt wird.
b) Bestimmen Sie R_{max}.
c) Ermitteln Sie die Grenzwellenlänge λ und die Gesamtmessstrecke L_M.

a) Die Messstrecke L_m wird in fünf aufeinanderfolgende Einzelstrecken aufgeteilt. In jeder Messstrecke wird die größte Einzelrautiefe gemessen. Aus diesen fünf Werten wird der arithmetische Mittelwert gebildet.

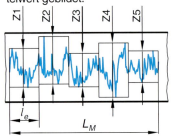

Berechnung von R_z:

$$R_z = \frac{Z1 + Z2 + Z3 + Z4 + Z5}{5}$$

$$R_z = \frac{(5{,}11 + 6{,}23 + 4{,}33 + 7{,}1 + 4{,}12)\,\mu m}{5}$$

$R_z =$ **5,38** µm

b) Die maximale Rautiefe R_{max} ist die größte der auf der Gesamtmessstrecke vorkommende Einzelrautiefen. Hier Z4 mit $R_{max} = 7{,}10$ µm.

Die maximale Rautiefe wird besonders bei Dichtflächen angegeben, da dort so genannte „Ausreißer" die Funktionstüchtigkeit beeinflussen können.

c) Für R_z von 0,5 bis 10 µm gilt gemäß Tabelle Seite 34:
$\lambda = 0{,}8$ mm
$L_M = 4{,}0$ mm

86
Die Faustformel zur Berechnung der theoretischen Rautiefe R_{th} lautet:

$$R_{th} = \frac{f^2}{8 \cdot r}$$

a) Welchen Einfluss haben beim Drehen der Eckenradius r und der Vorschub f auf die Rautiefe?

b) Welchen Vorschub f müssen Sie einstellen, wenn das Drehteil geschlichtet (R_{th} = 25 μm) werden soll und der Radius des Drehmeißels r = 0,8 mm beträgt?

a) Je kleiner der Vorschub und je größer der Eckenradius, desto geringer wird die Rautiefe.

b) Berechnung:

$f = \sqrt{R_{th} \cdot 8 \cdot r}$

$f = \sqrt{0{,}025 \text{ mm} \cdot 8 \cdot 0{,}8 \text{ mm}}$

$f = \mathbf{0{,}4}$ mm

In der Praxis wird der gesamte Zerspanungsvorgang berücksichtigt und der Vorschub meist etwas kleiner eingestellt.

87
Das abgebildete Symbol gibt die Lage der einzelnen Angaben zur Oberflächenbeschaffenheit an. Für welche Oberflächenangaben stehen die Buchstaben a bis e?

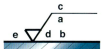

a: Einzelanforderung an die Oberflächenbeschaffenheit, z. B. Ra 0,8 oder Rz 6,3 in μm, Übertragungscharakteristik / Einzelmessstrecke in mm

b: Weitere Anforderung an die Oberflächenbeschaffenheit

c: Fertigungsverfahren (z. B. gedreht, geschliffen, verchromt)

d: Sinnbild der Rillenrichtung

e: Bearbeitungszugabe in mm

88
Entschlüsseln Sie die folgenden Oberflächensymbole:

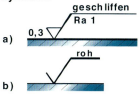

a)

b)

a) Spanend durch Schleifen hergestellte Oberfläche, mit einer Bearbeitungszugabe von 0,3 mm und einem maximalen Mittenrauwert $Ra \leq 1$ μm.

b) Unbearbeitete Oberfläche im Rohzustand oder geputzt.

1 Längenprüftechnik

89 Welche Symbole stehen für die Kennzeichnung der Rillenrichtung?

Symbol	Erklärung
	Die Rillenrichtung ...
=	*ist parallel zur Projektionsebene*
⊥	*ist senkrecht zur Projektionsebene*
X	*ist gekreuzt in zwei schrägen Richtungen*
M	*hat viele Richtungen*
C	*ist zentrisch zum Mittelpunkt*
R	*ist radial zum Mittelpunkt*
P	*hat nichtrillige Oberfläche*

90 Welche Bedeutung hat das folgende Oberflächensymbol in einer Zeichnung?

Das Oberflächensymbol muss an einer anderen Stelle auf der Zeichnung erläutert sein, z. B.

$$\sqrt{Z} = \sqrt{\genfrac{}{}{0pt}{}{\text{gehont}}{R_{max}\ 2{,}5}}$$

91 Tragen Sie am Werkstück die Oberflächenangaben folgender Rautiefen ein:
- Fläche 2: R_z = 6,3 µm
- Fläche 4: R_z = 40 µm
- übrige Flächen: R_z = 25 µm

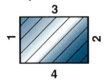

Die Angaben müssen von unten oder von rechts lesbar sein; ggf. Pfeile verwenden.

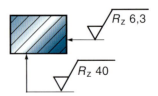

1 Längenprüftechnik

1.4 Toleranzen und Passungen

92 Erklären Sie den Begriff „Austauschbau".

Austauschbau bedeutet, dass sich Teile gleicher Art und Größe, für gleichen Zweck verwendbar, untereinander austauschen lassen.
So können z. B. genormte Maschinenelemente wie Wälzlager oder Schrauben unabhängig von ihrem Fertigungsort überall und ohne Nacharbeit verwendet und ausgetauscht werden.

93 Welche Vorteile brachte die Einführung des Austauschbaus für den Maschinen- und Kraftfahrzeugbau mit sich?

1. Serienproduktion sowie Zusammenbau in der Serienfertigung werden gewährleistet
2. Nacharbeiten fallen nahezu weg
3. Serien- bzw. Normteile können auf Lager genommen werden
4. Instandsetzungen können mit geringstem Zeitaufwand ausgeführt werden

94 Erklären Sie die Begriffe „Nennmaß" und „Istmaß".

Nennmaß: Maß, das auf der Zeichnung eingetragen ist, auf das sich die Abmaße beziehen. Es wird bei grafischer Darstellung als Nulllinie bezeichnet.
Istmaß ist das gemessene Werkstückfertigmaß.

95
a) Erklären Sie den Begriff „Toleranz".
b) Wie groß sollen Toleranzen gewählt werden?

a) Die Toleranz ist die Differenz zwischen Höchst- und Mindestmaß bzw. zwischen oberem und unterem Abmaß.
b) Die Toleranzen sind so groß zu wählen, dass gerade noch die Brauchbarkeit oder die Betriebssicherheit der Bauteile gesichert ist. Unnötig enge Toleranzen erhöhen die Herstellungskosten.

96

Das Bild zeigt das Toleranzfeld einer Welle.
a) Ordnen Sie den Buchstaben a bis e die richtige Benennung zu.
b) Geben Sie die Formeln zur Berechnung der Grenzmaße an.

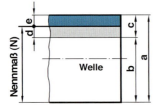

a) Benennung:

a = Höchstmaß (G_{oW})
b = Mindestmaß (G_{uW})
c = Toleranz (T)
d = Unteres Abmaß (*ei*)
　 (franz.: **é**cart **i**nférieur)
e = Oberes Abmaß (*es*)
　 (franz.: **é**cart **s**upérieur)

b) Höchstmaß (Welle):

$$G_{oW} = N + es$$

Mindestmaß (Welle):

$$G_{uW} = N + ei$$

97 Worin unterscheiden sich „Grenzmaße" und „Grenzabmaße"?

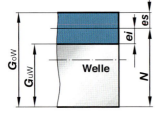

Grenzmaße kennzeichnen das größte zugelassene Werkstückmaß = Höchstmaß (G_{oW}) und das kleinste zugelassene Werkstückmaß = Mindestmaß (G_{uW}).

Grenzabmaße geben als oberes Abmaß (*es*) die Differenz zwischen Höchstmaß (G_{oW}) und Nennmaß (N), bzw. als unteres Abmaß (*ei*) die Differenz zwischen Mindestmaß (G_{uW}) und Nennmaß (N) an.

98

Berechnen Sie das obere Abmaß einer Welle, wenn die Toleranz T = 0,013 mm und das untere Abmaß *ei* = 0,002 mm beträgt.

$$T_W = es - ei$$

$es = T_W + ei$
$es = 0{,}013 \text{ mm} + 0{,}002 \text{ mm}$
$es = \mathbf{0{,}015}$ mm

99

Beim Nachmessen des abgebildeten Bolzen stellen Sie das Maß 30,01 mm fest.
Ermitteln Sie:
- Nennmaß
- Istmaß
- Höchstmaß
- Mindestmaß
- Toleranz

Beurteilen Sie, ob das gemessene Maß im angegebenen Toleranzbereich liegt.

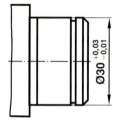

Nennmaß: Maß, auf das sich die Abmaße beziehen, hier ⌀30 mm

Istmaß: gemessenes Werkstückfertigmaß, hier ⌀30,01 mm

Höchstmaß:
Nennmaß plus oberes Abmaß:
$$G_{oW} = N + es$$
hier ⌀30,03 mm

Mindestmaß:
Nennmaß plus unteres Abmaß:
$$G_{uW} = N + ei$$
hier ⌀29,99 mm

Toleranz: Differenz zwischen oberen und unteren Abmaß:
$$T_W = es - ei$$
oder zwischen Höchst- und Mindestmaß:
$$T_W = G_{oW} - G_{uW}$$
hier 0,04 mm

Das Maß liegt im erlaubten Toleranzbereich.

100

Berechnen Sie für die Maßangabe ⌀70$^{+0,03}_{-0,06}$
a) Toleranz
b) Höchstmaß

Nennmaß: $N = 70$ mm
oberes Abmaß: $es = 0,03$ mm
unteres Abmaß: $ei = -0,06$ mm

a) Toleranz:
$$T_W = es - ei$$
$$T_W = 0,03 \text{ mm} - (-0,06 \text{ mm})$$
$$T_W = \mathbf{0,09} \text{ mm}$$

b) Höchstmaß:
$$G_{oW} = N + es$$
$$G_{oW} = 70 \text{ mm} + 0,03 \text{ mm}$$
$$G_{oW} = \mathbf{70,03} \text{ mm}$$

1 Längenprüftechnik

101
a) Für welche Maße gelten die Allgemeintoleranzen und wie werden sie eingeteilt?
b) Erläutern Sie am Beispiel des Längenmaßes 12 mm (Toleranzklasse m), wie für dieses Nennmaß die zulässigen Grenzabmaße ermittelt werden.

a) Für Maße ohne Toleranzangabe gelten die Allgemeintoleranzen (DIN ISO 2768), die nach Nennmaßbereichen und den Toleranzklassen fein (f), mittel (m), grob (c) und sehr grob (v) unterteilt sind.
b) In der Tabelle wird der entsprechende Nennmaßbereich gesucht, hier über 6 mm bis 30 mm, und dann das Grenzabmaß abgelesen, hier ±0,2 mm.
Das Istmaß für das Nennmaß 12 mm darf höchstens 12,2 mm und muss mindestens 11,8 mm betragen.

Allgemeintoleranzen für Längen Toleranzklasse mittel (m)		
Grenzabmaße in mm für Nennmaßbereiche		
über 3 bis 6	über 6 bis 30	über 30 bis 120
±0,1	±0,2	±0,3

102
In welchem Istmaßbereich darf das Maß X liegen, wenn die Allgemeintoleranz nach ISO 2768-m gilt?

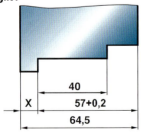

Das Nennmaß 64,5 mm darf höchstens $G_{o1} = 64,8$ mm und muss mindestens $G_{u1} = 64,2$ mm betragen.
Das Nennmaß 57+0,2 mm darf höchstens $G_{o2} = 57,2$ mm und muss mindestens $G_{u2} = 57,0$ mm betragen.
Der **Istmaßbereich** X liegt somit **zwischen**
G_{u1} minus G_{o2}
64,2 mm − 57,2 mm = **7 mm**
und
G_{o1} minus G_{u2}
64,8 mm − 57,0 mm = **7,8 mm**

1 Längenprüftechnik

103 Das untenstehende Werkstück ist mit einer „*geschlossenen Maßkette*" bemaßt.
Begründen Sie am Beispiel der untenstehenden Bemaßung, warum eine geschlossene Maßkette gegen die Allgemeintoleranz ISO 2768 verstößt.

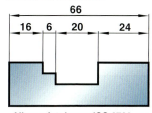

Allgemeintoleranz ISO 2768 - m

- Das Gesamtmaß 66 mm erhält die Grenzabmaße ±0,3 mm. Das Gesamtmaß darf somit höchstens 66,3 mm und muss mindestens 65,7 mm betragen.
- Bei dieser Maßkette darf aber jedes Teilmaß mit dem zulässigen Höchstmaß (16,2 mm; 6,1 mm; 20,2 mm; 24,2 mm), bzw. zulässigen Kleinstmaß (15,8 mm; 5,9 mm; 19,8 mm; 23,8 mm) gefertigt werden.
- Die Summe der Teilmaße ergibt dann ein Höchstmaß von 66,7 mm bzw. ein Kleinstmaß von 65,3 mm.
- Die sich daraus ergebende Toleranz von ±0,7 mm wäre somit mehr als das Doppelte der erlaubten von ±0,3 mm.

104 Welche Aufgaben kommen den Passungen im Austauschbau zu?

Durch Passungen können, unabhängig von ihrem Hersteller, gut passende und leicht austauschbare Teile hergestellt werden, wodurch eine wirtschaftliche Fertigung gewährleistet ist.

105 Welche Vorteile bieten Passungssysteme?

Durch die Beschränkung auf bestimmte Toleranzklassen bei Bohrungen und Wellen lassen sich Werkzeuge und Prüfmittel einsparen.

106 Nach welchem Passungssystem wird heute gearbeitet?

Nach der ISO-Norm (International Organization for Standardization).

1 Längenprüftechnik

107 Warum findet das Passungssystem *Einheitsbohrung* vorwiegend im allgemeinen Maschinenbau und im Fahrzeugbau Verwendung?

Aus Fertigungs- und Kostengründen:
- Wellen sind einfacher mit kleinen Toleranzen zu fertigen (Drehen, Schleifen) als Bohrungen (Reiben, Honen).
- Wellenpassmaße können besser geprüft werden.
- Nur wenige Reibahlen werden benötigt, dadurch sind die Lagerkosten für diese teuren Werkzeuge geringer.

108 Wie wird im ISO-Passungssystem die Lage der Toleranzfelder zur Nulllinie gekennzeichnet?

Die Lage des Toleranzfeldes wird durch das Grundabmaß bestimmt. Das Grundabmaß ist immer das Abmaß, das näher bei der Nulllinie liegt. Die Grundabmaße gibt man mit Buchstaben an:
- Großbuchstaben (A bis Z) gelten für Bohrungstoleranzen
  ⇨ Innenmaße
- Kleinbuchstaben (a bis z) kennzeichnen Wellentoleranzen
  ⇨ Außenmaße

Merkhilfe:
Bohrung ⇨ Großbuchstaben
Welle ⇨ Kleinbuchstaben.

109 Wie sind die Passungssysteme
a) Einheitsbohrung
b) Einheitswelle
aufgebaut?

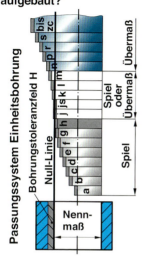

a) **Einheitsbohrung:**
Im ISO-Paßsystem der Einheitsbohrung erhält die Bohrung immer die Toleranzfeldlage „H". Das Mindestmaß der Bohrung entspricht dem Nennmaß, d.h. das untere Abmaß der Bohrung ist Null. Dieser Einheitsbohrung werden Wellen mit verschiedenen Toleranzklassen zugeordnet, um die gewünschte Passung zu erreichen (siehe Abbildung links).

b) **Einheitswelle:**
Hier erhalten alle Wellenpassmaße das Toleranfeld „h". Das Höchstmaß der Welle entspricht dem Nennmaß, d.h. das obere Abmaß der Welle ist Null. Dieser Einheitswelle werden Bohrungen mit verschiedenen Toleranzklassen zugeordnet, um die gewünschte Passung zu erreichen.

110 In welchem Fall liegt eine Spielpassung vor?

Wenn das Innenmaß, z. B. Bohrung, größer ist als das Außenmaß, z. B. Welle.

111 Mit welchen Grundabmaßen der Welle ergeben sich bei Grundabmaß H der Bohrung:
- Spielpassungen
- Übergangspassungen
- Übermaßpassungen?

- Spielpassungen bei Grundabmaßen a ... h der Welle
- Übergangspassungen bei Grundabmaßen js ... n der Welle
- Übermaßpassungen bei Grundabmaßen p ... zc der Welle.

1 Längenprüftechnik

112 Ordnen Sie der untenstehenden Abbildung die folgenden Begriffe zu:
- Toleranzklasse
- Grundabmaß
- Toleranzgrad

und erläutern Sie deren Bedeutung.

① = *Grundabmaß*: legt die Lage der Toleranzfelder zur Nulllinie fest.
Die Toleranzfelder liegen um so weiter von der Nulllinie entfernt, je weiter der Buchstabe im Alphabet von „H" bzw. „h" entfernt liegt.
Das Grundabmaß „H" ist Null.
Das zugehörige Toleranzfeld beginnt daher an der Nulllinie.
② = *Toleranzgrad*: Zahl die hinter dem Buchstaben steht.
Sie gibt den Grundtoleranzgrad an. Es gibt 20 Grundtoleranzklassen, gekennzeichnet mit den Buchstaben IT. Hier IT7, für den Nennmaßbereich über 10 mm bis 18 mm
⇨ Grundtoleranz 18 µm.
③ = *Toleranzklasse*: bestehend aus dem Buchstaben für das Grundabmaß und der Zahl des Grundtoleranzgrades. Toleranzklassen können mit Hilfe einer Tabelle für Grundabmaße entschlüsselt werden.
Für das Maß 16H7 ist das obere Abmaß mit +0,018 mm und das untere Abmaß mit 0,000 mm festgelegt.

113 Wovon hängt die Auswahl der Toleranzgrade ab?

Die Auswahl der Toleranzgrade hängt von der Funktion des herzustellenden Bauteils ab.
So finden zum Beispiel die ISO-Toleranzgrade 01 bis 4 bei Prüfmittel und die Toleranzgrade 5 bis 11 im Maschinenbau ihre Anwendung.

114 Wie groß ist die Toleranz folgender Passmaße 30H6, 30g6 und 30m6?

Die Toleranz ist bei allen drei Passmaßen gleich groß ($T = 13$ µm), denn sie haben das gleiche Nennmaß und den gleichen Toleranzgrad.

1 Längenprüftechnik

115 Welchen Einfluss hat der Toleranzgrad und das Nennmaß auf die Größe der Toleranz?

Die Toleranz ist umso größer, je größer der Toleranzgrad und größer das Nennmaß ist.
Beispiel:
- Einfluss des Toleranzgrades
  35**H6** ⇨ $T = 16$ µm
  35**H7** ⇨ $T = 25$ µm
- Einfluss des Nennmaßes
  20H7 ⇨ $T = 21$ µm
  80H7 ⇨ $T = 30$ µm

116 Die Bohrung einer Nabe soll mit einer Welle gefügt werden. Bestimmen Sie das Passungssystem, die Toleranzklasse und die Passungsart für folgende Passungen:

	Bohrung	Welle
a)	Ø5 $^{0,012}_{0,000}$	Ø5 $^{-0,010}_{-0,022}$
b)	Ø9 $^{0,018}_{-0,018}$	Ø9 $^{0,000}_{-0,036}$

a) Passungssystem:
Einheitsbohrung
Passungsart:
H7/f7 ⇨ Spielpassung

b) Passungssystem:
Einheitswelle
Passungsart:
JS9/h9 ⇨ Übergangspassung

117 Mit der Bohrung Ø40 −0,025 soll eine Welle mit einem Höchstspiel von P_{SH} = 0,030 mm und einem Höchstübermaß von $P_{ÜH}$ = −0,010 mm gefügt werden.
Welche Maßeintragung muss die Welle erhalten?

$P_{SH} = 0,030$ mm
$P_{ÜH} = -0,010$ mm
$G_{oB} = 40,000$ mm
$G_{uB} = 39,975$ mm

Höchstmaß der Welle $\boxed{G_{oW} = G_{uB} - P_{ÜH}}$

$G_{oW} = 39,975$ mm $- (-0,010$ mm$)$
$G_{oW} = \mathbf{39,985}$ mm

Mindestmaß der Welle $\boxed{G_{uW} = G_{oB} - P_{SH}}$

$G_{uW} = 40,000$ mm $- 0,030$ mm
$G_{uW} = \mathbf{39,970}$ mm

Maßeintragung **Ø40** $^{-0,015}_{-0,030}$

118

a) Erklären Sie den Begriff „Toleranzfeld".
b) Wovon hängt die Größe der Toleranzfelder ab?
c) Wie wird die Größe eines Passtoleranzfeldes ermittelt?
d) Skizzieren Sie die Maßtoleranzfelder und das Passtoleranzfeld für die Passung 6H7/f7.

a) Unter einem Toleranzfeld versteht man bei grafischer Darstellung von Toleranzen das Feld zwischen Höchst- und Mindestmaß.
b) Vom Toleranzgrad und von der Größe des Nennmaßes.
c) Die Größe des Passtoleranzfeldes ergibt sich, indem von der Höchstpassung die Mindestpassung subtrahiert wird.
d)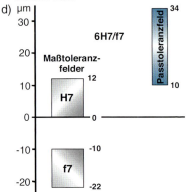

119 Warum wurden Form- und Lagetoleranzen eingeführt?

Weil Werkstücke, bestehend aus geometrischen Grundkörpern mit Grundelementen wie Ebenen oder Achsen nicht geometrisch-ideal gefertigt werden können.
Es müssen deshalb bestimmte Abweichungen zugelassen werden.
Auch für die Lage zweier Grundkörper zueinander müssen Abweichungen zugelassen werden.

120 Was kennzeichnen Lagetoleranzen?

Die zulässige Abweichung von der geometrisch-idealen Lage unterschiedlicher Grundkörper zueinander, wobei einer der Grundkörper als Bezugselement festgelegt ist.

1 Längenprüftechnik

121 Welche Angaben gehören zu einer Lagetoleranz?

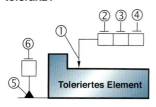

Zur Angabe einer Lagetoleranz gehören:
- Bezugslinie ① mit Bezugspfeil, der auf das tolerierte Element hinweist
- Toleranzrahmen mit dem Symbol ② für die Toleranzart, dem Toleranzwert ③ in Millimeter und den Bezugsbuchstaben ④, der auf das Bezugselement hinweist
- Bezugsdreieck ⑤ und Bezugsrahmen ⑥ zur Kennzeichnung des Bezugselementes

122 Was kennzeichnen Formtoleranzen?

Die zulässige Abweichung eines Grundkörpers von der geometrisch-idealen Form. Sie beziehen sich auf die Geradheit von Achsen, die Ebenheit von Flächen, die Rundheit von Umfangslinien und die Genauigkeit von Zylinder-, Linien- und Flächenformen.

123 Welche Angaben gehören zu einer Formtoleranz?

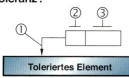

Zur Angabe einer Formtoleranz gehören:
- Bezugslinie ① mit Bezugspfeil, der auf das tolerierte Element hinweist
- Toleranzrahmen mit dem Symbol ② für die Toleranzart und dem Toleranzwert ③ in Millimeter

124 Skizzieren Sie einen Flachwinkel und tragen Sie folgende Lagetoleranz ein: *Die tolerierte Fläche muss innerhalb zwei zur Bezugsebene A senkrechten Ebenen mit dem Abstand von 0,02 mm liegen.*

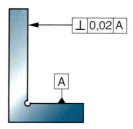

2 Fertigungstechnik

2.1	Arbeitssicherheit	52
2.2	Fertigungsverfahren	54
2.3	Urformen	54
2.4	Umformen	61
2.5	Trennen und Zerteilen	78
2.6	Spanen	86
2.6.1	Bohren, Reiben, Gewindeschneiden	89
2.6.2	Drehen	96
2.6.3	Fräsen	107
2.6.4	Schleifen, Honen, Läppen	113
2.6.5	Abtragen	120
2.6.6	Thermisches Trennen	127
2.7	Fügen	129
2.7.1	Kleben, Löten	129
2.7.2	Schweißen	134

2 Fertigungstechnik

2.1 Arbeitssicherheit

1 Was soll der betriebliche Arbeits- und Unfallschutz gewährleisten?

Mensch und Einrichtungen sollen vor Schaden bewahrt werden.
D. h., der betriebliche Arbeits- und Unfallschutz soll gewährleisten, dass
- Gefahren nicht wirksam werden können,
- Gefährdungen rechtzeitig erkannt werden,
- Arbeitsschutzmaßnahmen rechtzeitig ergriffen werden.

2 Sicherheitszeichen werden nach ihrer geometrischen Form und Farbe unterschieden in:
- Verbotszeichen,
- Gebotszeichen,
- Warnzeichen,
- Rettungszeichen.

Nennen Sie jeweils die Form und Farbe, an der Sie die oben genannten Sicherheitszeichen erkennen können.

Verbotszeichen sind runde, rot umrandete Zeichen mit rotem Querbalken, z. B. Rauchen verboten

Gebotszeichen sind runde, blaue Zeichen, z. B. Schutzhelm tragen.

Warnzeichen sind dreieckige, gelbe Zeichen mit schwarzem Rand, z. B. Warnung vor Laserstrahl.

Rettungszeichen sind grüne, rechteckige oder quadratische Zeichen, z. B. erste Hilfe.

3 Nennen Sie Maßnahmen, die beim Umgang mit gesundheitsschädlichen Stoffen zu beachten sind.

- Beachten der UVV
- Tragen von Schutzbrillen, Schutzhandschuhen und Atemschutz
- Wechseln der Arbeitskleidung und Waschen der Hände nach Beendigung der Arbeit

4 Wie viele ganze Liter Reinigungsflüssigkeit dürfen in das skizzierte Fass gefüllt werden?

$$V = \frac{\pi \cdot d^2}{4} \cdot h$$

$$V = \frac{\pi \cdot 7{,}5^2 \text{ dm}^2}{4} \cdot 8 \text{ dm}$$

$$V = 353{,}43 \text{ dm}^3$$

$$1 \text{ l} = 1 \text{ dm}^3$$

$$V = \mathbf{353 \text{ l}}$$

5 Erläutern Sie den Begriff „MAK- Wert".

MAK steht für „**M**aximale **A**rbeitsplatz-**K**onzentration".
Der MAK-Wert gibt die höchstzulässige Volumenkonzentration eines Arbeitsstoffes in der Luft am Arbeitsplatz an, z. B. 500 ml/m³ Aceton. Diese Konzentration soll die Gesundheit der Beschäftigten im Allgemeinen nicht beeinträchtigen.
Zugrunde gelegt wird, dass die Beschäftigten dem Arbeitsstoff wiederholt und langfristig, in der Regel täglich 8 Stunden, ausgesetzt sind.

6 Welche Sofortmaßnahmen müssen Sie nach einem Unfall ergreifen, um zielgerichtet und schnell zu helfen?

- Maschinen und Geräte im unmittelbaren Gefahrenbereich abschalten
- verunglückte Person(en) aus dem Gefahrenbereich bergen
- verunglückte Person sicher lagern
- Hilfe herbeirufen
- soweit möglich erste Hilfe leisten
- Unfall melden
- Verunglückten möglichst nicht allein lassen

2 Fertigungstechnik

7 Beschreiben Sie mit Beispielen, wie durch unfallschutzgerechte Kleidung die Arbeitssicherheit erhöht werden kann.

- Eng anliegende Kleidung und Haarschutz verhindern, dass die Kleidung bzw. Haare durch laufende Wellen erfasst werden.
- Sicherheitsschuhe vermeiden Fußverletzungen.
- Schutzhandschuhe verhindern Verletzungen durch scharfkantige Werkstücke.
- Sicherheitsbrillen vermeiden Augenverletzungen, z. B. durch Schleiffunken.

2.2 Fertigungsverfahren

8 Nennen Sie die 6 *Hauptgruppen* der Fertigungsverfahren. Ordnen Sie diesen Hauptgruppen je drei Fertigungsgruppen zu.

Urformen: z. B. Gießen, Sintern, Pressen.
Umformen: z. B. Biegen, Tiefziehen, Schmieden
Trennen: z. B. Zerteilen, Spanen, Abtragen.
Fügen: z. B. Kleben, Schweißen, Löten.
B*eschichten*: z. B. Lackieren, Galvanisieren, Metallspritzen.
Stoffeigenschaft ändern: z. B. Härten, Tempern, Nitrieren.

2.3 Urformen

9 Teilen Sie die Gießverfahren in zwei Gruppen ein, die sich hinsichtlich der Gießform voneinander unterscheiden.

- Gießen mit *verlorener Form*, z. B. Sandgießen, Maskenformverfahren, Modellausschmelzverfahren und Vollformgießen.
- Gießen mit *Dauerform*, z. B. Kokillen-, Druck- und Spritzgießen.

10 Was versteht man in der Form- und Gießtechnik unter einem Modell?

Eine um das Schwindmaß vergrößerte Nachbildung des Werkstückes zur Herstellung einer Gießform.

2 Fertigungstechnik

11 Warum muss das Modell größer als der Abguss sein?

Metalle schrumpfen um das Schwindmaß beim Erstarren und weiteren Abkühlen. Bliebe das Schwindmaß bei der Modellherstellung unberücksichtigt, wäre das Gussteil zu klein.

12 Wie wird beim Modellbau das Schwindmaß berücksichtigt?

Durch Verwendung eines Schwindmaßstabes. Er ist um das Schwindmaß des betreffenden Metalls größer. Beispielsweise für Grauguss um 1 %, für Stahlguss um 2 %.

13 Ein Hebel aus EN-GJL-100 mit einer Länge l = 792 mm soll gegossen werden.
Wie groß muss die Modelllänge sein, wenn das Schwindmaß 1 % beträgt?

$$l_1 = \frac{l \cdot 100\,\%}{100\,\% - S}$$

$$l_1 = \frac{792\text{ mm} \cdot 100\,\%}{100\,\% - 1\,\%}$$

$$l_1 = \frac{792\text{ mm} \cdot 100\,\%}{99\,\%} = \mathbf{800} \text{ mm}$$

14 Worin unterscheiden sich „Dauermodelle" und „verlorene Modelle"?

Dauermodelle sind Modelle, die mehr als einmal eingeformt und wieder ausgeformt werden.
Verlorene Modelle werden nur einmal eingeformt und beim Ausformen zerstört.

15 Welcher Unterschied besteht zwischen einem Naturmodell und einem Kernmodell?

Naturmodell: Modell, das genau dem Gussteil entspricht.
Kernmodell: Außen- und Innenkonturen werden durch Kerne gebildet. Zu erkennen an den schwarz gestrichenen Kernmarken.

16 Wie werden Hohlräume in Gussstücken erzeugt?

Durch Einlegen eines oder mehrerer Kerne, die in Kernkästen, mit Schablonen oder mit Kernformmaschinen hergestellt werden.

© Holland + Josenhans

2 Fertigungstechnik

17 Beschreiben Sie mit Hilfe der Abbildungen, wie eine Sandgießform hergestellt wird.

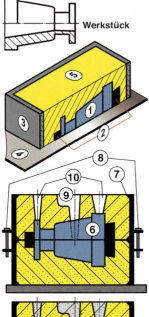

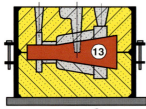

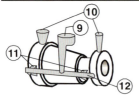

ausgeformtes Gussstück

- Erste Modellhälfte (1) mit Kernmarken (2) wird umgeben vom Unterkasten (3) auf Aufstampfplatte (4) gelegt und mit einem Trennmittel, z. B. Graphit, bestäubt. Feiner Modellsand wird ca. 20 mm dick aufgesiebt und mit Hand angedrückt, danach wird Formsand (5) nachgefüllt und festgestampft.

- Unterkasten wenden, Teilungsebenen mit Trennmittel polieren und zweite Modellhälfte (6) auf erste legen.
  Oberkasten (7) auf Unterkasten setzen und mit Führungsstiften (8) sichern. Modelle für Einguss (9) und Steiger (10) anordnen. Aufsieben von Modellsand und Andrücken an das Modell. Oberkasten mit Formsand füllen und Aufstampfen.
  Einguss- und Trichterspeisemodelle nach außen herausziehen.

- Oberkasten abheben und wenden. Modell aus dem Formsand ausheben.

- Anschnitt (11) und Lauf (12) im Unterkasten ausschneiden.
  Den aus Formsand gefertigten Kern (13) für die durchgehende Bohrung in die Kernmarken einlegen.

- Nach dem erneuten Zusammensetzen des Kastens entspricht der Hohlraum dem zu gießenden Werkstück.

2 Fertigungstechnik

18 Wodurch kann die Zeit für die Herstellung einer Sandform verkürzt werden?

Statt des Handformens werden Formmaschinen eingesetzt, die schneller, mit größerer Genauigkeit und mit weniger Ausschuss arbeiten.

19 Beschreiben Sie das Prinzip des Modellausschmelzverfahrens.

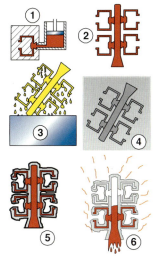

- Das Modell ① wird aus einem niedrigschmelzenden Werkstoff, z. B. Kunststoff oder Wachs, hergestellt.

- Mehrere Modelle werden dann, zusammen mit Einguss- und Anschnittselementen, zu einer Modelltraube ② zusammengesetzt.

- Durch Tauchen in eine keramische, breiige Masse ③ und durch Bestreuen mit keramischem Pulver ④ erhält die Traube einen hochtemperaturbeständigen, feinkeramischen Überzug ⑤, der nach dem Trocknen die Gießform bildet.

- Durch Ausschmelzen wird der Modellwerkstoff entfernt ⑥ und anschließend wird die Form zur Festigkeitssteigerung bei etwa 1000 °C gebrannt.

- Die so hergestellten Formen werden noch im heißen Zustand ausgegossen. Nach dem Erstarren wird der Keramiküberzug abgeschlagen und die einzelnen Gussstücke vom Eingusssystem getrennt.

20 Welche Werkstücke werden durch Feingießen hergestellt?

Gussstücke mit hoher Oberflächengüte und Maßgenauigkeit, wie Nähmaschinenteile oder Flugzeugturbinenschaufeln.

2 Fertigungstechnik

21 Wodurch unterscheidet sich eine Dauerform von einer verlorenen Form?

Verlorene Formen werden beim Entformen der Gussstücke zerstört. **Dauerformen**, wie bei Kokillen- und Druckguss notwendig, werden aus Stahl hergestellt. In Dauerformen werden immer wieder Gussteile gegossen und entformt.

22 Welche Aufgaben hat die Modelllackierung?

Die Modelllackierung
- sorgt für eine glatte Oberfläche,
- schützt das Modell gegen Feuchtigkeit und somit vor Verzug,
- erleichtert das Ausheben aus der Form,
- informiert durch die Modellgrundfarbe, welche Gruppe von Gießmetallen verwendet wird.

23 Modelle werden, entsprechend dem zu verwendenden Gusswerkstoff, mit unterschiedlichen Farben lackiert.
Welche Grundfarbe hat das Modell für Gusseisen
a) mit Lamellengraphit
b) mit Kugelgraphit
c) Stahlguss
d) Temperguss
e) Schwermetall
f) Leichtmetall?

a) Gusseisen mit Lamellengraphit
  ⇨ Grundfarbe Rot
b) Gusseisen mit Kugelgraphit
  ⇨ Grundfarbe Lila
c) Stahlguss
  ⇨ Grundfarbe: Blau
d) Temperguss
  ⇨ Grundfarbe: Grau
e) Schwermetall
  ⇨ Grundfarbe: Gelb
f) Leichtmetall
  ⇨ Grundfarbe: Grün

24 Welche Eigenschaften soll Formsand aufweisen?

Der Formsand soll
- bildsam,
- standfest und gasdurchlässig,
- feuerbeständig,
- wieder aufbereitbar sein.

2 Fertigungstechnik

25 **Welche Vor- und Nachteile weist das Kokillengießen gegenüber dem Sandgießen auf?**

Vorteilhaft ist, dass der metallische Formwerkstoff beim Kokillengießen wieder verwendbar ist und eine höhere Wärmeleitfähigkeit als der Formsand beim Sandgießen aufweist. Dadurch kann die erstarrende Schmelze schneller abkühlen, was zu einem dichteren Gefüge und besseren Festigkeitseigenschaften führt. **Nachteil**ig ist, dass das Kokillengießen nur bei großen Stückzahlen wirtschaftlich ist, da die Herstellungskosten der Metallform sehr hoch sind.

26 **Beschreiben Sie das Schleudergießen.**

Das flüssige Metall wird in eine sich drehende rohrförmige Kokille gegossen. Die dabei wirkende Fliehkraft erzeugt eine Verdichtung des Gefüges und somit eine Erhöhung der Festigkeit.

27 **Nennen Sie einige Fehler, die an Gussteilen auftreten können.**

- Lunker (Schwindungshohlräume)
- Gasblasen
- Schülpen (Erhöhungen an der Gussstückoberfläche)
- Kaltschweißstellen
- sandiger Guss
- Schlackeneinschlüsse
- versetzter Guss
- Grat
- ungleiche Wanddicke
- Seigerungen (Entmischungen der Schmelze)
- ausgebrochene Anschnitte und Steiger
- Risse

2 Fertigungstechnik

28
a) Beschreiben Sie das abgebildete Vollformgießverfahren.
b) Worin unterscheidet sich ein Vollformmodell von einem Dauermodell?

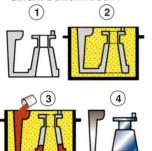

a) Beim Vollformgießen wird ein „verlorenes" Kunststoffmodell ① aus geschäumten Polystyrol, z. B. Exporit, in den einteiligen und unten geschlossenen Formkasten ② eingeformt.
Während des Eingießens der Metallschmelze ③ vergast das Modell. Der Abguss ④ weist keinen Grat auf.
b) Es entfallen alle Besonderheiten zum Zweck des Aushebens, wie
• Formschrägen
• Formteilung
• Kernmarken
• Formgebung durch Kerne.
Einguss und Anschnitt werden am Modell selbst angebracht.

29 Beschreiben Sie das Druckgießen und erläutern Sie worin sich die beim Druckgießen angewandten Warm- und Kaltkammerverfahren unterscheiden.

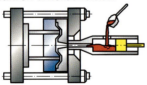

Kaltkammerverfahren

Beim Druckgießen wird die Metallschmelze unter Druck mit hoher Geschwindigkeit in eine mehrteilige beheizte Form gepresst.
Warmkammerverfahren: Die Druckkammer befindet sich in der Schmelze. Vergossen werden z. B. Magnesium und Zink, weil sie die Werkstoffe von Druckkammer und -kolben nicht angreifen.
Kaltkammerverfahren: Die Druckkammer befindet sich außerhalb der Schmelze, weil die vergossenen Kupfer- und Aluminiumlegierungen die Druckkammer und -kolbenwerkstoffe stark angreifen würden.

2.4 Umformen

30 Wie ist das Umformen definiert?

Nach DIN 8580 ist Umformen das Überführen einer gegebenen Form eines festen Körpers (Rohteil, Werkstück) in eine bestimmte, andere Form (Zwischenform, Fertigteil) *unter Beibehaltung von Masse und Stoffzusammenhang.*

31 Nennen Sie Vorteile, die das Umformen bietet.

Da beim Umformen der Faserverlauf im Werkstück nicht unterbrochen wird, wird die Festigkeit des Werkstoffs erhöht.
Es können komplizierte Formen mit guter Oberflächenqualität und engen Toleranzen hergestellt werden.

**32 Nach den äußeren Spannungen, die auf einen Werkstoff wirken, werden 5 Umformverfahren unterschieden.
Nennen Sie diese und geben Sie zu jedem Verfahren Beispiele an.**

- *Druckumformen*: z. B. Walzen, Gesenkformen, Durchdrücken, Freiformen
- *Zugdruckumformen*: z. B. Tiefziehen, Drücken, Durchziehen
- *Zugumformen*: z. B. Weiten, Tiefen, Längen
- *Biegeumformen*: z. B. Freies Biegen, Schwenkbiegen, Gesenkbiegen, Rollbiegen
- *Schubumformen*: z. B. Verdrehen, Verschieben

33 Welcher Unterschied besteht zwischen Kalt- und Warmumformen?

Beim Kaltumformen werden größere Umformkräfte als beim Warmumformen benötigt, da beim Kaltumformen durch Gefügeänderung eine Erhöhung der Festigkeit und eine Verringerung der Dehnung bewirkt wird; die erreichbaren Formänderungen sind kleiner.

34 Worin unterscheidet sich die Spannung σ eines Spannungs-Dehnungs-Diagramms von der Fließspannung k_f einer Fließkurve?

$$\sigma = \frac{F}{A_0}$$

In der Festigkeitslehre wird zur Spannungsberechnung die Kraft F auf die Ausgangsfläche A_0 bezogen.

$$k_f = \frac{F}{A_m}$$

In der Umformtechnik wird zur Spannungsberechnung die Kraft F auf die jeweilige momentane Fläche A_m bezogen.
Da $A_m < A_0$ ist, folgt, dass $k_f > \sigma$ ist. Somit gibt die Fließspannung die „wahre Spannung" an.

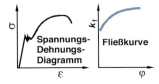

35 Worüber gibt die „Fließspannung" Auskunft?

Über die Größe der Spannung, die zur Einleitung und Erhaltung der plastischen (bleibenden) Formänderung nötig ist.

36 Zur Berechnung wichtiger Kenngrößen bei Umformprozessen benötigt man den Umformgrad φ (phi).
Worüber gibt der Umformgrad Auskunft und wie wird er berechnet?

Der Umformgrad φ (logarithmische Formänderung) gibt Auskunft über die auftretenden Formänderungen bei Umformprozessen.
Für die Kenngrößenberechnung ist die größte auftretende Formänderung, die Hauptumformung, maßgebend.

$$\varphi = \text{Logarithmus} \frac{\text{Endabmessung}}{\text{Ausgangsabmessung}}$$

37 Wovon ist die Fließspannung k_f abhängig?

- Werkstoff
- Temperatur ϑ
- Umformgrad φ
- Umformgeschwindigkeit $\dot{\varphi}$
- Umformbeschleunigung $\ddot{\varphi}$
  (nur bei Explosionsumformung von Bedeutung)

38 Der Zylinder aus C15E soll kalt gestaucht werden.

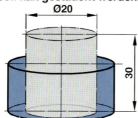

Berechnen Sie für die Endhöhe h_1 = 18,2 mm den
a) Werkstückenddurchmesser d_1,
b) Umformgrad φ_z.
c) Ermitteln Sie aus der Fließkurve die zur Umformung notwendige Fließspannung k_f.

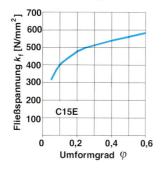

a) Beim Umformen bleibt das Volumen konstant, folglich gilt:

$$d_1 = \sqrt{\frac{h_0}{h_1} \cdot d_0^2} = \sqrt{\frac{30 \text{ mm}}{18,2 \text{ mm}} \cdot 20^2 \text{ mm}^2}$$

$d_1 = $ **25,68** mm

b) Hauptumformgrad:

$$\varphi_z = \ln \frac{h_1}{h_0} = \ln \frac{18,2 \text{ mm}}{30 \text{ mm}}$$

$\varphi_z = \ln\ 0{,}607 = $ **– 0,5**

(Minuswert = Stauchung)

c) Fließspannung:

Mit $\varphi_z = |\varphi_{max}| = |\ln 0{,}607| = 0{,}5$

kann eine Fließspannung von k_f = **560** N/mm² abgelesen werden.

Hinweis für Umformtechniker:
Fließkurven für un- und niedriglegierte Stähle lassen sich auch nach der „Ludwik-Gleichung" berechnen:

$k_f = C \cdot \varphi^n$

hier C = 650 N/mm² und n = 0,2

$k_f = $ **565,86** N/mm²

39 Nennen und beschreiben Sie das Glühverfahren, das die beim Kaltumformen entstandene Kaltverfestigung beseitigt.

Rekristallisationsglühen (Zwischenglühen):
Durch mehrere Stunden langes Glühen bei 550 °C bis 650 °C wird das durch die Kaltverformung verzerrte Gefüge in einen unverzerrten Gefügezustand zurückgeführt.

40 Durchdrücken
Benennen und beschreiben Sie das skizzierte Strangpressverfahren.

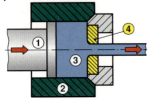

Die Abbildung zeigt das direkte Strangpressen, auch als Voll-Vorwärts-Strangpressen bezeichnet.

Der sich im beheizten Aufnehmer ② befindliche Werkstoff-Block ③ wird mittels eines Stempels ① durch eine profilierte Öffnung, die Matrize ④, gedrückt.
Es entstehen dadurch Halbzeuge, Strangprofile.

41 In welche Verfahren werden die Fließpressverfahren unterschieden?

Nach der Fließrichtung des Werkstoffes in bezug auf die Stempelbewegung unterscheidet man:
- Vorwärtsfließpressen
- Rückwärtsfließpressen
- Querfließpressen
- Mischfließpressen

42
a) **Warum wird das skizzierte Umformverfahren als Rückwärts-Fließpressen bezeichnet?**
b) **Beschreiben Sie, wie durch dieses Verfahren eine Hülse hergestellt wird.**

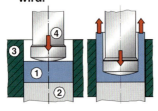

a) Weil der Werkstoff gegen die Stempelbewegung fließt.

b) Der umzuformende Werkstoff wird in Form einer Platine ① auf das Werkzeugunterteil (Gegenstempel oder Auswerfer ②) in die Fließpressbuchse (Matrize ③) eingelegt.
Der Stempel ④ drückt mit hohem Druck auf den Werkstoff, der dadurch zu fließen beginnt.
Der verdrängte Werkstoff steigt am Stempel hoch und bildet die Wandung des entstehenden Hohlkörpers.

2 Fertigungstechnik

43 Fließpressen und Strangpressen arbeiten nach ähnlichem Prinzip. Worin unterscheiden sich die beiden Verfahren?

Fließpressen:
- Es wird Stückgut, d. h. ein Fertigteil, hergestellt (siehe Abbildung),
- die Umformtemperatur ist beim Vorgangsbeginn vorwiegend niedrig (Raumtemperatur).

Strangpressen:
- Es wird Fließgut, d. h. ein Halbzeug, hergestellt,
- die Umformtemperatur ist schon beim Vorgangsbeginn hoch, z. B. bei Aluminium ca. 450 °C.

44 Tiefziehen
a) Beschreiben Sie das skizzierte Tiefziehverfahren.
b) Worin unterscheidet sich das „Tiefziehen im Erstzug" vom „Tiefziehen im Weiterzug"?

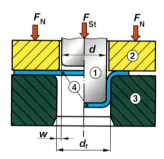

a) Beim Tiefziehen wird ein ebener Blechzuschnitt, Ronde, zu einem Hohlteil umgeformt.
Dazu wird die Ronde ④ in die Aufnahme der Ziehmatrize ③ eingelegt und durch den Niederhalter ② mit einer bestimmten Kraft gehalten.
Der Ziehstempel ① zieht die Ronde ④ über die abgerundeten Einziehecken in die Ziehmatrize ③.
F_N = Niederhalterkraft
F_{St} = Stempelkraft
d = Stempeldurchmesser
d_r = Ziehringdurchmesser
w = Ziehspalt

b) Das Tiefziehen eines Hohlteiles in einem Zug nennt man „Tiefziehen im Erstzug" oder „im Anschlag". Wird das gezogene Teil in weiteren Tiefziehoperationen gefertigt, wird es als „Tiefziehen im Weiterzug" oder „im Weiterschlag" bezeichnet.

45

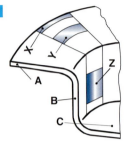

a) Benennen Sie die mit „A", „B" und „C" gekennzeichneten Bereiche des zylindrischen Ziehteils während des Tiefziehvorganges.
b) Wieso wird das Tiefziehen als ein Verfahren der „mittelbaren Krafteinleitung" bezeichnet?
c) Welche Spannung(en) wirken während des Umformens jeweils in den markierten Bereichen „X", „Y" und „Z"?
d) Beschreiben Sie in diesem Zusammenhang die Notwendigkeit eines Niederhalters beim Tiefziehen.

a) Die einzelnen Teile des skizzierten Napfes sind:
A = Flansch
B = Zarge
C = Boden.
b) Weil die zur Umformung nötige Kraft nicht unmittelbar vom Werkzeug auf die Umformzone wirkt. Die Kraft wirkt mittelbar vom Stempel auf den Boden (= Krafteinleitungszone), über die Zarge (= Kraftübertragungszone) zum Flansch (= Umformzone).
c) Es herrschen tangentiale Druck- und radiale Zugspannungen vor. Im markierten Bereich „X" des Flansches wirken hauptsächlich Druckspannungen, im Bereich „Y" Zug- und Druckspannungen und im Bereich „Z" der Zarge hauptsächlich Zugspannungen.
d) Wegen den großen Druckspannungen im Bereich „X" des Flansches würde es ohne Niederhalter zu Faltenbildung kommen. Der Niederhalter drückt das Blech mit einer bestimmten Kraft F_N gegen den Ziehring, so dass am Blechrand keine Falten entstehen und der Werkstoff trotzdem fließen kann.

46

a) Welche Aufgabe erfüllt der Ziehspalt w und welche Folgen hat ein falsch gewählter Ziehspalt?
b) Warum muss der Ziehspalt etwas größer als die Blechdicke sein?

a) Der Ziehspalt verhindert eine unerwünschte Blechdickenzunahme.
w zu klein ⇨ Werkstoff reißt
w zu groß ⇨ Falten an der Zarge
(= Falten 2. Ordnung)
b) Beim Ziehen tritt an der Ziehkante eine Werkstoffanhäufung auf. Wird dies nicht berücksichtigt, entsteht eine Abstreckwirkung.

2 Fertigungstechnik

47 Worüber gibt das Ziehverhältnis β Auskunft und wie ist beim Tiefziehen von zylindrischen Teilen das maximale Grenzziehverhältnis β_{max} definiert?

Das Ziehverhältnis gibt Auskunft über die Ziehfähigkeit eines Bleches. Als „Grenzziehverhältnis" definiert man im *Erstzug* den Quotienten aus

$$\beta_{max} = \frac{D_{Ronde}}{d_{Stempel}}$$

dem Außendurchmesser der ohne Versagen noch ziehbaren Ronde und dem Stempeldurchmesser und beim *Weiterzug* das Verhältnis vom Stempeldurchmesser des Erstzuges zu dem des Weiterzuges.

$$\beta_n = \frac{d_{(n-1)}}{d_n}$$

48 Wovon ist das Ziehverhältnis abhängig?

- Werkstofffestigkeit
- Blechdicke
- Werkzeuggestaltung (Ziehspalt, Abrundungen und Oberfläche)
- Niederhalterkraft
- Umformtemperatur
- Schmiermittel

Dabei sind die Reibungsbedingungen an Stempel und Ziehring von entscheidendem Einfluss. Je kleiner die Reibung am Ziehring und Niederhalter und je größer der Reibwert am Stempel, desto höhere Grenzziehverhältnisse lassen sich erzielen.

49 Eine Ronde mit dem Durchmesser D = 135 mm, aus DC01 (St 12), soll in zwei Ziehstufen zu einem Hohlkörper mit kleinstmöglichem Innendurchmesser gezogen werden.
Berechnen Sie die beiden Stempeldurchmesser, wenn ohne Zwischenglühen gezogen wird.

Ziehverhältnisse für DC01
- $\beta_1 = 1,8$
- $\beta_2 = 1,2$

Berechnung:

$$d_1 = \frac{D}{\beta_1} = \frac{135 \text{ mm}}{1,8} = \textbf{75,0 mm}$$

$$d_2 = \frac{d_1}{\beta_2} = \frac{75 \text{ mm}}{1,2} = \textbf{62,5 mm}$$

50 Berechnen Sie für den skizzierten Napf aus DC01 (St 12)
a) Ziehringdurchmesser d_r
b) Rondendurchmesser D, mit Formelherleitung
c) Ziehverhältnis β.
d) Begründen Sie, warum zur Napfherstellung nur ein Zug nötig ist.

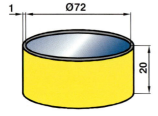

a) Ziehringdurchmesser:

Werkstofffaktor $k = 0,07$
Blechdicke $s = 1$ mm

$$d_r = d + 2 \cdot w$$
$$w = s + k \cdot \sqrt{10 \cdot s}$$

$d_r = 72$ mm $+ 2 \cdot 1,22$ mm
$d_r = \mathbf{74,44}$ mm

b) Rondendurchmesser:

$$V_{Ronde} = V_{Napf}$$
$$\frac{\pi \cdot D^2}{4} \cdot s = (\frac{\pi \cdot d^2}{4} + \pi \cdot d \cdot h) \cdot s$$
$$D^2 = d^2 + 4 \cdot d \cdot h$$
$$D = \sqrt{d^2 + 4 \cdot d \cdot h}$$

$D = \mathbf{104,61}$ mm

c) Ziehverhältnis:

$$\beta = \frac{D}{d} = \frac{104,61 \text{ mm}}{72 \text{ mm}} = \mathbf{1,45}$$

d) Weil das zur Umformung benötigte Ziehverhältnis kleiner als das Ziehverhältnis $\beta_{max} = 1,8$ des Werkstoffes DC01 ist.

51 Welche Vorteile bringt die Verwendung von Ziehwülsten oder Ziehleisten beim Tiefziehen?

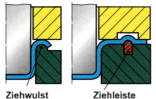

Ziehwulst   Ziehleiste

Ziehwülste und Ziehleisten beeinflussen den Werkstofffluss positiv. Sie bremsen den Materialfluss und gleichzeitig wird das Werkstoffgefüge aufgelockert.
Eine mögliche Faltenbildung im Bereich der Zarge (Falten 2. Ordnung) wird dadurch wesentlich herabgesetzt.

52 Biegen
a) Was versteht man beim Biegen unter der „neutralen Faser"?
b) Welcher Radius wird als Biegeradius bezeichnet?

a) Die Werkstofffaser, die beim Biegen weder gestreckt noch gestaucht wird. Sie liegt ungefähr auf der Mittellinie und dient zur Berechnung der „gestreckten Länge".

b) Als Biegeradius bezeichnet man den an der Innenseite des Biegeteils liegenden Radius nach dem Biegen.

53 Ein Vierkantstahl 10 DIN 1014 – S235J0 soll gebogen werden. Welche Folgen hätte hierbei ein zu klein gewählter Biegeradius?

- Risse im Werkstoff
- große Querschnittsveränderungen

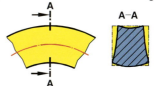

54 Wovon hängt die Größe des kleinsten zulässigen Biegeradius für das Kaltbiegen von Stahlblechen ab?

- Blechdicke
- Mindestzugfestigkeit des Werkstoffs
- Walzrichtung
- Biegewinkelgröße

55 Warum muss ein Biegeteil zur Erzielung des gewünschten Biegewinkels überbogen werden?

Wegen der Elastizität des Werkstoffs.
Beim Biegen muss der Werkstoff über die Streckgrenze R_e hinaus beansprucht werden, damit er sich plastisch (bleibend) verformt. Nach dem Biegen federt er um die Größe der elastischen Verformung zurück.

56

Ein 1,5 mm dickes Blech aus DC03 (RRSt 13) soll kalt gebogen werden.
a) Ermitteln Sie die Werkstoffkennwerte
- R_m
- R_e
- A

b) Skizzieren und beschriften Sie für diesen Werkstoff das Spannungs-Dehnungs-Diagramm.

c) Legen Sie den Umformbereich im Diagramm farbig an.

d) Ermitteln Sie den kleinsten zulässigen Biegeradius.

a) Werkstoffkennwerte (DC03):
- Mindestzugfestigkeit $R_m = 370$ N/mm²
- Streckgrenze $R_e = 240$ N/mm²
- Bruchdehnung $A = 34$ %

b) und c)

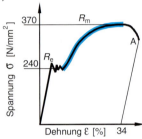

d) Aus Tabelle mit s bis 1,5 mm und R_m bis 390 N/mm² ⇨ kleinster zulässiger Biegeradius $r =$ **1,6** mm.

57

Warum soll beim Biegen die Walzrichtung des Bleches beachtet werden?

Bei der Blechherstellung richten sich die Kristalle durch das Walzen aus. Beim Biegen quer zur Walzrichtung ist der Werkstoff höher belastbar und die Gefahr der Rissbildung kleiner.

58

Warum sollten die Bohrungen des skizzierten Biegeteils erst nach dem Biegen gefertigt werden?

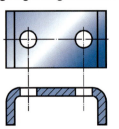

Die Bohrungen sind zu dicht an den Biegekanten und würden durch das Biegen deformiert werden.

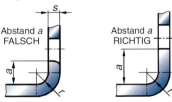

Faustformel für den Mindestabstand a:

$a \geq r + 2 \cdot s$

59 Berechnen Sie die gestreckte Länge des abgebildeten Flachstahls Fl 40 x 5.

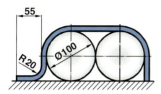

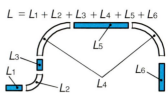

$L = L_1 + L_2 + L_3 + L_4 + L_5 + L_6$

$L_1 = (55 - 20)\,\text{mm} = 35\,\text{mm}$

$L_2 = \dfrac{\pi \cdot d_m}{4} = \dfrac{\pi \cdot 45\,\text{mm}}{4} = 35{,}34\,\text{mm}$

$L_3 = (50 - 5 - 20)\,\text{mm} = 25\,\text{mm}$

$L_4 = \dfrac{\pi \cdot d_m \cdot \alpha}{360°} = \dfrac{\pi \cdot 105\,\text{mm} \cdot 180°}{360°}$

$L_4 = 164{,}93\,\text{mm}$

$L_5 = 100\,\text{mm}$

$L_6 = 50\,\text{mm}$

$L = \mathbf{410{,}27}\,\text{mm}$

---

60 Das abgebildete Biegeteil hat eine Dicke von 1,5 mm.
Berechnen Sie
a) die Länge der neutralen Faser,
b) den genauen Wert der gestreckten Länge mittels Ausgleichswertes.

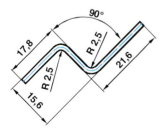

a) Berechnung der neutralen Faser:

$L = L_1 + L_2 + L_3 + L_4 + L_5$

$L_1 = 17{,}8\,\text{mm} - s - R = 13{,}8\,\text{mm}$

$L_2 = \dfrac{\pi \cdot d_m}{4} = \dfrac{\pi \cdot 6{,}5\,\text{mm}}{4} = 5{,}1\,\text{mm}$

$L_3 = 15{,}6\,\text{mm} - 2s - 2R = 7{,}6\,\text{mm}$
$L_4 = L_2 = 5{,}1\,\text{mm}$
$L_5 = 21{,}6\,\text{mm} - s - R = 17{,}6\,\text{mm}$

$L = \mathbf{49{,}2}\,\text{mm}$

b) Berechnung mit Ausgleichswert:

$\boxed{L = a + b + c - n \cdot v}$

- Ausgleichswert $v = 3{,}2\,\text{mm}$
- Anzahl der Biegestellen $n = 2$
- Längen der Schenkel:
  $a = 21{,}6\,\text{mm}$; $b = 15{,}6\,\text{mm}$
  $c = 17{,}8\,\text{mm}$

$L = \mathbf{48{,}6}\,\text{mm}$

61 Schmieden

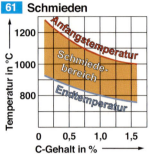

a) Welchen Zusammenhang zwischen der Schmiedbarkeit unlegierter Stähle und deren Kohlenstoffgehalt zeigt die Abbildung?
b) Warum muss das Erwärmen unterhalb des Schmiedebereichs langsam und gleichmäßig erfolgen?
c) Welche Folgen hat ein Erwärmen über den Anfangsschmiedebereich?
d) Warum soll nicht unterhalb der Endschmiedetemperatur geschmiedet werden?

a) Je geringer der Kohlenstoffgehalt bei unlegierten Stählen ist, desto höher liegt die Anfangsschmiedetemperatur und desto größer ist der Temperaturbereich, in dem geschmiedet werden kann.

b) Damit keine Spannungsrisse entstehen, die durch zu große Temperaturunterschiede zwischen äußeren und inneren Bereichen des Schmiederohlings entstünden. (Danach wird schnell auf Schmiedetemperatur erwärmt, damit kein Grobkorn entsteht.)

c) Wird über den Anfangsschmiedebereich erwärmt, fängt der Stahl an zu sprühen. Dabei verbrennt der Kohlenstoff des Stahls und er wird unbrauchbar.

d) Weil die Umformbarkeit des Werkstoffes so stark nachlässt, dass sich bei weiterem Schmieden Risse am Werkstück bilden.

62 Ordnen Sie die folgenden Werkstoffe hinsichtlich ihrer „Schmiedbarkeit":
a) Kupfer-Legierungen
b) Legierte Stähle
c) Aluminium-Legierungen
d) Titan-Legierungen
e) Magnesium-Legierungen

Die „Schmiedbarkeit" macht Aussagen über die ertragbaren:
- Formänderungen ohne Bruch
- Fließspannungen
- Temperaturen

Bezüglich der „Schmiedbarkeit" ergibt sich qualitativ aufsteigend folgende Reihenfolge der Werkstoffe:
c) ⇨ e) ⇨ a) ⇨ b) ⇨ d).

63 In der Automobilindustrie werden Kurbelwellen meist durch Gesenkformen aber auch durch Spanen gefertigt.

a) Zeichnen Sie in die untenstehenden Kurbelwellenskizzen den jeweiligen Faserverlauf ein.

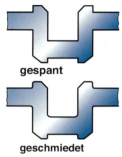

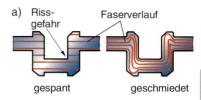

gespant   geschmiedet

b) Beschreiben Sie die Vorteile die eine geschmiedete Kurbelwelle gegenüber einer spanend hergestellten aufweist.

b) Beim Schmieden verdichtet sich durch die Druckspannungen das Gefüge und der Faserverlauf wird nicht unterbrochen, wodurch die Festigkeit gesteigert wird.
Wird die Kurbelwelle spanend hergestellt, so müsste hierfür ein höherfester und somit teurer Werkstoff verwendet werden. Außerdem können bei entsprechender Belastung an der gespanten Kurbelwelle dort Risse entstehen, wo an scharfen Ecken der Faserverlauf unterbrochen ist.
Da eine geschmiedete Kurbelwelle durch Umformen hergestellt wird entsteht im Gegensatz zum Spanen kaum Werkstoffverlust.

64 Ordnen Sie den Zahlen die entsprechenden Benennungen am Schmiedegesenk zu.

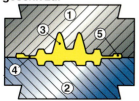

① Obergesenk

② Untergesenk

③ Gravur = der Formhohlraum in den Gesenkteilen. Sie ist die Negativform des Werkstückes.

④ Gratbahn

⑤ Gratrille, nimmt den überschüssigen Werkstoff auf.

2 Fertigungstechnik

65 Warum dürfen beim Schmieden die Anteile von Schwefel und Phosphor im Stahl zusammen nicht mehr als 0,1 % betragen?

Weil diese Eisenbegleiter die Schmiedbarkeit beeinflussen.
- Schwefelgehalte über 0,2 % verringern die Verformbarkeit im warmen Zustand und verursachen *Rotbrüchigkeit*.
- Phosphorgehalte über 0,25 % verursachen beim Umformen ohne Anwärmen *Kaltbrüchigkeit*.

66 Worin unterscheiden sich die Druckumformverfahren „Freiformen" und „Gesenkformen"?

- Beim **Freiformen** wird ohne begrenzende Werkzeuge aus dem Rohling die gewünschte Fertigform durch Schlagwirkung erzielt, wobei der Werkstoff zwischen den Werkzeugen frei fließen kann. Die Fertigform entsteht durch geeignetes Führen des Werkstückes und des Werkzeuges.
- Beim **Gesenkformen**, oft auch als **Gesenkschmieden** bezeichnet, werden dem Werkstoff durch das Ober- und Untergesenk die Fließrichtung und Form vorgeschrieben.

67 In der Serienfertigung wird meist durch Gesenkformen statt durch Freiformen umgeformt.
Welche wesentliche Vorteile hat das Gesenkformen gegenüber dem Freiformen?

Die Vorteile des Gesenkformens sind:
- hohe Form- und Maßgenauigkeit bei großen Stückzahlen
- gute Wiederholgenauigkeit
- sehr kurze Fertigungszeiten
- Werkstücke mit komplizierter Form sind herstellbar
- es ist kein besonderes handwerkliches Geschick erforderlich

68 Nennen Sie je zwei Vor- und Nachteile des Gesenkformens
a) mit Gratspalt,

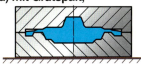

b) ohne Gratspalt.

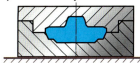

a) **Gesenkformen mit Gratspalt:**
   Vorteile:
   - sicheres Füllen der Gravur ist gewährleistet
   - ungenaues Ablängen der Rohteile ist möglich

   Nachteile:
   - aufwändige Gesenkfertigung, durch Einarbeitung von Gratbahn und Gratrille
   - der Grat an den Schmiedestücken muss abgeschert werden

b) **Gesenkformen ohne Gratspalt:**
   Vorteile:
   - das Abgraten entfällt
   - eine gute Formgenauigkeit wird ohne Nacharbeit erreicht

   Nachteile:
   - da das Rohteilvolumen genau dem Schmiedevolumen entsprechen muss, ist ein genaues Ablängen erforderlich
   - weil beim Schließen ein Gesenk das andere umfasst, ist ein genaues Führen von Ober- und Untergesenk notwendig

69 Welche Aufgaben erfüllen beim Gesenkformen Gratspalt ①, Gratbahn ② und Gratrille ③?

Gratspalt: je nach Wahl der Gratspaltweite wird der Werkstofffluss mehr oder weniger behindert.

Gratbahn: eine große Gratbahnweite bewirkt einen Anstieg des Reibwiderstandes und eine Zunahme der Werkstoffabkühlung.

Gratrille: nimmt den überschüssigen Werkstoff auf.

70 Die meisten Schmiedeteile werden durch Gesenken in mehreren Stufen umgeformt.
a) Nennen und beschreiben Sie die drei Hauptarten der Umformung die dabei stattfinden.
b) Ordnen Sie die drei Hauptarten den dargestellten Abbildungen zu.

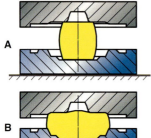

a) Die Hauptarten (Grundvorgänge) der Umformung sing:

Stauchen: Der Werkstoff fließt hauptsächlich in Richtung der Werkzeugbewegung, die Werkstückhöhe wird stark verringert und der Werkstückquerschnitt etwas vergrößert.

Breiten: Der Werkstoff fließt hauptsächlich quer zur Werkzeugbewegung, die Werkstückhöhe wird verringert und der Werkstückquerschnitt stark vergrößert.

Steigen: Der Werkstoff fließt hauptsächlich in entgegengesetzter Richtung der Werkzeugbewegung.
Hohe Gravurbereiche werden vollständig gefüllt.

b) In der Abbildung A überwiegt das *Stauchen* und in der Abbildung B das *Breiten*. In der Abbildung C finden die Hauptarten *Breiten* und *Steigen* gleichzeitig statt.

71 Was versteht man unter dem „Gratbahnverhältnis"?

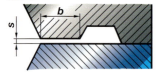

Das Gratbahnverhältnis ist das Verhältnis von Gratbahnbreite b zur Gratspaltweite s.
Für ein 2 kg schweres Werkstück mit komplizierter Form wird z. B. ein Gratbahnverhältnis von $b : s = 4 : 1$ gewählt.
Bei einer gegebenen Gratspaltweite von $s = 5$ mm ergibt dies eine Gratbahnbreite von $b = 20$ mm.

2 Fertigungstechnik

72 Beim Schmieden mit einem neuen Gesenk wurde die Gravur nicht vollständig gefüllt.
Welche Änderungen an der Gradspaltabmessung können diesen Fehler beseitigen? Begründung.

- Gradspaltweite verringern
- Gratbahnbreite vergrößern

Begründung:
Dadurch wird der Fließwiderstand des Werkstoffs vergrößert, sodass erst die Gravur ausgefüllt wird, bevor der Werkstoff durch den Gratspalt abfließt.

73 Gebräuchliche Stähle für Schmiedegesenke sind Warmarbeitsstähle.
Ermitteln Sie aus dem Tabellenbuch geeignete Warmarbeitsstähle für Schmiedegesenke zum Einsatz
a) unter Hämmern
b) an Pressen.
Begründen Sie die Auswahl.

a) 55NiCrMoV6
56NiCrMoV7
Hervorzuheben ist bei beiden Werkstoffen die hohe Zähigkeit und damit geringere Bruchanfälligkeit, die gerade die Schmiedegesenke beim Einsatz unter Hämmern benötigen, um die schlagartige Beanspruchung aufnehmen zu können.

b) X38CrMoV5-1
X32CrMoV3-3
Gegenüber denen unter a) genannten Warmarbeitsstählen zeichnen sich diese Stähle durch eine höhere Warmfestigkeit und Warmverschleißfestigkeit aus. Somit werden sie überwiegend an Pressen eingesetzt, wo in der Regel der Warmverschleißwiderstand und nicht die Zähigkeit das erste Kriterium darstellt.

2.5 Trennen und Zerteilen

74 Nach DIN 8580 werden die Verfahren des Trennens in sechs Gruppen eingeteilt.
Nennen Sie diese unter der Angabe eines Beispiels.

- *Zerteilen*: Spanloses Trennen, z. B. Scherschneiden
- *Spanen mit geometrisch bestimmten Schneiden*, z. B. Drehen
- *Spanen mit geometrisch unbestimmten Schneiden*, z. B. Schleifen
- *Abtragen*: Physikalisch-chemisches Bearbeiten, z. B. Brennschneiden
- *Zerlegen*: Auseinandernehmen von zusammengebauten Teilen, z. B. Abschrauben
- *Reinigen*: Entfernen unerwünschter Stoffteilchen von Werkstückoberflächen, z. B. Sandstrahlen

75 Welche Grundform besitzen alle trennende Werkzeugschneiden?

Die Grundform der Werkzeugschneide ist der Keil.
Er dringt in den Werkstoff ein, spaltet und trennt ihn.

76 Zeichnen Sie zwei Keile mit den Keilwinkeln $\beta_1 = 30°$ und $\beta_2 = 60°$.
Ermitteln Sie mit Hilfe des Kräfteparallelogramms die jeweiligen Seitenkräfte, wenn eine Schlagkraft von 10 N wirkt.

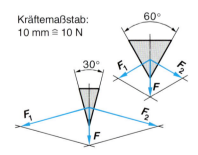

Kräftemaßstab: 10 mm ≙ 10 N

$\beta_1 = 30°$: $F_1 = F_2 = $ **19,3 N**
$\beta_2 = 60°$: $F_1 = F_2 = $ **10,0 N**

77 Wie wirkt sich ein kleiner Keilwinkel beim Trennvorgang auf die Größe der Seitenkräfte, den benötigten Kraftaufwand und die Schneidenstabilität aus?

Je kleiner der Keilwinkel ist, um so größer werden die Seitenkräfte, um so geringer wird der benötigte Kraftaufwand und die Schneidenstabilität.

78 Beschreiben Sie die zerteilende Wirkung des Keils.

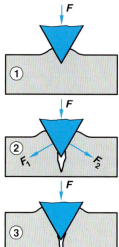

① Einkerben:
Die Kraft F wirkt auf die Schneide und überwindet die Kohäsionskräfte der Werkstoffteilchen. Diese werden vom eindringenden Keil verdrängt und bilden einen Wulst.
② Spalten:
Mit zunehmender Eindringtiefe wächst der Widerstand gegen die Werkstoffverdrängung. Durch die Wirkung der Seitenkräfte entsteht bei spröden Werkstoffen ein der Schneide voreilender Riss.
③ Bruch:
Bei tieferem Eindringen des Keils werden die Kohäsionskräfte im Restquerschnitt kleiner. Schließlich drängen die Seitenkräfte das Werkstück schlagartig auseinander.

79 Worin unterscheidet sich das „Scherschneiden" vom „Messerschneiden"?

Scherschneiden ist das Zerteilen zwischen zwei Schneiden, die sich aneinander vorbeibewegen.
Messerschneiden ist das Zerteilen mit nur einer Schneide.

2 Fertigungstechnik

80 Wie erfolgt der Zerteilvorgang beim „Beißschneiden"?

Beim Beißschneiden wird das Schnittteil durch zwei Keile, die sich aufeinander zu bewegen getrennt, z. B. Bolzenschneider.

81 Welche Verfahren des Scherschneidens zeigen die Abbildungen?

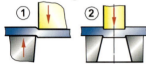

① Offener Schnitt: die Schnittlinie des bearbeiteten Werkstücks ist offen.
② Geschlossener Schnitt: die Schnittlinie des bearbeiteten Werkstücks ist in sich geschlossen.

82 An den einzelnen Zonen der Trennfläche eines durch Scherschneiden gefertigten Werkstückes lässt sich der Schneidvorgang beim Scherschneiden erkennen.
Beschreiben Sie den Schneidvorgang unter Nennung der einzelnen Zonen an der Trennfläche.

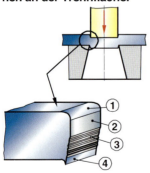

- *Biegen*: Unter Krafteinwirkung des aufsetzenden Stempels wird der Werkstoff elastisch verformt.
- *Fließen*: Der Stempel dringt nach Überwindung der Elastizitätsgrenze in den Werkstoff ein und bewirkt eine plastische Formänderung. Der Werkstoff wird dabei in den Schneidspalt gezogen. Es entstehen Rundungen an den Einzugsstellen, der so genannte Kantenabzug ①.
- *Einreißen*: Durch das weitere Eindringen des Stempels werden die zugbeanspruchten Werkstoffteilchen an der Ober- und Unterseite quer eingeschnitten. Es entsteht die glatte, glänzende Zone ②.
- *Durchreißen*: Durch die höher werdende Zugbeanspruchung der Fasern bilden sich Risse, die von den Schneidkanten aufeinander zulaufen. Der Trennbruch erfolgt unter Entstehung einer rauen, matten Bruchzone ③ und eines Grates ④

83 Beschreiben Sie das Aussehen der Schnittfläche und des Schnittgrates, wenn der Schneidspalt wie folgt gewählt wurde:
a) richtig
b) zu groß
c) zu klein.

a) Schneidspalt richtig:
   ⇨ 1/3 glänzende Schnittzone 2/3 matte Bruchzone
   ⇨ normaler Grat
b) Schneidspalt zu groß:
   ⇨ große, raue Bruchzone
   ⇨ kräftiger, stark gezackter Abreißgrat
c) Schneidspalt zu klein:
   ⇨ große, glänzende Schnittzone
   ⇨ dünner, hoher Ziehgrat

84 In welchem Fall spricht man beim Scherschneiden vom „Lochen", bzw. vom „Ausschneiden"?

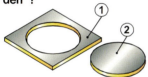

Wird durch das Scherschneiden eine Innenform hergestellt, dann spricht man vom Lochen.
⇨ ① = Werkstück
   ② = Abfall
Wird durch das Scherschneiden eine Außenform hergestellt, dann spricht man vom Ausschneiden.
⇨ ① = Abfall
   ② = Werkstück

85 Von welchen Faktoren ist die aufzuwendende Schneidkraft bei einem geschlossenen Schnitt abhängig?

Die aufzuwendende Schneidkraft hängt ab,
- von der Schnittfläche
- von der Scherfestigkeit des Werkstoffs
- von der Schneidstempelform (plan, schräg, dachförmig, wellig)
- vom Schneidenspiel
- vom Schmiermittel

86 Wodurch unterscheidet sich der Fertigungsablauf eines Gesamtschneidwerkzeuges von einem Folgeschneidwerkzeug?

Bei einem Gesamtschneidwerkzeug erfolgt die Fertigung einer Innen- und Außenform mit einem Pressenhub. Bei einem Folgeschneidwerkzeug wird die Kontur des Werkstückes durch mehrere aufeinander folgende Arbeitsschritte hergestellt.

87 Warum muss bei Folgeschneidwerkzeugen der Streifen exakt um einen bestimmten Vorschub verschoben werden?

Der Streifen muss exakt um einen bestimmten Vorschub vorgeschoben werden, damit keine Lageabweichungen von der im ersten Hub erzeugten Innenform zur im folgenden Hub erzeugten Außenform entsteht.

88 Womit lässt sich der Vorschub eines Schnittstreifens begrenzen?

Der Vorschub eines Schnittstreifens kann durch feste oder verstellbare Anschläge, Anlagestifte, Suchstifte, Seitenschneider oder Vorschubapparate begrenzt werden.

89 Das Sicherungsblech ($R_{m\,max}$ = 510 N/mm²) soll mit einem Gesamtschneidwerkzeug gefertigt werden. Berechnen Sie
a) Maß X
b) Scherfläche S
c) erforderliche Schneidkraft F in kN.

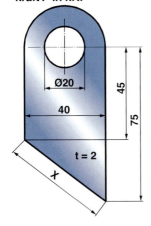

a) Maß X mit Pythagoras:

$$X = \sqrt{a^2 + b^2}$$
$$X = \sqrt{(30^2 + 40^2)}\,\text{mm}^2$$
$$X = \mathbf{50}\,\text{mm}$$

b) Scherfläche S:

$$S = (\pi \cdot d_{20} + \frac{\pi \cdot d_{40}}{2} + 75 + 45 + 50) \cdot s$$
$$S = \mathbf{591{,}32}\,\text{mm}^2$$

c) Schneidkraft F:

$$\boxed{F = S \cdot \tau_{aB\,max}}$$

$$\boxed{\tau_{aB\,max} \approx 0{,}8 \cdot R_{m\,max}}$$

$$\tau_{aB\,max} = 0{,}8 \cdot 510\,\text{N/mm}^2$$
$$\tau_{aB\,max} = 408\,\text{N/mm}^2$$

$$F = 591{,}32\,\text{mm}^2 \cdot 408\,\text{N/mm}^2$$
$$F = \mathbf{241{,}26}\,\text{kN}$$

90 Aus einem Blechstreifen ($R_{m\,max}$ = 510 N/mm², s = 1 mm) sollen Ronden d = 48 −0,2 mm in großer Stückzahl ausgeschnitten werden.
Berechnen Sie
a) Schneidspalt u
b) Schneidplatten- und Schneidstempeldurchmesser, wenn das Schnittteil trotz wiederholten Nachschleifens des Schneidplattendurchbruchs im Toleranzbereich liegen soll.

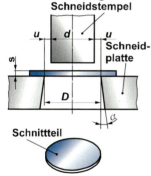

a) **Schneidspalt:**

$$\tau_{aB\,max} \approx 0{,}8 \cdot R_{m\,max}$$

$\tau_{aB\,max} = 0{,}8 \cdot 510 \text{ N/mm}^2$
$\tau_{aB\,max} = 408 \text{ N/mm}^2$

⇨ Tabellenwert: u = **0,04** mm

b) **Schneidplattendurchmesser:**
Durch das Nachschleifen wird der konische Schneidplattendurchbruch größer ⇨ Bezugsgröße ist das Werkstückmindestmaß
⇨ $D = G_u$ = **47,8** mm

Schneidstempeldurchmesser:
Beim Ausschneiden wird der Schneidstempeldurchmesser um das Stempelspiel (= 2 mal u) kleiner

$$d = D - 2 \cdot u$$

d = 47,8 mm − 2 · 0,04 mm
d = **47,72** mm

91 Worin unterscheiden sich „Folgeverbundwerkzeuge" und „Gesamtverbundwerkzeuge"?

Folgeverbundwerkzeuge: Schneid- und Umformvorgänge werden nacheinander in einem Werkzeug durchgeführt.
Gesamtverbundwerkzeuge: Während *eines* Pressenhubes wird der Werkstoff zerteilt und umgeformt.

92

a) Welche Besonderheiten weisen die mit Feinscheidwerkzeugen hergestellten Werkstücke auf?
b) Benennen Sie die Teile des abgebildeten Feinschneidwerkzeuges.
c) Wodurch werden beim Feinschneiden die bruchfreien, glatten Schnittflächen erzeugt?

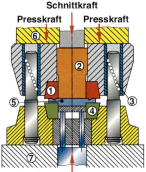

a) Die mit Feinschneidwerkzeugen in einem Arbeitsgang hergestellten Werkstücke sind, ohne Nacharbeit, maßgenau und plangerichtet. Die Schnittflächen sind glatt, rechtwinklig und ohne Grat.

b) ① Pressplatte mit Ringzacke
② Schneidstempel
③ Kugelführung
④ Schneidplatte
⑤ Werkstück
⑥ beweglicher Pressenstößel
⑦ feststehender Pressentisch

c) Durch das Zusammenwirken von Feinschneidwerkzeug und Feinschneidpresse wird der Werkstoff ganz durchgeschnitten, so dass keine Bruchzone entsteht. Ermöglicht wird dies insbesondere durch die Ringzacke der Pressplatte ①. Sie spannt den Werkstoff vor dem Schneidvorgang außerhalb der Schnittlinie. Während des Schneidvorgangs erfolgt durch die Seitenwirkung der keilförmigen Ringzacke zusätzlich eine Werkstoffverdrängung in Richtung des Stempels. Ein Abfließen des Werkstoffes findet somit nicht statt und die Bildung einer Bruchzone ist nicht möglich.
Weitere Einflussfaktoren sind der sehr kleine Schneidspalt, der nur 0,5 % der Blechdicke betragen darf und die Führung durch Säulengestelle, die mit ihrer Kugelführung für eine spielfreie Hubbewegung sorgen.

93 Das abgebildete Schnittteil soll durch ein Folgewerkzeug mit Seitenschneider ausgeschnitten werden.

a) Woran können Sie am fertigen Schnittteil erkennen, ob es mit einem Folgeschneidwerkzeug oder mit einem Gesamtschneidwerkzeug gefertigt wurde?
b) Berechnen Sie die Schnittstreifenabmessungen.
c) Zeichnen Sie das Streifenbild und tragen Sie die ermittelten Maße ein.

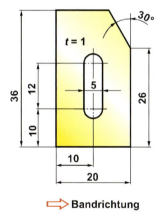

⇨ Bandrichtung

a) An der Lage des Grates:
Bei Folgeschneidwerkzeugen mit Lochstempel und Ausschneidstempel liegt der Grat für die Innenform (Lochen) auf der einen Seite, der Grat für die Außenform auf der anderen.
Bei Gesamtschneidzeugen ist der Ausschneidstempel gleichzeitig Schneidplatte für die von der anderen Seite schneidenden Lochstempel der Innenform. Die Gratseiten liegen daher auf einer Seite.

b) Steg- und Randbreite:
$t = 1$ mm, $l_a = 20$ mm, $l_e = 36$ mm
⇨ Stegbreite $e = \mathbf{1{,}1}$ mm
⇨ Randbreite $a = \mathbf{1{,}1}$ mm
⇨ Seitenschneiderabfall $i = \mathbf{1{,}5}$ mm

Streifenbreite: $\boxed{B = b + 2 \cdot a + i}$

$B = 36$ mm $+ 2{,}2$ mm $+ 1{,}5$ mm
$B = \mathbf{39{,}7}$ mm

Streifenvorschub: $\boxed{V = l + e}$

$V = 20$ mm $+ 1{,}1$ mm $= \mathbf{21{,}1}$ mm

c) Streifenbild:

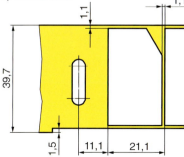

2.6 Spanen

94 Benennen Sie die Flächen und Winkel am Schneidkeil.

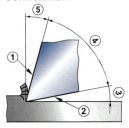

① Spanfläche
② Freifläche
③ Freiwinkel α, der freier Winkel zwischen Freifläche und bearbeiteter Fläche
④ Keilwinkel β, der Winkel des in das Werkstück eindringenden Schneidkeiles
⑤ Spanwinkel γ, der Winkel zwischen der Spanfläche und einer zur Bearbeitungsfläche senkrechten gedachten Linie

95 Welche Aufgaben hat der Freiwinkel α?

Der Freiwinkel ermöglicht das Eindringen des Werkzeugs in den Werkstoff und vermindert Reibung und Freiflächenverschleiß.
Der Freiwinkel ist werkstoffabhängig, z. B. ≈ 4° bei harten und ≈ 14° bei weichen Werkstoffen.

96 Welchen Einfluss haben der Keilwinkel β und der Spanwinkel γ ?

Die werkstoffabhängig ausgewählten Keil- und Spanwinkel beeinflussen beide die Schnittkraft und die Standzeit, der Spanwinkel die Werkstückoberfläche und die Spanform.
Harte Werkstoffe erfordern kleine, evtl. sogar negative Spanwinkel und große Keilwinkel.
Bei weichen Werkstoffen sind ein großer Spanwinkel und ein kleiner Keilwinkel zweckmäßig.

97 In welchem Fall wird der Spanwinkel negativ?

Frei-, Keil- und Spanwinkel ergeben zusammen einen rechten Winkel. Wenn Freiwinkel und Keilwinkel zusammen mehr als 90° betragen, wird der Spanwinkel negativ.

98 Berechnen Sie den Spanwinkel γ, für folgende Freiwinkel α und Keilwinkel β:
a) $\alpha = 8°$ und $\beta = 18°$
b) $\alpha = 40°$ und $\beta = 50°$.

$$\alpha + \beta + \gamma = 90°$$

$\gamma = 90° - \alpha - \beta$

a) $\gamma = 64°$
b) $\gamma = 0°$

99 In welchem Fall spricht man von „geometrisch bestimmten" Schneiden bzw. von „geometrisch unbestimmten" Schneiden?

Sind die Schneiden eines Werkzeuges in ihrer Form und Lage genau bestimmt, z. B. Bohrer oder Drehmeißel, dann spricht man von geometrisch bestimmten Schneiden. Haben die Schneiden eines Werkzeuges alle unterschiedliche Formen, z. B. die Körner einer Schleifscheibe, so spricht man von geometrisch unbestimmten Schneiden.

100 In welchen Stufen verläuft die Bildung eines Spans?

Beim Eindringen der keilförmigen Schneide wird der Werkstoff angestaucht, ein voreilender Riss entsteht. Der Span wird abgeschert, gleitet an der Spanfläche entlang und fließt ab.

101 Welche Spanformen sind erwünscht, welche unerwünscht? Begründung.

Kurze Spiralspäne, Wendelspäne und Bröckelspäne sind erwünscht, Bandspäne, Wirrspäne und lange Wendelspäne sind unerwünscht.

Die Späne sollen kurz sein, damit eine Behinderung der Maschinenbedienung, Störungen des Fertigungsablaufs und eine Beschädigung von Arbeitsfläche und Werkzeug nicht auftreten.

2 Fertigungstechnik

102 Bei welchen Werkstoffen und Schnittbedingungen entstehen
a) Reißspäne
b) Scherspäne
c) Fließspäne?

a) **Reißspäne** entstehen vorwiegend bei spröden Werkstoffen, kleinem Spanwinkel und niedriger Schnittgeschwindigkeit.
b) **Scherspäne** entstehen bei zähen und leicht spröden Werkstoffen, kleinem bis mittleren Spanwinkel und mittlerer Schnittgeschwindigkeit.
c) **Fließspäne** entstehen bei langspanenden, zähen Werkstoffen, großem Spanwinkel und hoher Schnittgeschwindigkeit.

103 Welche Anforderungen werden von einem Schneidstoff erwartet?

Von einem Schneidstoff werden erwartet:
- hohe Schneidfähigkeit,
- hohe Warmhärte,
- hohe Druck- und Biegefestigkeit,
- geringe Neigung zum Oxidieren, Verschweißen und Aufdiffundieren von Schneidstoffteilchen,
- hohe Wärmeleitfähigkeit,
- hohe Temperaturwechselbeständigkeit.

2.6.1 Bohren, Reiben, Gewindeschneiden

104 Ordnen Sie den Zahlen die jeweilige Benennung zu.

① Führungsfase
② Freifläche
③ Spitzenwinkel
④ Hauptschneide
⑤ Spanfläche
⑥ Nebenschneide
⑦ Querschneide
⑧ Spannut
⑨ Kerndicke
⑩ Winkel zwischen Quer- und Hauptschneide

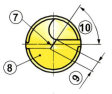

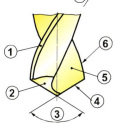

105 Wie groß ist der Winkel zwischen Quer- und Hauptscheide bei einem Bohrerspitzenwinkel von 118°?

Die Querschneide bildet mit den Hauptschneiden einen Winkel von 55°.

106 Welche Nachteile hat die Querschneide und wie können die nachteiligen Auswirkungen gemindert werden?

Die Querschneide schneidet nicht, sondern schabt und drückt.
Durch verschiedene Ausspitzverfahren, bei denen die Querschneide verkürzt wird, lässt sich die Vorschubkraft um bis zu 50 % verringern.
Eine weitere Verbesserung liegt im Vorbohren (Vorbohrer-Ø ≥ Querschneide des Fertigbohrers).

107 Wie groß sollte die Restlänge *b* der Querschneide nach dem „Ausspitzen" mindestens sein?

Die Restlänge der Querschneide sollte nach dem Ausspitzen mindestens 1/10 des Bohrerdurchmessers betragen, damit die Bohrerspitze nicht zu schwach wird.

108 Wovon hängt die Wahl der Einstellwerte beim Bohren ab?

Die Wahl der Einstellwerte ist abhängig vom:
- Werkstückwerkstoff
- Schneidstoff des Bohrers
- Bohrerdurchmesser

109 Nach dem Seitenspanwinkel (Drallwinkel) γ_f werden die drei Bohrer-Anwendungsgruppen N, H und W unterschieden. Welche Werkstoffe werden damit jeweils bearbeitet und in welchen Bereichen liegen dabei die Seitenspanwinkel?

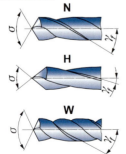

Normal:
für Werkstoffe mit normaler Festigkeit und Härte, z. B. weicher Stahl, allgemeine Baustähle, Grauguss, Neusilber, Messing, nicht rostende Stähle
$$\gamma_f = 20°...35°(\pm 2°...5°)$$
abhängig vom Bohrer-Ø

Hart und spröde:
für harte und zähharte oder kurzspanende Werkstoffe, z. B. hochfester Stahl, Gestein, Hartgummi
$$\gamma_f = 10°...14°(\pm 2°...5°)$$
abhängig vom Bohrer-Ø

Weich:
für weiche und langspanende Werkstoffe, z. B. Kupfer, Aluminium, Zink-Legierungen
$$\gamma_f = 30°...40°(\pm 2°...5°)$$
abhängig vom Bohrer-Ø

110 Obwohl der Kunststoff Polyamid weich ist, wird er mit einem Bohrer der Werkzeug-Anwendungsgruppe **H** gebohrt. Ermitteln Sie den Bohrerspitzenwinkel σ, mit dem der Kunststoff gebohrt wird und begründen Sie die Werkzeug-Anwendungsgruppenwahl.

Der Spitzenwinkel beträgt 75°.
Der kleine Spitzenwinkel des Bohrertyps H ermöglicht lange Hauptschneiden. Diese sind zur Wärmeabfuhr nötig, weil der Kunststoff ein schlechter Wärmeleiter ist und somit die Wärme über die Hauptschneiden abgeführt werden muss.

111 Was bezeichnet man beim Bohren als Vorschub und wie wird die Vorschubgeschwindigkeit v_f berechnet?

Den Weg, den ein Bohrer in Vorschubrichtung bei einer Umdrehung zurücklegt, bezeichnet man als Vorschub f.
Die Vorschubgeschwindigkeit berechnet sich nach der Formel:

$$v_f = f \cdot n$$

f Vorschub in mm
n Drehzahl in 1/min

112 Ein Werkstück aus 20MnCr5 soll mit einem HSS-Bohrer (Ø5, beschichtet) gebohrt werden. Ermitteln Sie
a) Vorschub
b) Schnittgeschwindigkeit
c) Drehzahl

Tabellenwerte:
Legierter Einsatzstahl 20MnCr5
⇨ R_m: 980...1270 N/mm²
a) f = **0,08** mm je Umdrehung
b) v_c = **20** m/min
c) n = **1 400** 1/min
   aus Drehzahldiagramm
   oder berechnet

$$v_c = \pi \cdot n \cdot d$$

$$n = \frac{v_c}{\pi \cdot d} = \frac{20 \text{ m/min}}{\pi \cdot 0{,}005 \text{ m}}$$

$$n = 1273{,}2 \text{ min}^{-1}$$

113 In das Werkstück sind 5 Bohrungen zu bohren.
a) Welche Drehzahl ist nach dem Drehzahldiagramm an der Bohrmaschine einzustellen?
b) Berechnen Sie die Hauptnutzungszeit.

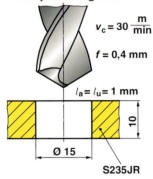

$v_c = 30 \ \frac{m}{min}$

$f = 0,4$ mm

$l_a = l_u = 1$ mm

Ø 15

S235JR

a) nach dem Drehzahldiagramm ist eine Drehzahl von $n = 660$ 1/min einzustellen.

b) Hauptnutzungszeit:

$$t_h = \frac{L \cdot i}{n \cdot f}$$

$l_s = 0,3 \cdot d$
$l_s = 4,5$ mm

$L = l + l_s + l_a + l_u = 16,5$ mm

$t_h = \frac{16,5 \text{ mm} \cdot 5}{660 \cdot 0,4 \text{ mm}}$ min

$t_h = \mathbf{0,31}$ min

114 Beschreiben Sie die Schleiffehler an den skizzierten Bohrern und die Auswirkungen auf die Bohrung.

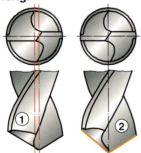

Beim skizzierten Bohrer ① liegt nach dem Schleifen die Querschneide außerhalb der Bohrerachse und die Hauptschneiden sind unterschiedlich lang.
Auswirkung:
Die Bohrung wird zu groß.

Beim skizzierten Bohrer ② sind die Hauptschneiden verschieden lang und bilden unterschiedliche Winkel.
Auswirkung:
Der Bohrer schneidet nur mit einer Schneide und wird einseitig belastet. Der Bohrer wird schnell stumpf.

115 Die Länge l_s des Anschnitts eines HSS-Wendelbohrers, mit einem Spitzenwinkel $\sigma = 118°$, wird näherungsweise mit der Formel $l_s = 0{,}3 \cdot d$ berechnet.

Tragen Sie in die skizzierte Bohrerspitze das rechtwinklige Dreieck ein und bestätigen Sie für einen Ø17-Bohrer die Näherungsformel rechnerisch.

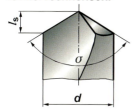

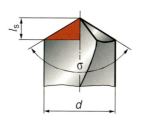

Berechnung von l_s

- mit der Näherungsformel:
  $l_s = 0{,}3 \cdot 17 \text{ mm} = \textbf{5{,}100 mm}$

- mit Winkelfunktion:
  $$\tan \frac{\sigma}{2} = \frac{\text{Gegenkathete}}{\text{Ankathete}} = \frac{0{,}5 \cdot d}{l_s}$$

  $$l_s = \frac{0{,}5 \cdot d}{\tan 0{,}5 \cdot \sigma} = \frac{8{,}5 \text{ mm}}{\tan 59°}$$

  $l_s = \textbf{5{,}107 mm}$

116 Warum werden Bohrungen gerieben?

Um passgenaue Bohrungen mit hoher Oberflächengüte herzustellen.

117 Warum werden Reibahlen mit gerader Schneidenzahl und ungleicher Teilung gefertigt?

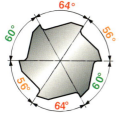

Gerade Schneidenzahl:
Auf dem Umfang liegen sich jeweils zwei Schneiden gegenüber. Dadurch kann der Durchmesser der Reibahle mit Messgeräten genau gemessen werden.

Ungleiche Schneidenteilung:
Sie bewirkt den Bruch der Späne an stets anderer Stelle. Dadurch entstehen beim Reiben keine *Rattermarken*.

118 Die Abbildung zeigt eine Handreibahle.
a) Benennen Sie die Bestandteile der abgebildeten Reibahle.
b) Welche Aufgaben übernehmen die mit ① und ② gekennzeichneten Bereiche der Reibahle?
c) Welche Unterschiede weist eine Maschinenreibahle zur Handreibahle auf?

a) ① Anschnitt
② Führung
③ Hals
④ Schaft
⑤ Vierkant zur Aufnahme des Windeisens

b) Der Anschnitt übernimmt die eigentliche Spanungsarbeit. Die Führung glättet die Bohrungsoberfläche und ist für die Oberflächengüte sowie Maß- und Formgenauigkeit maßgebend.

c) Die Maschinenreibahle hat im Gegensatz zur Handreibahle einen kurzen Anschnitt und Führungsteil, weil die Maschinenspindel die Führung übernimmt. Das Einspannende besteht aus einem Zylinder- oder Kegelschaft.

119 Warum ist die Schnittgeschwindigkeit beim Reiben wesentlich niedriger als beim Bohren?

Mit der niedrigeren Schnittgeschwindigkeit wird die Standzeit der Reibahle erhöht, denn sie sind im Gegensatz zu den Bohrern schwer nachzuschleifen.

120 In einer Platte aus S235JR soll für eine Bundbohrbuchse DIN 172 - A 8 x 20 die Bohrung gefertigt werden. Ermitteln Sie
a) den Außendurchmesser der Bohrbuchse.
b) für eine HM-Maschinenreibahle die Schnittwerte zum Reiben der Bohrung.

a) Außendurchmesser Ø12n6
$d_2 = 12\,^{+0,023}_{+0,012}$ mm

b) Schnittdaten für das Reiben eines Stahles mit niedriger Festigkeit,
⇨ $R_m \leq 800$ N/mm² und einem Werkzeugdurchmesser > 6 mm bis 12 mm (hier für ⌀ 12H7)
⇨ Schnittgeschw. $v_c = 15$ m/min
⇨ Vorschub $f = 0,18$ mm
(Reibzugabe 0,20 mm)

2 Fertigungstechnik

121 Begründen Sie, warum zur Bearbeitung einer Durchgangsbohrung mit Nut linksdrallgenutete Reibahlen verwendet werden.

Da durch die gedrallte Schneidenrichtung die Schneiden, im Gegensatz zur gerade genuteten Reibahle, in der Nut nicht verhaken und somit auch nicht ausbrechen können.

122 Das Innengewinde M10 x 1,5 soll von Hand hergestellt werden.
a) Welchen Durchmesser muss der Kernlochbohrer haben?
b) Wie groß ist der Kerndurchmesser der Bohrung nach dem Gewindebohren und warum ist der Durchmesser nach dem Gewindebohren kleiner?

a) Für metrische ISO-Gewinde gilt: Kernlochdurchmesser = Gewindedurchmesser minus Gewindesteigung: $d_k = d - P = 8{,}5$ mm.
b) Der Kerndurchmesser D_1 des Muttergewindes beträgt 8,38 mm.
Der Gewindebohrer drückt beim Schneiden den Werkstoff etwas nach innen, so dass die Bohrung kleiner wird ⇨ „Aufschneiden".

123 Warum werden Gewindekernlöcher angesenkt?

Damit der Gewindebohrer besser anschneidet und die äußeren Gewindegänge nicht herausgedrückt werden.

124 Wie bezeichnet man die einzelnen Handgewindebohrer für metrische Regelgewinde und wie sind sie gekennzeichnet?

- Vorschneider mit einem Kennring am Schaft
- Mittelschneider mit zwei Ringen am Schaft
- Fertigschneider ohne Ring oder mit drei Ringe am Schaft

125 Womit werden Außengewinde von Hand hergestellt?

- Mit geschlossenen oder geschlitzten Schneideisen in einem Arbeitsgang.
- Mit Schneidkluppen in einem oder, bei großen Gewinden, in mehreren Schnitten.

2.6.2 Drehen

126
a) Benennen Sie die Hauptbaugruppen 1 bis 4 der skizzierten Leit- und Zugspindeldrehmaschine.
b) Durch welche Angaben wird die Baugröße der Maschine beschrieben?

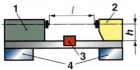

a) Hauptbaugruppen:
   1 = Spindelstock
   2 = Reitstock
   3 = Werkzeugschlitten
   4 = Gestell

b) Durch die Spitzenhöhe h und durch die Drehlänge l wird die Baugröße der Maschine beschrieben.

127 Welche Aufgaben haben
- Vorschubgetriebe
- Zugspindel
- Leitspindel?

Vorschubgetriebe überträgt die Hauptbewegung auf die Zug- und Leitspindel.
Zugspindel, mit einer durchgehenden Längsnut, sorgt für den Selbstgang beim Lang- und Plandrehen.
Leitspindel, mit metrischem Trapezgewinde, dient zur Gewindeherstellung.

128 Warum müssen Drehmaschinen mit einem großen Drehzahlbereich ausgerüstet bzw. stufenlos regelbar sein?

Um jeden Werkstoff, z. B. Stahl, Aluminium, Kunststoff, mit dem geeigneten Werkzeug, z. B. Schnellarbeitsstahl, Hartmetall, Oxidkeramik, mit der günstigsten Schnittgeschwindigkeit zerspanen zu können.

129 Wozu dient das Wendegetriebe?

- Zum Ein- und Ausschalten von Leit- und Zugspindel.
- Zur Änderung der Drehrichtung.

130 Benennen Sie die Winkel, Flächen und Schneiden am Drehmeißel.

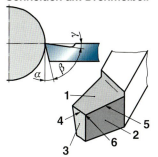

Winkel:
α = Freiwinkel
β = Keilwinkel
γ = Spanwinkel

Flächen:
1 = Spanfläche
2 = Hauptfreifläche
3 = Nebenfreifläche
4 = Nebenschneide

Schneiden
5 = Hauptschneide
6 = Schneidenecke

131 Welchen Einfluss auf die Zerspanung und die Winkelgrößen hat eine Höhenverstellung des Drehmeißels über bzw. unter Mitte?

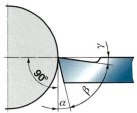

Über Mitte:
Der Spanwinkel γ wird größer, der Spanabfluss günstiger und kräftigere Späne können abgehoben werden.
Der Freiwinkel α wird kleiner und erhöht die Reibung.
Beim Schruppen wird dieser Einfluss genutzt und der Meißel bis zu 2 % über Mitte eingestellt.

Unter Mitte:
Der Spanwinkel γ wird kleiner und der Freiwinkel α größer. Diese Einstellung kann Rattern, Vibrieren und den Bruch des Drehmeißels zur Folge haben.

132 Große Spanwinkel ergeben günstige Schnittkräfte und geringe Schneidenbelastung.
Warum werden bei harten und spröden Werkstoffen oder bei unterbrochenem Schnitt kleine oder negative Spanwinkel verwendet?

Die Stabilität des Schneidkeils nimmt mit kleinerem Spanwinkel zu, sodass die Gefahr von Schneidenausbrüchen sinkt.

2 Fertigungstechnik

133 Nach welchen Gesichtspunkten werden Drehmeißel unterschieden?

Drehmeißel unterscheiden sich nach
- Lage des Schneidkopfes zum Schaft, z. B. gerade oder abgesetzt.
- Lage der Hauptschneide zum Schaft: linksschneidend (L), rechtsschneidend (R) oder neutral (N).
- Lage der Eingriffstelle in Außen- und Innendrehmeißel.

134 In welchem Fall erfolgt das Spannen
a) zwischen Spitzen
b) mit Stirnseitenmitnehmer
c) mit Spannzangen
d) mit Drehdornen
e) mit Setzstöcken (Lünette)?

a) Wenn das Werkstück genau rundlaufen muss. Die Mitnahme des Werkstückes erfolgt mit Hilfe der Mitnehmerscheibe.
b) Beim Überdrehen der gesamten Werkstücklänge ohne Umspannen.
c) Beim schnellen, genauen und sicheren Spannen von kurzen, zylindrischen Werkstücken mit kleinem Durchmesser.
d) Bei Werkstücken, die mit Bohrungen versehen sind und deren Außendurchmesser genau rund zur Bohrung laufen muss.
e) Der mitlaufende Setzstock wird zum Drehen langer und dünner Werkstücke verwendet, um ein Durchbiegen zu verhindern. (Aufbau dicht hinter dem Drehmeißel.) Der feststehende Setzstock wird zum Bohren und Plandrehen langer und fliegend eingespannter Werkstücke verwendet, um ein Ausweichen zu verhindern.

2 Fertigungstechnik

135 Nicht fluchtende Spitzen verursachen kegelige Werkstücke.
Wie können Sie feststellen, ob Reitstock und Spindelstockspitze fluchten?

- Einspannen eines Prüfzylinders zwischen den Spitzen. Längsmessung mittels Messuhr.
- Überdrehen einer Welle und Überprüfung des Durchmessers.

136 Nennen Sie Möglichkeiten, die Standzeit beim Drehen zu erhöhen.

- Warmfeste Schneidstoffe aus Hartmetall oder Keramik verwenden
- gute Kühlschmierung
- kleinen Einstellwinkel wählen, zur Vergrößerung der wirksamen Schneidenlänge
- kleine Schnittgeschwindigkeit wählen

137 Zur Beseitigung von Drehproblemen stehen die Einstellgrößen
- Schnittgeschwindigkeit
- Vorschub
- Schnitttiefe
- Freiwinkel
- Eckenwinkel
- Einstellwinkel
zur Verfügung.
Welche dieser Werte sind zur Minderung folgender Drehprobleme zu erhöhen bzw. zu verkleinern?
a) Aufbauschneide entsteht
b) großer Kolkverschleiß
c) lange Fließspäne

Zur Minderung der Drehprobleme sollten folgende Maßnahmen ergriffen werden: bei
a) die eingestellten Werte von Schnittgeschwindigkeit, Vorschub und/oder Freiwinkel erhöhen.
b) den eingestellten Wert des Freiwinkels erhöhen;
die eingestellten Werte von Schnittgeschwindigkeit, Vorschub, Schnitttiefe und/oder Einstellwinkel verkleinern.
c) die eingestellten Werte von Vorschub, Schnitttiefe und/oder Einstellwinkel erhöhen;
die eingestellten Werte von Schnittgeschwindigkeit und/oder Eckenwinkel verkleinern.

2 Fertigungstechnik

138
a) Wie nennt man die hier farbig dargestellte Verschleißart?
b) Beschreiben Sie diese Verschleißart.
c) Wodurch wird sie verursacht?

a) Die Verschleißart wird Kolkverschleiß genannt.
b) Es entsteht eine tiefe Mulde auf der Spanfläche.
c) Hervorgerufen wird diese Verschleißart durch mechanischen Abrieb und durch Diffusion[1].

[1] Diffusion = Wandern von Schneidstoffmolekülen in den abfließenden Span bei hohen Zerspanungstemperaturen.

139 Worin unterscheiden sich die Schneidstoffwerte der Hartmetallsorten P10 und P40?

Die Schneidstoffwerte unterscheiden sich in ihrer Verschleißfestigkeit und Zähigkeit.
P10: hohe Verschleißfestigkeit und geringe Zähigkeit
P40: geringe Verschleißfestigkeit und hohe Zähigkeit

140 Welche Aufgaben haben Spanformstufen bei Hartmetallwendescheidplatten?

Die Spanformstufen beeinflussen die Spanform und die Spanlaufrichtung.

141 Entschlüsseln Sie für eine Wendeschneidplatte aus Hartmetall mit Eckenrundung die folgende Normbezeichnung:

DIN 4968 DNUG 12 06 16 P10

DIN 4968	Norm-Nummer
D	Plattenform rhombisch $\varepsilon = 55°$
N	Normal-Freiwinkel an der Platte $\alpha_n = 0°$
U	Toleranzklassen der Prüfmaße d, m und Plattendicke s
G	Ausführung der Spanfläche und Befestigungsmerkmale
12	Schneidenlänge 12 mm
06	Plattendicke 6 mm
16	Eckenradius $r_\varepsilon = 1,6$ mm
P10	Schneidstoff Hartmetall

142 Die Abbildung zeigt Drehmeißel mit eingestellten positiven bzw. negativen Neigungswinkel λ (Lambda).
a) Was versteht man unter dem Neigungswinkel?
b) Welcher Drehmeißel weist einen positiven bzw. negativen Neigungswinkel auf? Begründung.
c) Warum wird beim Schruppen und beim Drehen mit unterbrochenem Schnitt ein negativer Neigungswinkel eingestellt, beim Schlichten dagegen ein positiver?

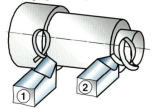

a) Unter dem Neigungswinkel versteht man den Winkel zwischen Hauptschneide und einer Senkrechten zur Schnittrichtung.
b) Drehmeißel ① weist einen positiven Neigungswinkel auf, da die Schneide zur Spitze des Drehmeißels hin ansteigt.
Der Neigungswinkel des Drehmeißels ② ist negativ, da die Schneide zur Spitze des Drehmeißels hin fällt.
c) Beim Schruppen mit negativem Neigungswinkel wird die Schneidenecke beim Anschnitt entlastet und dadurch die Bruchgefahr vermindert.
Beim Schlichten mit positivem Neigungswinkel wird der Span von der bearbeiteten Fläche weggeführt und somit nicht vom ablaufenden Span beschädigt.
Bei Wendeschneidplatten mit Spanformstufe wird der Spanablauf durch die Rillen- und Noppenform bestimmt.

143
a) Welcher Winkel wird als Eckenwinkel bezeichnet?
b) Welche Vorteile haben große Eckenwinkel?

a) Der durch die Haupt- und Nebenschneide begrenzte Winkel wird als Eckenwinkel ε (Epsilon) bezeichnet.
Er beträgt zwischen 35° und 90°.
b) Je größer der Eckenwinkel, desto geringer ist die Gefahr des Werkzeugbruches. Außerdem wird die Schneidenecke weniger erhitzt, da die Wärme besser abgeführt werden kann.

144 Welchen Einfluss hat eine Verkleinerung des Einstellwinkels κ (Kappa) von 90° auf 45°?

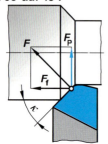

Bei Verkleinerung des Einstellwinkels von 90° auf 45° wird die Spandicke kleiner, die Spanbreite größer, die Passivkraft F_P nimmt zu und die Vorschubkraft F_f nimmt ab.
Ein Einstellwinkel von 45° ist günstig bei stabilen Werkstücken und zum Schruppen.

145 Begründen Sie, warum beim Drehen von langen, dünnen Wellen ein Einstellwinkel κ = 90° vorteilhaft ist.

Eine Durchbiegung der Welle, verursacht durch die quer zur Werkstücklängsachse wirkenden Passivkraft, tritt bei einem Einstellwinkel von 90° nicht auf, da hier $F_P = 0$ wird.

146 Erklären Sie den Begriff „spezifische Schnittkraft" und geben Sie an, wovon ihre Größe abhängt.

Die spezifische Schnittkraft ist die Kraft, die zum Zerspanen eines Werkstoffes mit dem Spanungsquerschnitt $A = 1$ mm² erforderlich ist.
Sie ist abhängig von:
- Zerspanbarkeit des Werkstoffes,
- Spanungsdicke h,
- Einstellwinkel κ,
- Schnittgeschwindigkeit v_c
- Schneidengeometrie

147 Die skizzierte Welle aus C60 wird in einem Schnitt abgedreht.
a) Berechnen Sie die Schnitttiefe a.
b) Entwickeln Sie mit Hilfe der Winkelfunktionen die Formeln zur Berechnung der Spanungsdicke h und Spanungsbreite b und berechnen Sie diese.
c) Berechnen Sie die Schnittkraft F_c.

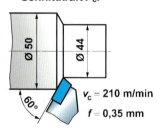

$v_c = 210$ m/min
$f = 0{,}35$ mm

a) Schnitttiefe:

$$a = \frac{D-d}{2} = \frac{(50-44)\text{ mm}}{2} = \mathbf{3\text{ mm}}$$

b) Spanungsdicke und -breite:

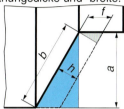

kleines Dreieck
$h = \sin \kappa \cdot f = \sin 60° \cdot 0{,}35$ mm
$h = \mathbf{0{,}3}$ mm

großes Dreieck
$b = \dfrac{a}{\sin \kappa} = \dfrac{3 \text{ mm}}{\sin 60°} = \mathbf{3{,}46}$ mm

c) Schnittkraft:

$$\boxed{F_c = A \cdot k_c = a \cdot f \cdot k_c}$$

$k_c = k \cdot C_1 \cdot C_2;$ Tabellenwerte
$k = 2185\ \dfrac{\text{N}}{\text{mm}^2};\ C_1 = 1;\ C_2 = 1$

$\Rightarrow k_c = 2185\ \dfrac{\text{N}}{\text{mm}^2}$

$F_c = 3 \text{ mm} \cdot 0{,}35 \text{ mm} \cdot 2185\ \dfrac{\text{N}}{\text{mm}^2}$

$F_c = \mathbf{2294{,}25\text{ N}}$

148 In welchem Verhältnis sollen Schnitttiefe und Vorschub stehen, damit beim Drehen eine günstige Standzeit erreicht wird? Begründen Sie Ihre Aussage.

Schnitttiefe a und Vorschub f sollen im Verhältnis 4 : 1 bis 10 : 1 stehen. Dadurch wird erreicht, dass an der Schneide der Druck und Verschleiß geringer ist und die Wärme durch die längere Schneide besser abgeführt werden kann.

149 Ein Drehteil soll mit einer Schnitttiefe von 3,5 mm, einer Schnittgeschwindigkeit von 220 m/min und einer spezifischen Schnittkraft von 1 800 N/mm² hergestellt werden.
Der Drehmaschinenantriebsmotor gibt, bei einem Gesamtwirkungsgrad von 75 %, eine Leistung von 18 kW ab.
Welchen maximalen Vorschub können Sie wählen, damit die Antriebsleistung, noch ausreicht?

gegeben:

$P_{zu} = 18$ kW
$\eta = 0{,}75$
$a = 3{,}5$ mm
$k_c = 1\,800$ N/mm²
$v_c = \dfrac{220 \text{ m}}{60 \text{ s}} = 3{,}66 \ \dfrac{\text{m}}{\text{s}}$

$\boxed{P_c = P_{ab} = A \cdot v_c \cdot k_c = a \cdot f \cdot v_c \cdot k_c}$

$\boxed{\eta = \dfrac{P_{ab}}{P_{zu}}} \quad \Rightarrow \quad P_{ab} = \eta \cdot P_{zu}$

$P_{ab} = P_c = 0{,}75 \cdot 18 \text{ kW} = 13{,}5$ kW

$f = \dfrac{P_c}{a \cdot v_c \cdot k_c}$

$f = \dfrac{13\,500 \text{ W}}{3{,}5 \text{ mm} \cdot 3{,}66 \ \dfrac{\text{m}}{\text{s}} \cdot 1\,800 \ \dfrac{\text{N}}{\text{mm}^2}}$

$f = \mathbf{0{,}58}$ mm

Verhältnis $a : f = 3{,}5 : 0{,}58 \approx 6 : 1$

150 Welche Möglichkeiten zur Gewindeherstellung auf der Drehmaschine gibt es?

Auf der Drehmaschine können Gewinde durch Gewindedrehen, Gewindewirbeln oder Gewindeschneiden hergestellt werden.

151 Warum muss beim Gewindedrehen der Profildrehmeißel genau auf Werkstückmitte und rechtwinklig zur Drehachse eingestellt sein?

Um Formfehler an den Gewindeflanken zu vermeiden muss der Profildrehmeißel, der die Gegenform des zu drehenden Gewindes besitzt, genau auf Werkstückmitte eingestellt werden.

152 Welche Schnittleistung muss aufgebracht werden, wenn der Absatz in drei Schritten abgedreht wird?

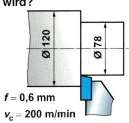

$f = 0,6$ mm
$v_c = 200$ m/min
$k_c = 2750$ N/mm²

$$F_c = A \cdot k_c = a \cdot f \cdot k_c$$

$$F_c = \frac{21 \text{ mm}}{3} \cdot 0,6 \text{ mm} \cdot 2750 \frac{\text{N}}{\text{mm}^2}$$

$F_c = 11\,550$ N $= 11,55$ kN

$$P_c = F_c \cdot v_c$$

$P_c = 11,55$ kN $\cdot 200 \dfrac{\text{m}}{60 \text{ s}}$

$P_c = \mathbf{38,5}$ kW

153 Wie können auf Drehmaschinen Kegel hergestellt werden?

Auf konventionellen Drehmaschinen können Kegel hergestellt werden:
- durch Verstellen des Oberschlittens (Supportverstellung): kurze Kegel oder Kegel mit großer Kegelverjüngung
- durch Verstellen des Reitstockes: lange Kegel mit kleiner Kegelverjüngung
- mit Leitlineal: schlanke Innen- und Außenkegel

Auf CNC-Drehmaschinen können Kegel hergestellt werden:
- unter Angabe des Endpunkts (X und Z) der Bewegung
- als Konturzugprogrammierung mit Winkelangaben, z. B. A 176,138.

154 Worüber gibt das Symbol auf der Mantelfläche des Kegels Auskunft?

Das Symbol steht für die Kegelverjüngung C und bedeutet, dass sich auf einer Länge von 30 mm der Kegeldurchmesser um 1 mm verändert.

155 Berechnen Sie für das abgebildete Drehteil
a) den Einstellwinkel zum Kegeldrehen
b) die Reitstockverstellung V_R und überprüfen Sie, ob diese zulässig ist
c) den großen Kegeldurchmesser D.

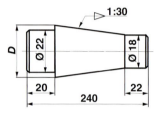

a) Einstellwinkel:

$$\tan\frac{\alpha}{2} = \frac{C}{2} = \frac{D-d}{2 \cdot L}$$

$$\tan\frac{\alpha}{2} = \frac{1}{60} \quad \Rightarrow \quad \frac{\alpha}{2} = \mathbf{0{,}95}°$$

b) Reitstockverstellung:

$$V_R = \frac{D-d}{2} \cdot \frac{L_W}{L} = \frac{C}{2} \cdot L_W$$

$$V_R = \frac{1}{60} \cdot 240 \text{ mm} = \mathbf{4} \text{ mm}$$

$$V_{R\,max} \leq \frac{L_W}{50}$$

$$V_{R\,max} = \frac{240 \text{ mm}}{50} = 4{,}8 \text{ mm}$$

$V_R \leq V_{R\,max} \Rightarrow \mathbf{V_R \text{ ist zulässig}}$

c) Großer Kegeldurchmesser:

$$C = \frac{D-d}{L} \quad \Rightarrow \quad D = C \cdot L + d$$

$$D = \frac{1}{30} \cdot 198 \text{ mm} + 18 \text{ mm}$$

$$D = \mathbf{24{,}6} \text{ mm}$$

156 Um wie viel muss die Schnittgeschwindigkeit $v_c = 15' = 180$ m/min verändert werden, damit eine Standzeit von 45 min erreicht wird?

Um die Standzeit auf 45 Minuten zu erhöhen, muss die Schnittgeschwindigkeit mit dem Korrekturfaktor $k = 0{,}8$ (Tabellenwert) multipliziert werden: $\Rightarrow v_c = 45' = 144$ m/min.

2.6.3 Fräsen

157

a) Wie werden die abgebildeten Fräsverfahren bezeichnet? Begründung!
b) Erläutern Sie die Unterschiede beider Verfahren in Bezug auf:
- Schnittkraftverlauf
- Oberflächengüte
- Aufspannung
- Vorschubantrieb
- Schneidenverschleiß.

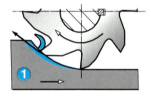

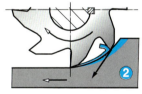

a) ① = Gegenlauffräsen, weil Schnitt- und Vorschubbewegung in entgegengesetzter Richtung wirken.
② = Gleichlauffräsen, weil Schnitt- und Vorschubbewegung in gleicher Richtung wirken.

b) Das allmähliche Eindringen der Schneide beim Gegenlauffräsen zu Beginn des Schnittvorganges führt zu starker Reibung und somit zu hohem Verschleiß der Schneiden. Die Schnittkraft wirkt der Vorschubrichtung entgegen, daher wirkt sich ein Vorschubantriebsspiel nicht aus. Als Folge der schräg nach oben gerichteten Schnittkraft droht das Werkstück bei jedem Span aus der Aufspannung gerissen zu werden und es entstehen häufig Rattermarken auf der Werkstückoberfläche.

Beim Gleichlauffräsen dringt die Schneide schlagartig in den Werkstoff ein, somit fällt die Schnittkraft von ihrem Höchstwert allmählich auf Null. Das schlagartige Auftreffen der Schneiden auf die Werkstückoberfläche kann bei Werkstücken mit harter Oberfläche, z. B. Gussstücken, zum Bruch der Schneiden führen. Da die Schnittkraft in Vorschubrichtung wirkt, kann das Werkstück im Vorschubantrieb unter den Fräser gezogen werden. Der Vorschubantrieb sollte daher spielfrei und starr sein.

158 Wie unterscheiden sich die Fräsverfahren „Umfangs-Planfräsen" und „Stirn-Planfräsen" nach der Lage der Werkzeugachse zur gefrästen Fläche?

Beim Umfangs-Planfräsen (Walzen) liegt die Fräserachse parallel zur Bearbeitungsfläche, beim Stirn-Planfräsen (Stirnen) steht sie senkrecht dazu.

159 Welche Vorteile hat das „Stirnfräsen" gegenüber dem „Umfangsfräsen"?

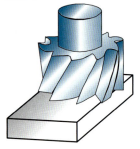

Beim Stirnen sind immer mehrere Zähne im Eingriff, was einen ruhigeren Lauf ergibt. Der Spanungsquerschnitt ändert sich wenig. Der Fräser kann durch kurzes einspannen hoch belastet werden, dadurch sind große Vorschübe, eine hohe Zerspanungsleistung und eine gleichmäßige Maschinenbelastung möglich.

160 Wählen Sie für die folgenden Fräsarbeiten einen geeigneten Fräser aus:
a) 8 mm breite und 20 mm tiefe durchlaufende Nut
b) 25 mm breiter und 5 mm tiefer rechtwinkliger Absatz
c) Passfedernut der Form A in einer Welle

a) Scheibenfräser
b) Walzenstirnfräser
c) Langlochfräser

161 Nennen Sie Vorteile, die der Einsatz von wendelgezahnten Fräsern gegenüber geradverzahnten Fräsern haben.

Wendelgezahnte Fräser arbeiten ruhiger als geradverzahnte, weil die Zähne nicht ruckartig sondern allmählich in den Werkstoff eindringen. Es ergibt sich eine gleichförmige Schnittkraft.

162 Unterscheiden Sie die Fräsverfahren:
- **Planfräsen**
- **Rundfräsen**
- **Schraubfräsen**
- **Wälzfräsen**
- **Profilfräsen**
- **Formfräsen**

nach Art der Vorschubbewegung und nach der gefertigten Fläche mit Nennung von Einzelverfahren.

Planfräsen ⇨ geradlinige Vorschubbewegung erzeugt ebene Flächen: Umfangs-Planfräsen, Stirn-Planfräsen, Stirn-Umfangs-Planfräsen

Rundfräsen ⇨ kreisförmige Vorschubbewegung erzeugt zylindrische Flächen: Außen- und Innenrundfräsen

Schraubfräsen ⇨ wendelförmige Vorschubbewegung erzeugt schraubenförmige Flächen: Gewindefräsen, Schneckenfräsen

Wälzfräsen ⇨ profiliertes Fräswerkzeug führt mit der Vorschubbewegung gleichzeitig eine Wälzbewegung aus: Zahnradfräsen, Keilwellenfräsen

Profilfräsen ⇨ Fräserprofil bildet sich ab: Längs- und Rundprofilfräsen

Formfräsen ⇨ gesteuerter Vorschub erzeugt beliebige ebene oder räumliche Flächen: Nachformfräsen, CNC-Fräsen, Freiformfräsen (Gravieren)

---

163 Wie groß wird das Maß l, wenn an der skizzierten Welle eine 18 mm breite Fläche angefräst wird?

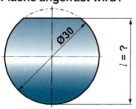

$$l = \frac{D}{2} + x$$

Berechnung von x mit Pythagoras:

$$x = \sqrt{(15^2 - 9^2)\,\text{mm}^2}$$

$$x = 12\,\text{mm}$$

$$l = 15\,\text{mm} + 12\,\text{mm} = \mathbf{27}\,\text{mm}$$

2 Fertigungstechnik

164 Geben Sie für HSS-Fräser der Werkzeug-Anwendungsgruppen H, N und W die jeweilige Zähnezahl, Frei- und Spanwinkelgrößen und den Werkstoffbereich an.

H große Zähnezahl
Freiwinkel 3...5°
Spanwinkel 4...8°
harte, zähharte oder kurzspanende Werkstoffe

N mittlere Zähnezahl
Freiwinkel 4...8°
Spanwinkel 10...15°
Stahl und Gusseisen mit normaler Festigkeit

W kleine Zähnezahl
Freiwinkel 8...10°
Spanwinkel 20...30°
weiche, zähe oder langspanende Werkstoffe

165 Welche Vorteile bringt der Einsatz von Hartmetall-Wendeschneidplatten gegenüber dem Einsatz von Schnellarbeitsstahl beim Fräsen?

Mit Hartmetall-Wendeschneidplatten stehen mehrere Schneiden je Platte zur Verfügung und es lassen sich höhere Schnittgeschwindigkeiten als mit Schnellarbeitsstahl erzielen.

166 Ein Werkstück soll mit einem Walzenfräser Ø50, $z = 8$, $f_z = 0{,}2$ mm und $n = 65$ min^{-1} im Gegenlauf geschruppt werden. Berechnen Sie die Vorschubgeschwindigkeit.

$$v_f = n \cdot f_z \cdot z$$

$$v_f = 65\,\frac{1}{\min} \cdot 0{,}2\,\text{mm} \cdot 8$$

$$v_f = 104\,\frac{\text{mm}}{\min}$$

167 Mit welchen Folgen ist bei Überschreitung der Richtwerte für den Zahnvorschub f_z zu rechnen?

Die Vergrößerung des Zahnvorschubes bewirkt ein wachsen von Spanungsdicke und Schnittkraft und damit eine Zunahme des Werkzeugverschleißes.

2 Fertigungstechnik

168 Welche Einstellgrößen können verändert werden, wenn die Antriebsleistung einer Fräsmaschine nicht ausreicht?

Verringerung der Einstellgrößen:
- Schnittgeschwindigkeit
- Zahnvorschub
- Schnitttiefe

169 Nennen Sie vier Schneidstoffe, die zum Fräsen verwendet werden.

- Schnellarbeitsstahl
- Hartmetall
- Schneidkeramik
- polykristalliner Diamant (PKD)

170 Wozu wird beim Fräsen ein Teilapparat verwendet?

Mit Teilapparaten (Vertikal-, Horizontal-, Universal- und Sonderapparaten) werden Umfang oder Stirnseite von Werkstücken durch direktes, indirektes oder Differentialteilen in eine beliebige Anzahl von Teilen geteilt.

171 Worin unterscheiden sich
- direktes Teilen
- indirektes Teilen
- Differentialteilen?

Direktes Teilen: Die Teilkopfspindel wird mit der Teilscheibe und dem Werkstück um den gewünschten Teilschritt gedreht. Dabei sind Schnecke und Schneckenrad außer Eingriff.

Indirektes Teilen: Die Teilkopfspindel wird durch die Schnecke über das Schneckenrad angetrieben.

Differentialteilen (Ausgleichsteilen): Die Teilkopfspindel wird wie beim indirekten Teilen über Schnecke und Schneckenrad angetrieben. Gleichzeitig dreht aber die Teilkopfspindel über Wechselräder die Lochscheibe mit.

2 Fertigungstechnik

172 Ein Zahnrad mit 18 Zähnen soll durch indirektes Teilen ($i = 40$) gefräst werden.
Berechnen Sie Lochkreis und Anzahl der Kurbelumdrehungen, wenn folgende Lochscheiben zur Verfügung stehen:
① 15, 16, 17, 18, 19, 20
② 21, 23, 27, 29, 31, 33

$$n_k = \frac{i}{T}$$

$n_k = \frac{40}{18} = 2\frac{2}{9}$ Teilkurbelumdrehungen

$n_k = 2\frac{2 \cdot 2}{9 \cdot 2} = 2\,\frac{\mathbf{4}}{\mathbf{18}}\,\frac{\text{Lochabstände}}{\text{Lochkreis}}$

oder

$n_k = 2\frac{2 \cdot 3}{9 \cdot 3} = 2\,\frac{\mathbf{6}}{\mathbf{27}}\,\frac{\text{Lochabstände}}{\text{Lochkreis}}$

173 Die Winkel der skizzierten Steuerscheibe betragen
$α = 33°45′$,
$β = 17°15′$.
Berechnen Sie die Anzahl der jeweiligen Kurbelumdrehungen, bei einem Übersetzungsverhältnis $i = 60:1$
Lochscheibenauswahl:
① 15, 16, 17, 18, 19, 20
② 21, 23, 27, 29, 31, 33

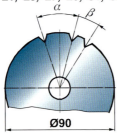

$$n_k = \frac{i \cdot \alpha}{360°}$$

$n_{k\alpha} = \frac{60 \cdot 33\frac{3}{4}°}{360°} = \frac{135}{6 \cdot 4} = \frac{45}{8}$

$n_{k\alpha} = 5\,\frac{\mathbf{10}}{\mathbf{16}}\,\frac{\text{Lochabstände}}{\text{Lochkreis}}$

$n_{k\beta} = \frac{60 \cdot 17\frac{1}{4}°}{360°} = \frac{69}{6 \cdot 4} = \frac{23}{8}$

$n_{k\beta} = 2\,\frac{\mathbf{14}}{\mathbf{16}}\,\frac{\text{Lochabstände}}{\text{Lochkreis}}$

174 Erklären Sie den Begriff „Standzeit".

Standzeit ist die Zeit, in der ein Werkzeug im Eingriff ist bis zum Erreichen des zulässigen Verschleißes.

2.6.4 Schleifen, Honen, Läppen

175 Aus welchen Gründen werden Werkstoffe geschliffen?

Um eine hohe Maß- und Formgenauigkeit sowie eine hohe Oberflächengüte mit kleiner Rauheit und Welligkeit zu erreichen.
Des weiteren lassen sich harte Werkstoffe durch Schleifen gut bearbeiten.

176 Zeichnen Sie in beide Schleifkörner die Winkel α, β und γ ein und begründen Sie, warum eine Schleifscheibe als Werkzeug mit „geometrisch unbestimmten Schneiden" bezeichnet wird.

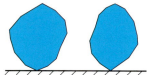

Bei der Schleifscheibe sind die Schneiden geometrisch unbestimmt, weil Form und Lage der Schleifkörner zufällig sind und somit auch jedes Korn unterschiedliche Winkel hat.
Der Spanwinkel ist meist negativ und hat eine schabende Wirkung.

177 Woraus besteht das „Gefüge" einer Schleifscheibe?

Das Gefüge einer Schleifscheibe besteht aus der räumlichen Verteilung von Schleifkörnern ①, Bindemittel ② und Poren ③ (Spanraum).

178 Worüber gibt die Gefügekennziffer Auskunft?

Über die Porosität einer Schleifscheibe.
Je größer die Gefügekennziffer, desto poröser, „offener", ist die Schleifscheibe.

179 Beschreiben Sie den Zusammenhang zwischen „Bindung" und „Härte" bei Schleifkörpern.

Die Härte einer Schleifscheibe ist der Widerstand, den die Bindung dem Ausbrechen der Körner unter dem Einfluss der Schneidkraft entgegensetzt.

180 Begründen Sie die Richtigkeit der Aussage: *„Harter Werkstoff – weiche Scheibe"*.

Bei harten Werkstoffen stumpfen die Schleifkörner schnell ab. Die Bindung muss weich sein, damit stumpfe Körner leicht ausbrechen und neue, scharfe Körner zur Verfügung stehen („Selbstschärfe-Effekt").

181 Beim Schleifen langspanender Werkstoffe neigen Schleifkörper zum „Schmieren" (mangelnde Zerspanung).
a) Wodurch kann es dazu kommen?
b) Wodurch kann man bei der Schleifkörperwahl dieser Gefahr entgegenwirken?

a) Durch den Einsatz einer zu harten Schleifscheibe. Die Bindung hält die Körner zu lange fest, so dass die Poren verstopfen und die Scheibe „schmiert".
b) Durch die Wahl einer weicheren Scheibe mit offenem Gefüge und guter Kühlung.

182 Nennen Sie Gründe für die Entstehung schlechter Oberflächen beim Innen-Rund-Schleifen.

Innenrundschleifen

Die Gründe liegen in den Bearbeitungsbedingungen:
Beim Innenrundschleifen ergeben sich im Gegensatz zum Außenrundschleifen größere Kontaktlängen zwischen Schleifkörper und Werkstück. Dadurch entstehen lange, dünne Späne, die den Spanraum (Poren) verstopfen.
Außerdem kann es wegen der geringen Steifigkeit der Schleifspindel leichter zu Vibrationen kommen.

183 Worüber gibt der Farbstreifen auf der abgebildeten Schleifscheibe Auskunft?

Der Farbstreifen kennzeichnet die höchstzulässige Umfangsgeschwindigkeit $v_{c\,max}$ in m/s.
Hier:
blauer Streifen ⇨ $v_{c\,max}$ = 50 m/s

184 Worüber gibt die Körnung des Schleifmittels
a) 54
b) D200
Auskunft?

Die Körnung bezeichnet die Größe der Schleifkörner.
a) Körnung 54 bedeutet, dass die Körner durch einen Sieb mit 54 Maschen pro Zoll (25,4 mm) sortiert wurden.
b) Das „D" der Körnung D200 steht für das Schleifmittel Diamant. Die Dicke der Körner (200) wird in Mikrometer angegeben.

185 Nennen Sie Arbeitsregeln, die bei der Montage und vor Inbetriebnahme einer neuen Schleifscheibe zu beachten sind.

- Schleifkörper auf Risse überprüfen (Klangprobe bei keramischen Schleifscheiben).
- Schleifscheiben gewaltfrei (spannungsfrei) auf die Spindel schieben.
- Mindestdurchmesser der Flansche einhalten (1/3 *D* bei geraden und 1/2 *D* bei konischen Schleifscheiben).
- Gleich große Flansche verwenden.
- Neue, elastische (weiche) Zwischenlagen verwenden.
- Nach dem Aufspannen Schleifkörper auf Unwucht prüfen.
- Probelauf von mindestens 5 Minuten bei höchstzulässiger Drehzahl durchführen.

186 Worüber gibt das Geschwindigkeitsverhältnis q Auskunft?

$$q = \frac{v_c}{v_f}$$

Das Geschwindigkeitsverhältnis q ist ein Maß für die Spanungsdicke und damit auch für die Kornbelastung. Hohe Geschwindigkeitsverhältnisse führen zu dünnen Spänen. Es wird entsprechend dem Schleifverfahren und dem Werkstoff aus Tabellen gewählt.

187 Eine ungehärtete Stahlwelle soll Außenrund geschliffen werden. Ermitteln Sie für das Schlichten, bei einem Scheibenaußendurchmesser von 300 mm und einer Schnittgeschwindigkeit von 35 m/s
a) Schleifmittel
b) Körnung
c) Härte
d) Geschwindigkeitsverhältnis
e) Umfangsgeschwindigkeit der Welle

Für das Außenrundschleifen eines ungehärteten Stahls wird für das Schlichten mit einem Scheibendurchmesser bis 500 mm ermittelt:
a) Schleifmittel „A" = Elektrokorund
b) Körnung „80"
c) Härte „M ... N" = mittel
d) Geschwindigkeitsverhältnis $q = 125$
e) Die Vorschubgeschwindigkeit v_f entspricht beim Rundschleifen der Werkstückumfangsgeschwindigkeit:

$$q = \frac{v_c}{v_f}$$

$$v_f = \frac{v_c}{q} = \frac{35 \cdot 60 \text{ m}}{125 \text{ min}} = \mathbf{16{,}8} \, \frac{\text{m}}{\text{min}}$$

188 Welche Folgen hat beim Schleifen eine Erhöhung der Vorschubgeschwindigkeit bei konstanter Arbeitsgeschwindigkeit?

Eine Erhöhung der Vorschubgeschwindigkeit bei konstanter Arbeitsgeschwindigkeit vergrößert die Rautiefe und den Scheibenverschleiß und vermindert die Randzonentemperatur.

189 Was wird beim Schleifen als „Ausfunken" bezeichnet?

Das Fertigschleifen ohne Zustellung wird als „Ausfunken" oder „Ausfeuern" bezeichnet.

2 Fertigungstechnik

190 Welches Schleifverfahren zeigt die Abbildung und welche Besonderheit liegt in diesem Verfahren?

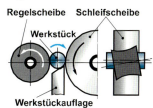

Spitzenloses Außenrundschleifen.
Die Besonderheit dieses Verfahrens liegt darin, dass das Werkstück nicht in einer Spannvorrichtung befestigt wird, sondern lose auf einer harten Auflage liegt.
Die kleinere weichere Regelscheibe läuft mit viel geringerer Geschwindigkeit als die Schleifscheibe. Sie bremst die Drehbewegung des Werkstücks und erteilt dem Werkstück durch ihre Neigung (2° bis 15°) eine Vorschubbewegung.
Das Verfahren eignet sich gut für Zylinderstifte oder andere zylindrische Teile ohne Ansatz.

191
a) Benennen Sie die abgebildeten Honverfahren.
b) Wodurch erhält die gehonte Fläche der Bohrung das Muster aus sich überkreuzenden Bearbeitungsspuren?
c) Beschreiben Sie das Honverfahren ②.

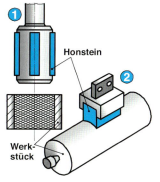

a) ① = Langhubhonen
② = Kurzhubhonen (superfinish)
b) Bei der Bearbeitung führt die Honahle eine Dreh- und Hubbewegung aus.
Durch die Überlagerung der beiden Bewegungen entstehen die für das Honen typischen kreuzförmigen Bearbeitungsriefen.
c) Beim Kurzhubhonen ② ist ein Honstein im Einsatz, der der Werkstückform angepasst ist. Während das Werkstück sich dreht, führt das Werkzeug eine Vorschubbewegung und eine Schwingbewegung mit 500 bis 3000 Doppelhübe pro Minute aus. Das Verfahren ermöglicht eine hohe Oberflächengüte und eine erhebliche Verbesserung der Rundheit.

192 Welche Axialgeschwindigkeit muss eingestellt werden, wenn die Umfangsgeschwindigkeit der Honahle 25 m/min beträgt und der Überschneidungswinkel der Bearbeitungsspuren 50° betragen soll?

$$tan\frac{\alpha}{2} = \frac{v_a}{v_u}$$

$$v_a = tan\frac{\alpha}{2} \cdot v_u = tan\,25° \cdot 25\,\frac{m}{min}$$

$$v_a = \mathbf{11{,}66}\ m/min$$

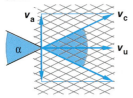

193 Warum sind gehonte Zylinder besonders gute Laufflächen für Kolben?

Weil durch das Honen sehr gute Gleitflächen entstehen, die aus vielen Tragflächen bestehen und aus kreuzförmigen Rillen, die als Öltaschen fungieren.

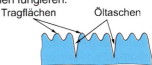

194 Wodurch unterscheidet sich das Honen einer Bohrung grundsätzlich zum Innenrundschleifen?

Beim Schleifen berühren sich Werkzeug und Werkstück theoretisch nur auf einer Linie und beim Honen auf einer Fläche.
Die Dreh- und Hubbewegungen[1] der Honahle sind gegenüber dem Schleifen niedrig.
[1] Umfangsgeschw.: 15 ... 90 m/min
    Axialgeschw.:   8 ... 25 m/min

2 Fertigungstechnik

195 Was versteht man unter „Läppen"?

Unter Läppen versteht man alle Verfahren, die mit losem, in einer Flüssigkeit oder Paste verteiltem Korn den Werkstoff fein zerspanen.

196 Wodurch werden beim Läppen
a) glänzende Flächen
b) matte Flächen
erzeugt?

a) Durch den Einsatz von weichen Läppscheiben, z. B. aus Kupfer. Die harten Läppkörner sitzen in der weichen Läppscheibe fest, wirken spanend und erzeugen so glänzende Flächen.
b) Durch den Einsatz von harten Läppscheiben, z. B. aus feinkörnigen Gusseisen. Die Läppkörner rollen auf der Gussscheibe und erzeugen dadurch die matte Oberfläche.

197 Welche Läppverfahren unterscheidet man beim Läppen mit Maschinen?

- Planläppen
- Planparallelläppen
- Planzylinderläppen
- Außenrundläppen
- Innenrundläppen

198 Warum wird beim Läppen mit zunehmender Bearbeitungszeit die Werkstückoberfläche besser?

Mit zunehmender Bearbeitungszeit zersplittern die Läppkörner in immer kleinere Teile. Dadurch wird auch die Spanabnahme am Werkstück immer feiner, was zu einer besseren Werkstückoberfläche führt.

2.6.5 Abtragen

199 Die Abbildung zeigt den Spannungs- und Stromverlauf einer Entladung beim Erodieren. Beschreiben Sie die Vorgänge der Entladung.

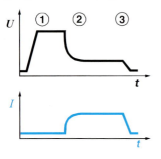

① Eine pulsierende Gleichspannung wird angelegt. Zwischen Elektroden und Werkstück baut sich im Dielektrikum ein elektrisches Feld auf. Die Spannung steigt. Die im Dielektrikum befindlichen, leitfähigen Teilchen konzentrieren sich an der Stelle des geringsten Abstandes von Elektrode und Werkstück. Es bildet sich ein Entladekanal mit negativ und positiv geladenen Teilchen aus ⇨ „Stoß-Ionisation".

② Über diesen Entladekanal fließt schlagartig ein Strom. Ein Funke springt über. Der Entladestrom nimmt bis zu einem Spitzenwert steil zu, die Spannung verringert sich bis auf die Entladespannung. Durch den Strom wird Wärme erzeugt (8 000...12 000 °C). Dielektrikum im Funkenspalt wird verdampft; Gasblasen entstehen. Das Material an der Werkstückoberfläche wird aufgeschmolzen und teilweise verdampft.

③ Die Spannung wird abgeschaltet, der Stromfluss unterbrochen, und der Entladekanal bricht zusammen. Hierdurch implodieren die Gasblasen des Dielektrikums unter dem äußeren Druck. Das Material wird in Kugelform herausgeschleudert ⇨ „Kugelspäne". Der Entladekanal entionisiert sich. Nach einer Pause beginnt der Prozess erneut.

200 Welche Vorteile hat das funkenerosive Abtragen gegenüber anderen Trennverfahren?

Alle elektrisch leitende Werkstoffe sind unabhängig von der Härte und Spanbarkeit des Werkstücks bearbeitbar.

201 Was versteht man beim Senkerodieren unter dem frontalen und lateralen Funkenspalt (Arbeitsspalt) und wodurch wird deren Größen bestimmt?

Unter dem Funkenspalt (Arbeitsspalt) S, versteht man den Zwischenraum zwischen Elektrode und Werkstoff.
Dabei wird der Spalt in Vorschubrichtung als frontaler Arbeitsspalt S_F und der Spalt senkrecht zur Vorschubrichtung als lateraler [1] Arbeitsspalt S_L bezeichnet.
S_F wird durch die Vorschubregelung der Maschine bestimmt, S_L dagegen durch den Elektrodenwerkstoff, die Entladungsimpulse, die Spülungsart und das Dielektrikum.

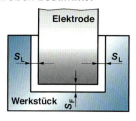

[1] lateral (lat.) = seitlich

202 Welche Folgen hat beim funkenerosiven Abtragen eine Verkleinerung der Pausendauer t_0?

Eine Verkleinerung der Pausendauer ergibt viele Entladungen und damit eine hohe Abtragrate.
Bei zu kurzer Pausendauer besteht die Gefahr der Prozessstörung durch örtliche Überhitzung und Lichtbogenbildung mit Kurzschlusseffekten.

203 Welche Folgen hat beim Senkerodieren eine Vergrößerung des Entladestroms?

Je größer die Stromstärke eingestellt wird, desto größer sind Abtragrate und Oberflächenrauheit.
Gleichzeitig steigt der relative Elektrodenverschleiß und damit nimmt die Abbildungsgenauigkeit der Elektrode im Werkstück ab.

204 Erläutern Sie den Begriff „Dielektrikum".

Ein Dielektrikum ist eine nichtleitende Flüssigkeit.

205 Welche Aufgaben hat beim funkenerosiven Abtragen das Dielektrikum zu erfüllen?

Das Dielektrikum soll
- Elektrode vom Werkstück isolieren
- Bedingungen zum Aufbau eines elektrischen Feldes schaffen
- Ionisation für den Funkenüberschlag ermöglichen
- Elektrode und Werkstück kühlen
- erodierte Partikelchen aus dem Funkenspalt spülen und abtransportieren

206 Erläutern Sie anhand einer Skizze den Unterschied zwischen formabbildenden und formerzeugenden Verfahren beim Senkerodieren.

Beim formabbildenden Senkerodieren muss eine spezielle Formelektrode eingesetzt werden und der Vorschub erfolgt in nur eine Richtung.

Beim formerzeugenden Senkerodieren wird eine handelsübliche Elektrode eingesetzt und der Vorschub erfolgt in mehreren Richtungen.

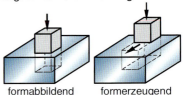

formabbildend   formerzeugend

207 Welche Folgen hat beim Senkerodieren eine Erhöhung der Impulsdauer bei konstanter Stromstärke und Impulspause?

In diesem Fall wirkt der Entladestrom stärker und die Abtragsrate steigt bis zu einem Maximum an.
Erodieren mit größerer Impulsdauer bedeutet geringeren relativen Elektrodenverschleiß, aber zunehmende Oberflächenrauheit.

2 Fertigungstechnik

208 Erläutern Sie die Begriffe „Abtragsrate" und „relativer Elektrodenverschleiß".

Abtragsrate: abgetragenes Werkstückvolumen pro Zeit beim Senkerodieren (V_W in mm³/min).
Relativer Verschleiß: Verhältnis von absolutem Werkzeugelektrodenverschleiß V_E zur Abtragsrate V_W in Prozent (ϑ in %).

209 Welche Aufgabe hat die Spülung beim funkenerosiven Senken und mit welchen Folgen ist bei einer unzureichenden Spülung zu rechnen?

Durch die Spülung (offene Spülung, Druckspülung, Saugspülung) sollen die Abtragspartikel aus dem Arbeitsspalt entfernt werden.
Die Folgen einer unzureichenden Spülung sind Prozessstörungen, wie Kurzschlüsse und Lichtbögen, die die Oberfläche von Werkzeug und Elektrode beschädigen.

210 Das Grundloch soll durch Senkerodieren gefertigt werden. Berechnen Sie:
a) abzutragendes Werkstoffvolumen V
b) absoluter Werkzeugverschleiß V_E
c) Hauptnutzungszeit t_h

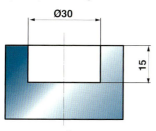

$V_W = 50$ mm³/min
$\vartheta = 0{,}6$ %

a) $V = \dfrac{\pi \cdot d^2}{4} \cdot h$

$V = \dfrac{\pi \cdot (30 \text{ mm})^2}{4} \cdot 15 \text{ mm}$

$V = \mathbf{10\,602{,}875}$ mm³

b) $\boxed{V_E = \dfrac{\vartheta \cdot V_W}{100 \text{ \%}}}$

$V_E = \dfrac{0{,}6 \text{ \%} \cdot 50 \text{ mm}^3/\text{min}}{100 \text{ \%}}$

$V_E = \mathbf{0{,}3}$ mm³/min

c) $\boxed{t_h = \dfrac{V}{V_W}}$

$t_h = \dfrac{10\,602{,}875 \text{ mm}^3}{50 \text{ mm}^3}$ min

$t_h = \mathbf{212{,}06}$ min

2 Fertigungstechnik

211 Beschreiben Sie das funkenerosive Schneiden, auch Drahterodieren genannt.

Vorschub Drahtelektrode
Werkstück

Beim Drahterodieren wird mithilfe einer ablaufenden, kalibrierten Metalldrahtelektrode die gewünschte Werkstückkontur ausgeschnitten. Dabei erfolgt der Werkstoffabtrag im Schneidspalt durch den Erodierprozess zwischen Werkstück und Drahtelektrode.

212 Welches Dielektrika werden zum funkenerosiven Senken (Senkerodieren), welche für das funkenerosive Schneiden (Drahterodieren) verwendet und worin unterscheiden sie sich?

Beim Senkerodieren werden synthetische Öle verwendet. Diese Kohlenwasserstoffverbindungen haben eine hohe Viskosität und können Werkstoffpartikel gut abführen.
Beim Drahterodieren wird als Dielektrikum entionisiertes Wasser verwendet. Wegen seiner geringen Viskosität eignet es sich besonders gut für enge Spalte. Es hat eine gute Kühlwirkung; allerdings ist die Korrosionsgefahr zu beachten.

213 Warum spielt der Elektrodenverschleiß beim Drahterodieren eine untergeordnete Rolle?

Da beim Drahterodieren (funkenerosiven Schneiden) die Drahtelektrode im Bereich der Erodierzone kontinuierlich erneuert wird.

2 Fertigungstechnik

214 Wofür steht die Abkürzung „ECM"?

ECM ist die Abkürzung für Elektro-Chemische Metallbearbeitung.
Auf elektrochemischen Wege wird dabei Material berührungslos von metallischen Werkstoffen abgetragen, z. B. ECM-Formentgraten, ECM-Konturbearbeiten und EC-Senken.

215 Beschreiben Sie mithilfe der Skizze das Prinzip des elektrochemischen Abtragens.

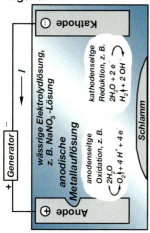

Das elektrochemische Abtragen ist ein Fertigungsverfahren zum anodischen Auflösen metallischer Werkstoffe.
Ein durch eine äußere Stromquelle über die Elektrolytlösung als Wirkmedium erzwungener Ladungs- und Stoffaustausch zwischen dem als Anode gepolten Werkstück und der Kathode bewirkt den Auflösevorgang.
Der abgetragene Werkstoff fällt als Metallhydroxid (Schlamm) aus und muss kontinuierlich aus dem Elektrolyt entfernt werden.

216 Worin unterscheiden sich Dielektrika und Elektrolyte?

Dielektrika sind elektrisch nicht leitende (isolierende) Flüssigkeiten, z. B. Öle und entionisiertes Wasser.
Elektrolyte sind elektrisch leitende Flüssigkeiten, z. B. in Wasser gelöste Salze, Säuren und Basen.

217 Nennen Sie Vor- und Nachteile des EC-Senkens.

Vorteile des EC-Senkens sind:
- kein verfahrensbedingter Verschleiß der Werkzeugelektrode
- sehr hohe Abtragsgeschwindigkeit (ca. 10 mm/min)
- keine Trennung von Schruppen und Schlichten, die beste Formgenauigkeit und Oberflächengüte werden bei höchster Abtragsgeschwindigkeit erreicht.
- die Bearbeitung aller metallischer Werkstoffe ist möglich, weitgehend unabhängig von Härte und Festigkeit
- keine thermische und mechanische Belastung des Werkstücks.

Nachteile:
- großer Versuchsaufwand zur Ermittlung der optimalen Elektrodenform
- hohe Investitionskosten für Maschine und Vorrichtung
- Nachbehandlung der Teile erforderlich, wie sofortiges Waschen, Konservieren und Trocknen der Teile zur Korrosionsverhinderung
- Umweltschutzaufwendungen zur Entsorgung des abgetragenen Werkstoffs notwendig

2.6.6 Thermisches Trennen

218 Welche thermische Trennverfahren werden in der Metallverarbeitung angewendet?

Als thermische Trennverfahren werden in der Metallverarbeitung autogenes Brennschneiden, Plasmaschneiden und Laserstrahlschneiden angewendet.

219 Welche Voraussetzungen müssen Werkstoffe mit guten Eignungen zum Brennscheiden erfüllen?

- Das Metall muss im Sauerstoff verbrennen.
- Die Zündtemperatur muss niedriger als die Schmelztemperatur sein.
- Die Schmelztemperatur des entstehenden Metalloxids muss niedriger als die des Metalls sein.
- Die entstehende Schlacke muss hinreichend dünnflüssig sein.
- Das Metall darf nur eine begrenzte Leitfähigkeit haben.

220 Beschreiben Sie das Prinzip des autogenen Brennschneidens.

Mit einer Brenngas-Sauerstoff-Flamme wird die Anschnittstelle am Werkstück auf Entzündungstemperatur erwärmt. Ein gebündelter Sauerstoffstrahl trifft nach Öffnen des Schneidsauerstoffventils auf die weißglühend erwärmte Anschnittstelle. Der Stahl verbrennt und die dabei entstehenden Oxide werden, vermischt mit Schmelze, durch den Druck des Sauerstoffstrahls aus der Fuge geblasen.

221 Welche Maßnahmen sind mit zunehmender Materialdicke beim Brennschneiden zu ergreifen?

- größere Düsen einsetzen
- Düsenabstand vergrößern
- Heizgas- und Sauerstoffdruck vergrößern
- Schneidgeschwindigkeit verringern

2 Fertigungstechnik

222 Welche Form weisen die Schnittriefen in der Schnittfuge beim Brennschneiden mit folgender Schneidgeschwindigkeit auf:
a) richtig
b) zu hoch
c) zu niedrig

a) Bei richtiger Schneidgeschwindigkeit werden fast senkrechte Schnittriefen in der Schnittfuge erreicht.
b) Bei zu hoher Schneidgeschwindigkeit sind die Riefen in der Schnittfuge schräg.
c) Bei zu niedriger Schneidgeschwindigkeit weisen die Riefen an der Unterkante einen festhaftenden Schlackenbart auf.

223 Was versteht man unter einem „Plasma"?

Ein Plasma ist ein elektrisch leitendes, sehr heißes Gemisch aus frei beweglichen positiven Ionen und Elektronen.

224 Welche Vorteile hat das Plasma-Schneiden gegenüber dem Brennschneiden?

Es lassen sich auch Werkstoffe wie Cr-Ni-Stähle, Kupfer oder Aluminium trennen. Es kann mit höherer Geschwindigkeit bei geringerer Wärmeeinwirkung gearbeitet werden.

225 Welche Eigenschaften haben die Strahlen eines Lasers?

Laserstrahlen sind Licht- oder Wärmestrahlen mit folgenden Eigenschaften:
- gleiche Wellenlänge
- fast genau paralleler Verlauf (Abweichung < 1/3600 Grad)
- auf sehr kleine Fläche konzentrierbar
- hohe Leistungsdichte

226 Welche Werkstoffe lassen sich Laserschneiden?

Alle Stähle bis ca. 12 mm Dicke, NE-Metalle (außer Silber und Kupfer) sowie nichtmetallische Werkstoffe, z. B. Kunststoff, Holz und Leder.

2.7 Fügen

227 Fügeverbindungen lassen sich nach ihrem „Wirkprinzip" in drei Gruppen einteilen.
Nennen Sie diese mit Beispielen.

- *Stoffschlüssig*: z. B. Schweiß-, Lötoder Klebeverbindungen
- *Kraftschlüssig:* z. B. Schrauben-, Keil- oder Pressverbindungen
- *Formschlüssig:* z. B. Stift-, Passfeder- oder Kaltnietverbindungen

2.7.1 Kleben, Löten

228 Beschreiben Sie das Kleben.

Kleben ist stoffschlüssiges Verbinden artgleicher oder verschiedener Werkstoffe mit artfremdem oder artgleichem, aushärtendem Zusatzwerkstoff - dem Kleber.

229 Worauf beruht die Wirkung des Klebens?

Die Verbindung Werkstück-Klebstoff wird durch Adhäsionskräfte hergestellt. Im Klebstoff selbst wirken Kohäsionskräfte. Die Adhäsionskräfte sind meist stärker, besonders wenn eine raue Oberfläche eine gute Verankerung des Klebstoffes ermöglicht.

230 Nennen Sie Vor- und Nachteile von Klebeverbindungen gegenüber Schweißverbindungen.

Vorteile:
- keine Gefügeveränderungen
- gleichmäßige Spannungsverteilung
- viele Werkstoffkombinationen möglich
- dichte Verbindungen

Nachteile:
- große Fügeflächen notwendig
- geringe Dauer- und Warmfestigkeit
- teilweise lange Aushärtezeiten

2 Fertigungstechnik

231 Wozu dienen Klebeverbindungen hauptsächlich?

- Verbinden von Werkstoffen
- Sichern von Schrauben
- Dichten von Fügeflächen

232 Ein Klebstoffhersteller fordert in seiner Gebrauchsanweisung: *„Klebestellen müssen staub-, fettfrei und trocken sein, evtl. leicht anrauen."* Begründen Sie diese Forderung.

Die Haltbarkeit einer Klebeverbindung hängt von der Adhäsionskraft (Anhangskraft) zwischen dem Klebstoff und den Fügeteilen und von der Kohäsionskraft (Zusammenhangskraft) der Klebstoffmoleküle ab.
Ist eine Klebestelle z. B. nicht fettfrei, so wirkt die Adhäsion nicht an den Fügeteilen, sondern zwischen dem Fett und dem Klebstoff. Durch das Anrauen der Klebestellen vergrößert sich die Klebefläche und somit auch die Größe der Adhäsionskraft.

233 Nennen Sie verschiedene Kleberarten.

- Leimlösungen, z. B. Tapetenkleister.
- Dispersionen, z. B. Weißleim.
- Lösungsmittelkleber, z. B. Alleskleber.
- Reaktionskleber (1 oder 2 Komponenten), z. B. Sekundenkleber.
- Heißschmelzklebstoffe

234 Welche konstruktive Grundsätze gelten für die Gestaltung einer Klebeverbindung?

- Schälbeanspruchung unter allen Umständen vermeiden!
- Scherbeanspruchung in der Klebefuge anstreben.
- Zugbeanspruchung nur in besonderen Fällen zulassen.
- Fugenspalt so klein wie möglich halten.

235 Wie erfolgt die Aushärtung bei 2-Komponenten-Reaktionsklebern?

Durch Vermischen von Harz und Härter tritt eine chemische Reaktion, das Vernetzen ein, die unter Wärmeentwicklung zum Aushärten führt.

236 Die abgebildeten Bauteile sollen durch Kleben gefügt werden.
Entwerfen Sie hierfür geeignete Fugenformen.

zweischnittige Laschung

zweischnittige Überlappung

gefalzte Überlappung

geschäftete Überlappung

237 Erklären Sie den Begriff "Topfzeit".

Topfzeit ist die Zeitdauer, während der eine aufbereitete Mischung eines Zweikomponentenklebers verarbeitet werden kann.

238 Beschreiben Sie die Fügetechnik „Löten".

Löten ist ein stoffschlüssiges, unlösbares Verfahren zur Vereinigung metallischer Werkstoffe gleicher oder verschiedener Art mit Hilfe eines Zusatzmetalls, dem Lot.
Die Lotschmelztemperatur liegt unterhalb der der Grundwerkstoffe.
Die Grundwerkstoffe werden benetzt, ohne geschmolzen zu werden.

239 Welche Aufgabe hat das Flussmittel?

Es soll die Oxidschicht auf dem Grundwerkstoff lösen, die Bildung erneuter Oxidschichten während des Erwärmens verhindern und die Ausbreitung des Lotes fördern.
Der Wirktemperaturbereich des Flussmittels soll ca. 50...100 °C unter der Schmelztemperatur des Lotes beginnen.

2 Fertigungstechnik

240 **Nennen und beschreiben Sie die 3 Schritte, die für eine hochfeste Lötverbindung nötig sind.**

Benetzen: Ausbreiten des Lotes nach Erreichen der Arbeitstemperatur auf einer metallisch reinen und oxidgelösten Oberfläche.

Fließen: Das Lot wird durch die Kapillarwirkung des Lötspaltes überall hingezogen, wo eine Benetzung vorausging und Arbeitstemperatur herrscht. Das Flussmittel wird vom Lot verdrängt.

Legieren: Lot dringt in das Gefüge des Grundwerkstoffes (Diffusion), löst einen Teil davon und bildet eine Legierung.

241 **Welche Bedingungen sind Voraussetzung für eine gute Lötung?**

- Metallisch reine Oberfläche
- Lötspalt von 0,05 mm bis 0,2 mm
- richtige Arbeitstemperatur
- erschütterungsfreies Abkühlen
- verbleibende Flussmittelreste sorgfältig entfernen, um Korrosion zu vermeiden.

242 **Was versteht man unter der Arbeitstemperatur eines Lotes?**

Die Arbeitstemperatur eines Lotes ist die niedrigste Oberflächentemperatur des Werkstückes, bei der das Lot benetzt, fließt und legiert.

243 **Welche Verfahren werden nach der „Arbeitstemperatur" beim Löten unterschieden?**

- Weichlöten unter 450 °C
- Hartlöten über 450 °C
- Hochtemperaturlöten über 900 °C, unter Vakuum oder Schutzgas.

2 Fertigungstechnik

244 **Welcher Umstand erschwert das Hartlöten von Aluminium und seinen Legierungen?**

Die Bildung einer Oxidhaut, ohne deren Zerstörung eine metallische Bindung nicht möglich ist.

245 **Nennen Sie verschiedene Hartlote und deren Arbeitstemperaturen (AT).**

- Kupferlote, z. B. L-SFCu, AT 1100 °C für Stähle.
- Kupfer-Zinnlote, z. B. L-CuSn12, AT 990 °C für Eisen- und Nickelwerkstoffe.
- Kupfer-Zinklote, z. B. L-CuZn 46, AT 890 °C für Stahl, Kupfer- und Nickellegierungen.
- Kupfer-Phosphorlote, z. B. L-CuP7, AT 720 °C, für Kupfer.
- Silberhaltige Lote, z. B. L-Ag34Sn, AT 710 °C für Stähle, Kupfer und Kupferlegierungen, Nickel und Nickellegierungen.

246 **Beschreiben Sie die Besonderheiten der häufig gebrauchten Blei-Zinnlote**
- **L-Sn63Pb**
- **L-PbSn20Sb.**

- Das Sickerlot L-Sn63Pb besteht aus 63% Sn und 37% Pb, Schmelzpunkt 183 °C. Diese Legierung geht vom festen sofort in den flüssigen Zustand über.
- Das Karosserielot oder Schmierlot L-PbSn20Sb, ein Bleilot mit 20 % Sn und bis zu 1,7 % Sb, geht ab 186 °C allmählich in einen breiigen und erst bei ca. 280 °C in den flüssigen Zustand über.
  Im breiigen Zustand ist das Lot zum "Verschwemmen" von Beulen an Karosserien geeignet.

2.7.2 Schweißen

247 Erklären Sie das thermische Fügeverfahren „Schweißen".

Schweißen ist das Vereinigen oder Beschichten von Werkstoffen in flüssigem oder plastischen Zustand mit Wärme und/oder Druck, mit oder ohne Zusatzwerkstoff. Durch Schweißen entsteht eine stoffschlüssige, unlösbare Verbindung.

248 Nennen Sie Verfahren, die zu den Schmelzschweißverfahren gehören und geben Sie an in welchem Zustand die Verbindung erfolgt.

- Gasschmelzschweißen
- Lichtbogenschweißen
- Schutzgasschweißen
- Plasmaschweißen
- Laserschweißen
- Elektronenschweißen

Die Verbindung erfolgt im flüssigem Zustand.

249 Nennen Sie Verfahren, die zu den Pressschweißverfahren gehören und geben Sie an in welchem Zustand die Verbindung erfolgt.

- Feuerschweißen
- Widerstandsschweißen
- Punktschweißen
- Nahtschweißen
- Stumpfschweißen
- Buckelschweißen

Die Verbindung erfolgt im teigigen Zustand unter Druck.

250 Welche Gase sind zum Gasschmelzschweißen geeignet?

- Azetylen und Sauerstoff
  ⇨ erzielbare Temperatur: 3200 °C
- Wasserstoff und Sauerstoff
  ⇨ erzielbare Temperatur: 2380 °C

251 Warum wird das Acetylengas in Aceton gelöst?

Das Acetylengas explodiert bei Drücken über 2 bar, wenn es gleichzeitig erhitzt oder gezündet wird. Nach Lösen in Aceton unterbleibt diese Reaktion auch bei höheren Drücken.

2 Fertigungstechnik

252 Wie viel Liter Gas enthält eine 40 Liter Acetylenflasche mit 13 Liter Acetonfüllung und 18 bar Fülldruck?

1 Liter Aceton löst bei 15 °C je bar Drucksteigerung 25 Liter Acetylen. Somit enthält die 40 Liter Flasche 13 x 25 l / bar x 18 bar = **5850** l Acetylengas.

253 Wie unterscheiden sich äußerlich
- **Sauerstoffflaschen**
- **Wasserstoffflaschen**
- **Azetylenflaschen?**

- Sauerstoffflaschen haben ein R ¾ Rechtsgewinde, sind blau gestrichen und auf der weißen Flaschenschulter steht ein „N".
- Wasserstoffflaschen sind rot gestrichen und haben ein W 21,80 x 1/14 Linksgewinde.
- Alte Azetylenflaschen sind noch gelb gestrichen und haben einen Spannbügel. Seit Juli 2006 gilt die DIN EN 1089-3 und auf der kastanienbraunen Flaschenschulter steht ein „N". Die Flasche ist kastanienbraun, schwarz oder gelb.

254 Warum müssen Gasentnahmestellen mit „Sicherheitsvorlagen" ausgerüstet sein?

Sicherheitsvorlagen unterbrechen bei einem Gasrücktritt oder Flammenrückschlag sofort eine weitere Gaszufuhr und verhindern ein Ausbreiten der Flamme in die Zuleitungen.

255 Nennen Sie Vorsichtsmaßnahmen, die im Umgang mit „Gasflaschen" zu beachten sind.

- Flaschen gegen Umfallen sichern
- vor Stoß, Erwärmung und Frost schützen
- Sauerstoffflaschen frei von Öl und Fett halten ⇨ Explosionsgefahr
- nur mit Schutzkappen transportieren

© HOLLAND + Josenhans

2 Fertigungstechnik

256
a) Warum wird zum Gasschmelzschweißen ein Druckminderer benötigt?
b) Benennen Sie die Einzelteile des skizzierten Druckminderer.
c) Setzen Sie die Funktionsbeschreibung des Druckminderers unter Nennung der Bauteile fort:
Durch das Einschrauben der Einstellschraube (1) wird ...

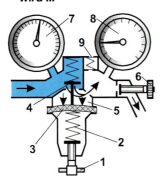

a) Zum Schweißen muss der hohe Gasdruck in den Flaschen (z. B. Sauerstoff mit 150 bar) durch einen Druckminderer auf den erforderlichen Arbeitsdruck (z. B. Sauerstoff auf 2,5 bar) erniedrigt werden.
b) Benennung
1 = Einstellschraube
2 = Einstellfeder
3 = Membran
4 = Einstellventil
5 = Zwischenkammer
6 = Absperrventil
7 = Inhaltsmanometer
8 = Arbeitsmanometer
9 = Sicherheitsventil
c) Durch das Einschrauben der Einstellschraube (1) wird die Einstellfeder (2) gespannt und öffnet über die Gummimembran (3) das Einstellventil (4). Dadurch strömt das Gas solange in die Zwischenkammer (5), bis der auf die Membran (3) wirkende Gasdruck die Einstellfeder (2) zusammendrückt und das Ventil (4) schließt.
Fällt der Druck in der Zwischenkammer, so öffnet das Ventil erneut und der Vorgang wiederholt sich.

257
Welches Mischungsverhältnis von Acetylen und Sauerstoff liegt vor, wenn der Flammenkegel folgendes Aussehen hat?
a) weiß leuchtend, scharf begrenzt
b) kurz, bläulich
c) lang zerflattert, grünlich

a) Mischungsverhältnis 1 : 1, mit diesem Verhältnis wird normalerweise geschweißt, die Flamme wird als „neutral" bezeichnet.
b) Sauerstoffüberschuss, zum Schweißen von Messing
c) Acetylenüberschuss, zum Schweißen von Aluminium und Grauguss

2 Fertigungstechnik

258 Welche Auswirkungen hat eine Schweißflamme mit Acetylen- bzw. Sauerstoffüberschuss auf die Schweißnaht bei Stahl?

Sauerstoffüberschuss: Die Schweißnaht nimmt Sauerstoff auf und wird dadurch spröde.
Acetylenüberschuss: Die Schweißnaht wird mit Kohlenstoff angereichert („aufgekohlt") und wird dadurch hart und spröde.

259
a) Wozu dient der Schweißbrenner?
b) Benennen Sie die Bestandteile des skizzierten Schweißbrenners.

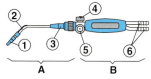

a) Der Brenner dient zum
  • Mischen von Sauerstoff und Brenngas
  • Einstellen des Sauerstoff-Gas-Gemisches
  • Anpassen der Schweißflamme an die Werkstoffdicke
b) Der Brenner besteht aus dem Schweißeinsatz (A) mit
  ① Schweißdüse
  ② Mischrohr
  ③ Mischdüse
  Griffstück (B) mit
  ④ Sauerstoffventil
  ⑤ Brenngasventil
  ⑥ Schlauchanschlüssen

260 Erklären Sie, warum zum Zünden der Schweißflamme mit einem Injektorbrenner zuerst das Sauerstoffventil geöffnet wird.

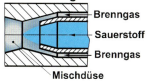

Weil beim Injektorbrenner das Brenngas vom Sauerstoff angesaugt wird:
Der Sauerstoff strömt mit hoher Geschwindigkeit durch eine zentrische Düse in die Mischdüse. In der Engstelle der Mischdüse entsteht als Folge der hohen Geschwindigkeit ein Unterdruck (Venturi-Prinzip). Dadurch wird das Brenngas angesaugt, mitgerissen und intensiv mit Sauerstoff gemischt.

2 Fertigungstechnik

261 Die abgebildeten Bleche sollen durch Nachlinksschweißen, bzw. durch Nachrechtsschweißen gefügt werden.

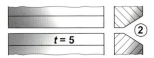

Skizzieren Sie für die Bleche ① und ② die Brennerhaltung unter Kennzeichnung der Schweißrichtung und Schweißdrahthaltung. Begründung.

Nachlinksschweißen:

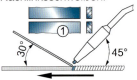

- dünne Bleche bis zu 3 mm
- Nahtfuge wird vorgewärmt
- Schmelze bleibt kühler
- geringe Durchbrenngefahr

Nachrechtsschweißen:

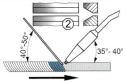

- dicke Bleche > 3 mm
- Flamme auf Schmelzbad gerichtet
- größere Wärmeeinbringung

262 Beschreiben Sie, wodurch beim E-Schweißen ein Lichtbogen entsteht.

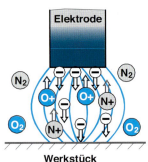

- *Antippen*: Die Elektrode berührt kurz das Werkstück, dadurch fließt ein hoher Kurzschlussstrom, der die Elektrode zum Glühen bringt und die Berührstelle und Luft stark erwärmt.
- *Abheben der Elektrode*: Dadurch wird ein Elektronfluss ermöglicht. Die Elektronen bewegen sich mit bis zu 100000 km/h von der Elektrode zum Werkstück, spalten dabei die Gasatome der Luft auf, sodass sie elektrisch leitend (ionisiert) wird. Der Strom fließt zwischen der kurzen Luftstrecke und ein Lichtbogen brennt.

263 Lichtbogenkennlinien

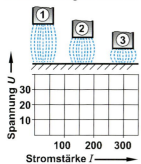

Der skizzierte Lichtbogen ② mit mittlerer Länge hat einen Widerstand von $R = 0{,}1\ \Omega$.

a) Zeichnen Sie dessen Kennlinie in das obige Diagramm ein.
b) Wie verschiebt sich die Lichtbogenkennlinie, für einen Lichtbogen mit der Länge ①?
Begründen Sie Ihre Antwort.
c) Zeichnen Sie den qualitativen Verlauf der Kennlinie für die Lichtbogenlänge ① und ③ in das Diagramm ein.

a) und c)

$U = I \cdot R$

$U = 100\ \text{A} \cdot 0{,}1\ \Omega = \mathbf{10}\ \text{V}$
$U = 200\ \text{A} \cdot 0{,}1\ \Omega = \mathbf{20}\ \text{V}$
$U = 300\ \text{A} \cdot 0{,}1\ \Omega = \mathbf{30}\ \text{V}$

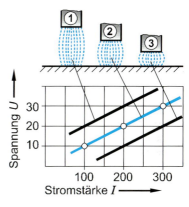

b) Die Kennlinie des langen Lichtbogens 1 verläuft oberhalb der Kennlinie des Lichtbogens 2 mit mittlerer Länge.
Begründung:
Der elektrische Widerstand des Lichtbogens wächst mit seiner Länge.

264 Benennen Sie die abgebildeten Schweißnahtarten ① bis ⑤.

① V- Naht

② Doppelt U-Naht

③ Doppelt-V-Naht (X-Naht)

④ I-Naht

⑤ Doppelkehlnaht

2 Fertigungstechnik

265 Die Eigenschaften einer Elektrode sind aus dem Kurzzeichen ersichtlich. Entschlüsseln Sie die folgende Stabelektrodenbezeichnung:

ISO 2560-A-E 38 0 RR 53

ISO 2560: Norm-Nummer
A: Garantierte Streckgrenze und Kerbschlagarbeit
E: Kurzzeichen für umhüllte Stabelektrode; Schweißprozess Lichtbogenhandschweißen
38: Kennziffer für Mindeststreckgrenze (hier 380 N/mm^2), Zugfestigkeit (hier 470...600 N/mm^2) und Mindestbruchdehnung A_5 (hier 20 %)
0: Kennziffer für Mindestkerbschlagarbeit (hier 47 J bei 0°C)
RR: Kennziffer für Umhüllungstyp (hier dick-rutilumhüllt)
5: Kennziffer für Ausbringung in % (hier >125 ≤ 160) und Stromart (hier Wechsel- und Gleichstrom)
3: Kennziffer für Schweißposition (hier Stumpfnaht in Wannenposition, Kehlnaht in Wannen- und Horizontalposition)

266 Benennen Sie die mit ①, ② und ③ gekennzeichneten *Stromquellenkennlinien* und geben Sie an, für welche Lichtbogenschmelzschweißverfahren sie besonders geeignet sind.

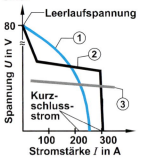

- *steil fallende* Kennlinien
  ① Schweißtransformator ohne
  ② Schweißtransformator mit Steuerungselektronik
  besonders geeignet für das
  - Lichtbogenhandschweißen
  - WIG- Schweißen

- *flach fallende* Kennlinien (Konstantspannungskennlinien) besonders geeignet für das
  - Metallschutzgasschweißen
  - MIG- Schweißen
  - MAG- Schweißen

2 Fertigungstechnik

267 Warum kann die „Leerlaufspannung" dem Schweißenden gefährlich werden?

Die Leerlaufspannung mit ca. 80 V herrscht bei eingeschalteter Stromquelle ohne Belastung vor.
Berührt der Schweißer das blanke Werkstück und z. B. den defekten Elektrodenhalter, so kann wegen der hohen Leerlaufspannung ein lebensgefährlicher Strom[1] > 0,05 A durch den Körper fließen.

[1] siehe Kapitel 9.2

268 Beim Lichtbogenhandschweißen werden abschmelzende Stabelektroden verwendet.
Welche Aufgaben erfüllt dabei die Elektrodenumhüllung?

- Gasmantel bilden, um Schmelzgut vor der umgebenden Luft zu schützen.
- Lichtbogen stabilisieren durch Ionisation der Luft.
- Stahlbegleitende Elemente ersetzen, die teilweise ausbrennen, z. B. Mangan und Kohlenstoff.
- Schlacke bilden, um das Schmelzgut vor zu schneller Abkühlung zu schützen.

269 Welche Schutzgasschweißverfahren werden wie folgt abgekürzt?
„WIG"
„MIG"
„MAG", „MAGC, „MAGM"?

WIG: **W**olfram-**I**nert**g**asschweißen, mit Argon (Helium) als Schutzgas

MIG: **M**etall-**I**nert**g**asschweißen, mit Argon als Schutzgas

MAG: **M**etall-**A**ktiv**g**asschweißen, mit den Schutzgasen
CO_2 ⇨ (MAGC),
Mischgase aus Argon mit CO_2 oder O_2 ⇨ (MAGM)

270 Welche Vorteile hat das MAG-Schweißen gegenüber dem Elektrodenschweißen?

- Kein ständiger Elektrodenwechsel, da Endloselektrode
- bester Schutz des Schmelzbades vor Oxidation durch Schutzgas
- keine Schlacke
- sehr dünne Bleche problemlos schweißbar

271 Wodurch unterscheidet sich das WIG- vom MAG- und MIG-Schweißverfahren?

Beim WIG-Schweißen brennt der Lichtbogen zwischen einer nicht abschmelzenden Wolframelektrode und dem Werkstück, während er beim MAG- und MIG-Schweißen zwischen einer abschmelzenden Drahtelektrode und Werkstück brennt.

272 Warum werden beim Metall-Schutzgas-Schweißen (MIG/MAG) Stromquellen mit flach fallenden Kennlinien (Konstantspannungskennlinien) benutzt?

Wegen der relativ hohen Vorschubgeschwindigkeit der Drahtelektrode hat der Schweißer keinen manuellen Einfluss auf die Lichtbogenlänge. Deshalb werden beim Metall-Schutzgas-Schweißen Stromquellen mit flach fallenden Kennlinien (Konstantspannungskennlinien) benutzt, die die Lichtbogenlänge selbsttätig regeln ⇨ „Innere Regelung".

273 Welche Werkstoffe werden mit den Schutzgasschweißverfahren WIG, MIG und MAG geschweißt?

WIG: NE-Metalle und deren Legierungen, z. B. Titan, Tantal
MIG: NE-Metalle, Al-Legierungen, hochlegierte Stähle
MAG: unlegierte Stähle

274 Erklären Sie, warum das WIG-Schweißen von Aluminium mit Wechselstrom erfolgt.

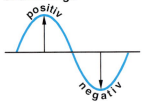

Wegen der Oxidschicht des Leichtmetalls erfolgt das WIG-Schweißen mit Wechselstrom.
In der positiven Halbwelle des Wechselstroms fließen die Elektronen vom Werkstück zur Wolframelektrode und reißen dabei die hochschmelzende Oxidschicht des Leichtmetalls auf. In der negativen Halbwelle fließen die Elektronen zum Werkstück und erzeugen Wärme zum Schmelzen des Metalls.

2 Fertigungstechnik

275 Erklären Sie den sich einstellenden Regelvorgang „Innere Regelung" beim MAG-Schweißen, wenn sich die Lichtbogenlänge durch Werkstückunebenheiten verlängert.

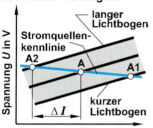

Stromstärke I in A

Annahme:
- mittlere Lichtbogenlänge
- konstante Drahtvorschubgeschwindigkeit v_D = 10 cm/s

- Wenn der Lichtbogen länger wird steigt der Lichtbogenwiderstand und der Arbeitspunkt A2 (Schnittpunkt Stromquellenkennlinie mit Kennlinie des langen Lichtbogens) stellt sich ein.
- Da die Stromquelle beim MAG-Schweißen eine Konstantspannungskennlinie liefert, *vermindert* sich die Stromstärke stark und schnell um ΔI.
- Dadurch sinkt die Abschmelzleistung P, d. h. weniger Draht wird abgeschmolzen.

$$P = U \cdot I$$ und $U \approx$ konstant

- Da die Drahtelektrode aber mit konstanter Geschwindigkeit v_D weitergefördert wird, stellt sich selbsttätig die ursprüngliche Lichtbogenlänge (mittlere Lichtbogenlänge) und somit auch der alte Arbeitspunkt A wieder ein.

276 Begründen Sie, warum für das Lichtbogenhandschweißen und das WIG-Schweißen Stromquellen mit steil fallender Kennlinie besonders geeignet sind.

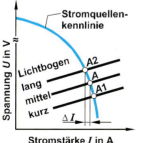

Stromstärke I in A

Zur Erzielung einer gleichmäßigen Schweißnaht ist eine gleichbleibende Stromstärke während des gesamten Schweißablaufes erforderlich.
Für den Schweißer bedeutet dies, dass er ständig mit einer mittleren Lichtbogenlänge schweißen müsste, damit sich die Stromstärke nicht ändert.
Weil der Schweißende den Lichtbogen aber nicht ständig auf gleicher Länge halten kann, muss die Stromstärkenänderung ΔI bei einer Lichtbogenlängenänderung sehr klein sein.
Diese Forderung erfüllen Stromquellen mit steil fallenden Kennlinien.

3 Maschinenelemente und Maschinentechnik

3.1	Gewinde und Schraubenverbindungen	146
3.2	Stiftverbindungen, Welle-Nabe-Verbindungen	150
3.3	Federn	153
3.4	Achsen, Wellen und Lager	155
3.5	Kupplungen	175
3.6	Riementrieb	176
3.7	Zahnräder, Zahnradgetriebe	179
3.8	Vorrichtungen	184

3 Maschinenelemente und Maschinentechnik

3.1 Gewinde und Schraubenverbindungen

1 Gewinde werden je nach Gewindeart unterschiedlich bezeichnet. Wodurch wird die Bezeichnung der Gewindearten bestimmt?

- *Verwendungszweck*, z. B. Befestigungs-, Bewegungs-, Innen- oder Außengewinde
- *Profilform*, z. B. Spitzgewinde, Trapezgewinde oder Sägengewinde.
- *Gangzahl*, ein- oder mehrgängig
- *Windungssinn*, Rechts- oder Linksgewinde
- *Steigung*, z. B. Regel- oder Feingewinde

2 Ordnen Sie den Buchstaben und dem Winkel die jeweilige Benennung zu.

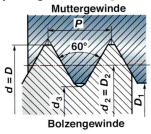

Bezeichnungen am metrischen ISO-Gewinde:
- Nenndurchmesser: $d = D$
- Steigung: P
- Flankenwinkel: $60°$
- Flankendurchmesser: $d_2 = D_2$
- Kerndurchmesser: Bolzen: d_3
  Mutter: D_1

3 Was versteht man unter dem Flankendurchmesser eines Gewindes und wie wird er gemessen?

Der Flankendurchmesser ist der mittlere Durchmesser zwischen Außen- und Kerndurchmesser.
Gemessen wird er mit Gewindemessschrauben, mit der Dreidrahtmethode oder mit dem Messmikroskop.

4 Wozu werden mehrgängige Gewinde verwendet?

Wenn bei einer Umdrehung große axiale Bewegungen verlangt werden, z. B. bei Spindelpressen.

3 Maschinenelemente und Maschinentechnik

5
a) Woran kann in der Normbezeichnung erkannt werden, dass es sich um ein mehrgängiges Gewinde handelt?
b) Entschlüsseln Sie folgende Normbezeichnung: Tr 32 x 18 P6

a) Bei mehrgängigen Gewinden folgt in der Normbezeichnung zusätzlich nach dem Nenndurchmesser und der Steigung die Teilung P.
b) Zur Ermittlung der Gangzahl wird die Steigung, hier 18 mm, durch die Zahl der Teilung P, hier 6 mm, geteilt.
18 : 6 = 3-gängiges Trapezgewinde mit 32 mm Nenndurchmesser, 18 mm Steigung und 6 mm Teilung.

6 Was versteht man bei einem Gewinde unter „Selbsthemmung" und wovon ist diese hauptsächlich abhängig?

Unter der Selbsthemmung eines Gewindes versteht man dessen Widerstand gegen ein selbstständiges Lösen im Betriebseinsatz.
Die Größe dieses Widerstandes wächst hauptsächlich mit kleiner werdendem Steigungswinkel.

7 Nennen Sie je zwei Beispiele für Befestigungs- und Bewegungsgewinde.

Befestigungsgewinde: sind z. B. metrische Regel- oder Feingewinde und Whitworthgewinde.
Bewegungsgewinde: sind z. B. ISO Trapezgewinde für Spindeln oder metrische Sägengewinde für Pressenspindel.

8 Wie werden Schrauben hergestellt?

- Spanend z. B. durch Drehen, Fräsen, Schleifen und Gewindeschneiden.
- Spanlos durch Kalt- oder Warmumformung und Gewinderollen oder -walzen.

9 Teilen Sie die Schrauben nach ihrer Schaftform ein.

Stift-, Dehn-, Pass-, Blech-, Bohr-, Holzschrauben und Gewindestifte.

10 Eine Schraube hat die Festigkeitsklasse 6.8. Entschlüsseln Sie die Informationen, welche die Zahlenkombination beinhaltet.

Die Zahlenkombination gibt Auskunft über Zugfestigkeit und Streckgrenze der Schraube.
- Die erste Zahl mal 100 gibt die Zugfestigkeit R_m an, hier $R_m = 6 \times 100 = \mathbf{600}$ N/mm^2.
- Die erste Zahl mal der zweiten Zahl mal 10 gibt die Streckgrenze R_e bzw. die Dehngrenze $R_{p0,2}$ an, hier $R_e = 6 \times 8 \times 10 = \mathbf{480}$ N/mm^2.

11 Eine Zylinderschraube der Festigkeitsklasse 8.8 wird auf Zug beansprucht.
a) Ermitteln Sie die zulässige Spannung der Schraube, wenn mit einer 1,5-fachen Sicherheit gegen bleibende Verformung gerechnet werden soll.
b) Welches Regelgewinde wählen Sie, wenn die Schraube mit einer Vorspannkraft von 8400 N angezogen wird?

a) Festigkeitsklasse 8.8
$\Rightarrow R_e = 640$ N/mm^2.

$$\boxed{\sigma_{zul} = \frac{R_e}{\nu}}$$

$\sigma_{zul} = \dfrac{640 \text{ N}}{1,5 \text{ mm}^2} = \mathbf{426{,}6} \ \dfrac{\text{N}}{\text{mm}^2}$

b) Regelgewindewahl über Spannungsquerschnitt:

$$\boxed{\sigma_z = \frac{F}{A_s}}$$

$A_s = \dfrac{F}{\sigma_z} = \dfrac{8400 \text{ N}}{426,6 \text{ N}} \text{ mm}^2$

$A_s = 19{,}69$ mm^2

Gewählt **M6** mit $A_s = 20{,}1$ mm^2

12 Welchen Vorteil haben spanlos hergestellte Schrauben gegenüber den spanend hergestellten Schrauben?

Die spanlos hergestellten Schrauben haben im Vergleich zu den spanend hergestellten Schrauben eine höhere Festigkeit, weil der Faserverlauf in den Gewindegängen und am Übergang vom Schaft zum Kopf nicht unterbrochen ist.

13 Nennen Sie unterschiedliche Mutterformen.

Sechskant-, Hut-, Nut-, Rändel-, Überwurf-, Kronen-, Flügel- und Ringmuttern.

14
Zum Fügen eines Lagerflansches mit dem Gehäuse sind Schrauben M8 x 60 – 8.8 vorgesehen. Ermitteln Sie die Mindesteinschraubtiefe l_e der Schraube im Grundlochgewinde des Gehäuses aus Gusseisen.

- Festigkeitsklasse: 8.8
- Werkstoff des Innengewindes: Gusseisen

Ergibt mit $l_e = 1{,}5 \cdot d = 1{,}5 \cdot 8$ mm eine empfohlene Mindesteinschraubtiefe von $l_e =$ **12** mm.

15
Welche Hauptaufgabe haben Schraubensicherungen?

Schraubensicherungen sollen die bei der Montage aufgebrachte Klemmkraft der Schraubenverbindung erhalten.

16
Durch welche Sicherungselemente kann das Lockern von Schraubenverbindungen verhindert werden?

Federringe, Federscheiben, Zahnscheiben, Kronenmutter mit Splint, Sicherungsbleche, Mutter mit Kunststoffring, Drahtsicherung, Schrauben mit mikroverkapselten Klebstoff.

17
Mit einer Schraube M12 soll eine Anpresskraft von 1,5 kN erzielt werden. Zum Anziehen wird ein Maulschlüssel mit einer wirksamen Hebellänge von 200 mm benutzt.
a) **Mit welcher Handkraft muss die Schraube angezogen werden?**
b) **Auf welchen Wert ist ein Drehmomentschlüssel einzustellen, wenn die Anpresskraft nicht überschritten werden soll?**

M12 $\Rightarrow$ Steigung $P = 1{,}75$ mm

a) Handkraft F_1:

$$\boxed{F_1 \cdot 2 \cdot \pi \cdot l = F_2 \cdot P}$$

$$F_1 = \frac{F_2 \cdot P}{2 \cdot \pi \cdot l} = \frac{1{,}5 \text{ kN} \cdot 1{,}75 \text{ mm}}{2 \cdot \pi \cdot 200 \text{ mm}}$$

$F_1 = \mathbf{2{,}089}$ kN

b) Drehmoment M:

$$\boxed{M = F \cdot l}$$

$M = 2\,089$ N $\cdot$ 0,2 m

$M = \mathbf{417{,}8}$ Nm

3.2 Stiftverbindungen, Welle-Nabe-Verbindungen

18 Nennen Sie die gebräuchlichsten Stifte und geben Sie deren DIN EN an.

- Kegelstifte (DIN EN 22 339)
- Zylinderstifte:
  ungehärtet (DIN EN ISO 2338)
  gehärtet (DIN EN ISO 8734)
- Spannstifte (DIN EN ISO 8752)
- Kerbstifte und -nägel
  (DIN EN ISO 8740...8747)

19 Wodurch unterscheidet sich ein Keil von einer Feder?

Ein Keil hat eine Neigung, eine Feder nicht.

20 Entschlüsseln Sie folgende Zylinderstiftbezeichnung:
ISO 2338 – 8 m6 x 30 – St

- Zylinderstift nach ISO 2338
- Nenndurchmesser d = 8 mm, Toleranzklasse m6
- Nennlänge l = 30 mm
- aus ungehärtetem Stahl

21 Berechnen Sie den Stiftdurchmesser gegen Abscherung, bei einer Scherspannung von 18,1 N/mm² und einer Scherkraft von 900 N.

$$\tau_a = \frac{F}{A} \Rightarrow A = \frac{F}{\tau_a}$$

$$A = \frac{\pi \cdot d^2}{4} \Rightarrow d = \sqrt{\frac{4 \cdot F}{\pi \cdot \tau_a}}$$

$$d = \sqrt{\frac{4 \cdot 900\,\text{N}}{\pi \cdot 18,1\,\text{N/mm}^2}}$$

$$d = \sqrt{63,31\,\text{mm}^2} = 7,96\,\text{mm}$$

Gewählt d = **8** mm

22

a) Wie und wodurch werden die Kräfte bei Passfederverbindungen ①, bei Keilverbindungen ② übertragen?
b) Nennen Sie Vor- und Nachteile der beiden Welle-Nabe-Verbindungen.

a) **Passfedern** übertragen Kräfte formschlüssig mit den Seitenflächen.
Keile übertragen Kräfte kraftschlüssig über Boden- und Deckflächen.

b) Vorteile (+) und Nachteile (−)

Passfederverbindung:
+ einfacher Zusammenbau
+ leicht lösbar
+ zentrischer Sitz der Nabe ist gewährleistet
− axiale Sicherung der Nabe notwendig
− empfindlich gegen wechselnde Belastung

Keilverbindung:
+ unempfindlich gegen wechselnde, stoßartige Belastung
+ sicherer Sitz der Nabe in axialer Richtung
− höherer Arbeitsaufwand beim Einpressen
− leichte Unwucht

23 Welche Vorteile haben Polygonwellen-Verbindung gegenüber Passfeder-Verbindungen?

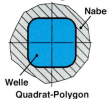

Quadrat-Polygon

Polygonwellen-Verbindungen haben gegenüber Passfeder-Verbindungen keine Kerbwirkungen, wodurch größere Drehmomente übertragen werden können. Zusätzlich gewährleisten sie eine sehr große Zentriergenauigkeit.

24

a) Welche Welle-Nabe-Verbindungen zeigen die Abbildungen?
b) Für welche Verbindungsaufgaben werden sie verwendet?
c) Welche Vorteile hat die Welle-Nabe-Verbindung nach Bild 2 gegenüber der von Bild 1?

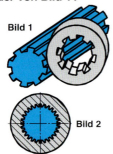

Bild 1

Bild 2

a) Durch Fügen von Keilwelle und Keilnabe (Bild 1) entsteht eine Keilwellen-Verbindung. Die Abbildung 2 zeigt eine Zahnwellen-Verbindung.
b) *Keilwellenverbindungen* und *Zahnwellenverbindungen* werden in hochbeanspruchten Schaltgetrieben im Werkzeugmaschinen- und Kraftfahrzeugbau an Stelle von Passfedern verwendet. Dort dienen sie als hochbeanspruchbare Mitnehmerverbindungen und ermöglichen bei geeigneten Passungen eine axiale Verschiebung der Teile gegeneinander.
c) Bei Zahnwellenverbindungen werden, durch die feinere Zahnung gegenüber dem Keilwellenprofil, Welle und Nabe weniger geschwächt. Deshalb können bei gleichem Durchmesser größere Drehmomente übertragen werden. Außerdem sind sie wegen der vielen Zähne besonders für stoßartige Belastungen geeignet.

25

Mit welcher Kraft muss der Nasenkeil eingetrieben werden, wenn die Spannkraft zwischen den Bauteilen 100 kN betragen soll?

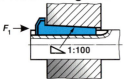

$$F_1 \cdot s_1 = F_2 \cdot s_2 \quad \text{Keil}$$

$$F_2 = \frac{F_1}{\tan \beta} \quad \triangleleft 1 : x = \tan \beta$$

$$F_1 = \frac{F_2 \cdot s_2}{s_1} = \frac{100 \text{ kN} \cdot 1}{100} = \mathbf{1 \text{ kN}}$$

oder

$$F_1 = F_2 \cdot \tan \beta$$

$$F_1 = 100 \text{ kN} \cdot 0{,}01 = \mathbf{1 \text{ kN}}$$

26 Ermitteln Sie die Normbezeichnung der in die Welle mit festem Sitz eingebauten Passfeder. Übernehmen Sie den Wellenzapfen, zeichnen Sie den Schnitt A-A und bemaßen Sie die Zeichnung normgerecht.

Passfeder DIN 6885 – A – 3 x 3 x 10

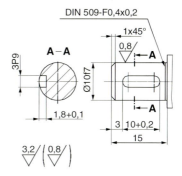

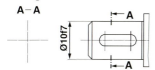

3.3 Federn

27 Welche Aufgaben übernehmen Federn in Maschinen?

- Stöße und Schwingungen auffangen
- Maschinenteile aneinanderpressen
- Spannenergie speichern
- Maschinenteile rückholen

28 Welche Federarten unterscheidet man nach der
a) Art der Beanspruchung
b) äußeren Form
c) Art des federnden Stoffes?

a) Druck-, Zug-, Biege- und Drehfedern
b) Spiral-, Schrauben-, Blatt-, Drehstab-, Teller- und Ringfedern
c) Stahl-, Gummi- und pneumatische Federn.

29 Warum wird für die Herstellung von Federn, z. B. Blatt- oder Tellerfedern, „Federstahl" verwendet?

Weil diese Qualitäts- und Edelstähle im gehärteten und angelassenen Zustand besonders gute elastische Eigenschaften haben.
Sie sind in der Regel mit mehr als 1 % Silizium oder Chrom oder mit beiden Elementen legiert. Zum Beispiel: 60SiCr7 oder 50CrV4.

3 Maschinenelemente und Maschinentechnik

30 Durch welche Maßnahme kann bei Tellerfedern der Federweg ohne Veränderung der Federkraft vergrößert werden?

Durch wechselsinnige Schichtung der Federn zu einer Tellerfedernsäule.

31 Welche Federn werden als „weiche" Federn bezeichnet?

Federn, bei denen der Federweg bei kleiner Kraftänderung groß ist, bezeichnet man als „weich".

32 An einem Hebel wirkt eine Feder mit linearem Kennlinienverlauf. Die Feder wird während des Haltens um 6 mm gedehnt. Berechnen Sie
a) Federrate R
b) Haltekraft F_H

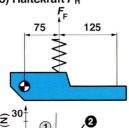

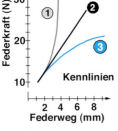

a) Ermittlung der Federkraft mit der linearen Federkennlinie ❷ aus dem Diagramm

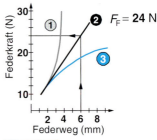

$F_F = 24$ N

$$F = R \cdot s$$

$$R = \frac{F}{s} = \frac{24 \text{ N}}{6 \text{ mm}} = 4 \ \frac{\text{N}}{\text{mm}}$$

b)
$$\sum M_R = \sum M_l$$
$$F_H \cdot l_H = F_F \cdot l_F$$

$$F_H = \frac{F_F \cdot l_F}{l_H} = \frac{24 \text{ N} \cdot 75 \text{ mm}}{200 \text{ mm}}$$

$$F_H = 9 \text{ N}$$

3.4 Achsen, Wellen, Lager und Dichtungen

33 Wodurch unterscheiden sich Wellen und Achsen?

Wellen übertragen Drehmomente. Sie sind umlaufend und tragen teilweise Bauteile. Sie werden meist schwellend, oft auch wechselnd auf Verdrehung (Torsion) oder auf Biegung und Verdrehung beansprucht.
Achsen tragen und stützen sich drehende Bauteile. Sie können umlaufend oder feststehend sein.
Umlaufende Achsen werden wechselnd, feststehende schwellend auf Biegung beansprucht, jedoch nie auf Verdrehung.

34 Berechnen Sie die Auflagerkräfte F_A und F_B, wenn die Kraft F_1 = 250 N und die Kraft F_2 = 130 N beträgt.

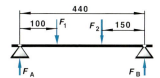

Drehpunkt in F_A gelegt:

$$\sum M_l = \sum M_R$$
$$F_B \cdot l_B = F_1 \cdot l_1 + F_2 \cdot l_2$$

$$F_B = \frac{F_1 \cdot l_1 + F_2 \cdot l_2}{l_B}$$

$$F_B = \frac{250\,\text{N} \cdot 100\,\text{mm} + 130\,\text{N} \cdot 290\,\text{mm}}{440\,\text{mm}}$$

$F_B =$ **142,5 N**

$$F_A + F_B = F_1 + F_2$$

$F_A = F_1 + F_2 - F_B$
$F_A = 250\,\text{N} + 130\,\text{N} - 142,5\,\text{N}$

$F_A =$ **237,5 N**

35 Nennen Sie einige Wellenarten und Wellenwerkstoffe.

- Gekröpfte Wellen
- Gelenkwellen
- Voll- und Hohlwellen
- Kurbelwellen

Wellen werden aus Grundstählen, z. B. E295 und aus Qualitätsstählen wie Einsatz- und Vergütungsstählen hergestellt.

36 Die Last mit der Masse m soll mit der skizzierten Seilwinde hochgezogen werden.

a) Geben Sie die Formel an, mit der die dafür benötigte Kraft F_1 an der Kurbel berechnet wird.

b) Wie groß muss der Trommeldurchmesser d (in mm) sein, wenn an der Kurbel ein Drehmoment von $M_1 = 98{,}1$ Nm wirkt und die Last eine Masse von $m = 50$ kg hat?

a) $F_1 = \dfrac{m \cdot g \cdot d}{l_1 \cdot 2}$

b) $F_G = m \cdot g = 50 \text{ kg} \cdot 9{,}81 \dfrac{\text{m}}{\text{s}^2}$

$F_G = 490{,}5$ N

$\sum M_G = \sum M_1$

$F_G \cdot \dfrac{d}{2} = M_1$

$d = \dfrac{2 \cdot M_1}{F_G} = \dfrac{2 \cdot 98\,100 \text{ N mm}}{490{,}5 \text{ N}}$

$d = \mathbf{400}$ mm

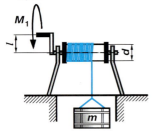

37

a) Ordnen Sie den Kräften F_1 und F_2 die wirksamen Hebelarme l_1 und l_2 zu.

b) Berechnen Sie die Kraft F_2.

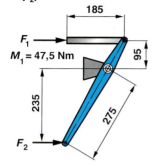

$M_1 = 47{,}5$ Nm

a) Die wirksame Hebellänge ist immer der senkrechte Abstand des Drehpunkts von der Wirklinie der zugehörigen Kraft.

⇨ $l_1 = 95$ mm
⇨ $l_2 = 235$ mm

b) Kraft F_2:

$$\sum M_l = \sum M_R$$
$$F_2 \cdot l_2 = F_1 \cdot l_1$$

$$F_2 = \frac{M_1}{l_2} = \frac{47\,500 \text{ Nmm}}{235 \text{ mm}}$$

$$F_2 = \mathbf{202{,}128 \text{ N}}$$

38 Welche Ursachen kann das „Heißlaufen" eines Lagers haben?

- Zu hoher Lagerdruck,
- zu hohe Gleitgeschwindigkeit des Zapfens,
- ungeeigneter Lagerwerkstoff,
- zu kleines Lagerspiel,
- ungeeignete Schmiermittel und -zuführung,
- nichtfluchtende Lager,
- Kantenpressung infolge zu starker Wellendurchbiegung,
- ungenügende Wärmeabfuhr.

Bei Nichtbeachtung der betriebsstörenden Ursachen kann es zum gefürchteten „Fressen" des Lagers kommen.

39 Welche Eigenschaften sollen Lagerwerkstoffe besitzen?

- Hohe Verschleißfestigkeit,
- gute Notlaufeigenschaften,
- gute Wärmeleitfähigkeit
- Aufnahmefähigkeit für Abrieb

40 Im hydrodynamisch geschmierten Gleitlager lassen sich drei Reibungszustände unterscheiden:
- Festkörperreibung
- Mischreibung
- Flüssigkeitsreibung

Beschreiben Sie, wodurch diese zustande kommen.

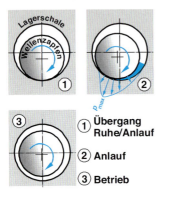

① Übergang Ruhe/Anlauf
② Anlauf
③ Betrieb

Festkörperreibung: Im Ruhezustand und beim Anlaufen liegt der Wellenzapfen noch direkt auf der Lagerschale. Durch die Oberflächenrauheit der Berührungsflächen ergibt sich kurzzeitig eine relativ große Reibung der beiden Festkörper, weil das Schmiermittel seine Wirkung noch nicht entfalten kann.

Mischreibung: Mit zunehmender Drehgeschwindigkeit nimmt der Wellenzapfen eine größere Menge des durch Adhäsion an ihm haftenden Schmiermittels mit und pumpt es in den keilförmigen Schmierspalt (Schmierkeil), den das Lagerspiel bildet. Dadurch entsteht im engen Schmierkeil ein Druckanstieg, der den Wellenzapfen etwas anhebt. In diesem Übergangsbereich findet Mischreibung, bestehend aus Festkörper- und Flüssigkeitsreibung statt.

Flüssigkeitsreibung: Mit zunehmender Drehzahl steigt der Flüssigkeitsdruck im Schmierkeil und der Wellenzapfen schwimmt auf dem Schmiermittel. Reibung tritt nur noch zwischen den einzelnen Flüssigkeitsteilchen auf, die an den Gleitflächen und in den Zwischenschichten unterschiedliche Geschwindigkeit haben.

41 An welchen Stellen im Gleitlager dürfen Ölnuten und Öltaschen *nicht* eingearbeitet sein? Begründung.

Ölnuten und Öltaschen dürfen nie im belasteten Lagerteil eingearbeitet sein, weil sie sonst den Druckaufbau stören ⇨ Druckabfall durch Spalterweiterung.

42 In welchem Fall wird eine hydrostatische Schmierung im Gleitlager verwendet und wie funktioniert ein hydrostatisches Gleitlager?

Hydrostatische Schmierung verwendet man, wenn im Lager auch bei sehr geringer Drehzahl keine Mischreibung auftreten soll.
Dazu drücken Ölpumpen das Schmieröl unter den Wellenzapfen, der schon bei Stillstand vom Flüssigkeitsdruck angehoben wird.

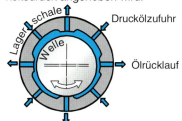

43 Ein Gleitlager mit der Länge l und dem Durchmesser d soll ein Bauverhältnis $l = 0{,}6 \cdot d$ erhalten. Die zulässige Flächenpressung für das Lagermaterial beträgt 25 N/mm². Berechnen Sie die Lagerlänge und den Lagerdurchmesser, wenn es eine Lagerkraft von 37,5 kN aufnehmen soll.

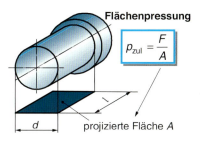

$$A = d \cdot l = d \cdot 0{,}6 \cdot d = 0{,}6\, d^2$$

$$A = \frac{F}{p_{zul}} = \frac{37\,500\ \text{N} \cdot \text{mm}^2}{25\ \text{N}}$$

$$A = 1500\ \text{mm}^2$$

$$d = \sqrt{\frac{A}{0{,}6}} = \sqrt{\frac{1500\ \text{mm}^2}{0{,}6}} = \mathbf{50}\ \text{mm}$$

$$l = 0{,}6 \cdot d = 0{,}6 \cdot 50\ \text{mm} = \mathbf{30}\ \text{mm}$$

3 Maschinenelemente und Maschinentechnik

44 Welche Vor- und Nachteile haben hydrostatische Gleitlager gegenüber Gleitlagern mit hydrodynamischer Schmierung?

Vorteile:
- Kein Verschleiß beim Anlauf
- Kleine Reibung und somit geringe Erwärmung
- Kein Stick-Slip (Ruckgleiten)
- Hohe Rundlaufgenauigkeit

Nachteile:
- Teuere, aufwändige Schmiereinrichtungen
- Betriebsicherheit des konstanten Schmierdrucks muss überwacht werden

45 Welche Vorteile und Nachteile haben Wälzlager gegenüber Gleitlagern?

Vorteile:
- Kleinere Reibung
- anspruchslose Wartung und Schmierung
- Lagerspiel einstellbar bis 0
- Rundlaufgenauigkeit
- hohe Belastbarkeit
- geringe Erwärmung
- hohe Tragfähigkeit bei kleinen Drehzahlen möglich
- keine Einlaufzeit.

Nachteile:
- Wälzlager laufen nicht so ruhig wie Gleitlager
- größerer Einbaudurchmesser
- empfindlich gegen Schmutz, Stoß und hohe Temperaturen
- Genauigkeit lässt nach, deshalb begrenzte Lebensdauer.
- Einbau ist nicht überall möglich, z. B. Kurbelwellenlagerung.

46 Welche Arten von Wälzlagern unterscheidet man nach den verwendeten Wälzkörperformen?

- *Kugellager*: Rillenkugellager, Pendelkugellager, Schrägkugellager, Schulterlager.
- *Rollenlager*: Zylinderrollenlager, Kegelrollenlager, Tonnenrollenlager, Nadellager.

3 Maschinenelemente und Maschinentechnik

47 Vergleichen Sie die Tragfähigkeit von Rollen- und Kugellagern.

Wegen der größeren Berührungsflächen ist die Tragfähigkeit der Rollenlager größer als die der Kugellager.

48 In welchem Fall werden Axiallager, in welchem Radiallager verwendet?

Axiallager werden verwendet, wenn die Lagerkräfte längs der Achse oder Welle wirken.
Radiallager werden verwendet, wenn die Lagerkräfte quer bzw. senkrecht zur Achse oder Welle wirken.

49 Welche Arbeitsregeln sind bei der Wälzlagermontage zu beachten?

- Größte Sauberkeit von Arbeitsplatz und Werkzeug, da Wälzlager sehr empfindlich gegen Verschmutzung sind.
- Wälzlager erst kurz vor dem Fügen auspacken.
- Richtige Reihenfolge beim Einbau beachten; stramm gepassten Ring zuerst fügen.
- Verkannten der Ringe beim Ansetzen und Fügen unbedingt vermeiden.
- Fügekraft am zu fügenden Ring ansetzen, nicht über die Wälzkörper leiten.
- Nicht mit dem Hammer auf die Ringe schlagen. Besser mit hydraulischen Pressen arbeiten.
- Nach dem Fügen Lagerlauf und Lagerluft prüfen.

50 Nennen Sie Ursachen, die zu vorzeitigen Schäden an Wälzlagern führen können.

- Gewalteinwirkung beim Einbau
- zu wenig Lagerspiel
- falsche oder unzureichende Schmierung
- Einwirkung von Staub, Sand, Metallspänen, Korrosion.

51 Zur leichteren Montage eines Rillenkugellagers DIN 625 – 6207 auf einen Wellenzapfen soll das Lager so erwärmt werden, dass es im Durchmesser um 0,03 mm größer wird. Berechnen Sie die erforderliche Temperaturerhöhung.

$a = 0{,}000\,016\ 1/°C$

Lager 62<u>07</u>
  mal 5 ⇨ Innen-Ø = 35 mm

$$\Delta l = a \cdot l_1 \cdot \Delta t$$

$$\Delta t = \frac{\Delta l}{l_1 \cdot a} = \frac{0{,}03\text{ mm}}{35\text{ mm} \cdot 0{,}000\,016}\ \frac{°C}{}$$

$\Delta t = 53{,}57\ °C \approx \mathbf{54\ °C}$

52 Die Ringe der Wälzlager sind während des Betriebes verschiedenen Belastungen ausgesetzt. Dabei wird unterschieden, ob die Wälzlagerringe mit Punkt- oder Umfangslast beansprucht werden. Welche Belastungsart liegt beim skizzierten Lager vor, wenn
a) der Außenring umläuft und der Innenring stillsteht
b) der Innenring umläuft und der Außenring stillsteht? Begründung.

Punktlast liegt dann vor, wenn der betrachtete Ring stillsteht.
Er ist dann an einem bestimmten Punkt seines Umfangs der Höchstbelastung ausgesetzt.

Umfangslast liegt dann vor, wenn der betrachtete Ring umläuft.
Er ist dann an seinem gesamten Umfang der Höchstbelastung ausgesetzt.

Daraus folgt:
a) der Außenring hat Umfangslast, der Innenring Punktlast
b) der Innenring hat Umfangslast, der Außenring Punktlast.

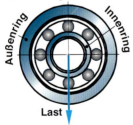

3 Maschinenelemente und Maschinentechnik

53 **Für die Lagerung von Wellen sind mindestens zwei Lager erforderlich. Sie werden nach ihrer Funktion in *Festlager* und *Loslager* unterschieden.
Erklären Sie die beiden Begriffe und beschreiben Sie deren Funktion.**

Als **Festlager** bezeichnet man das Lager, das die Welle axial nach beiden Richtungen fixiert. Außen- und Innenring sind gegen Verschieben gesichert. Das Festlager nimmt dabei Radial- und Axialkräfte auf.

Als **Loslager** bezeichnet man das Lager, das die axiale Wärmedehnung ausgleicht.

Dies kann auf zwei verschiedene Arten erreicht werden:

1. Durch entsprechende Gestaltung der Aufnahmefläche für das Wälzlager.
   Dazu muss der Außen- oder Innenring des Wälzlagers auf seiner Sitzfläche verschiebbar sein, was dadurch erreicht wird, dass einer der beiden Laufringe eine „lose Passung" und keine axiale Anlagefläche erhält.
2. Durch entsprechende Auswahl von Wälzlager, z. B. durch ein Zylinderrollenlager. Beide Ringe des Zylinderrollenlagers haben zwar je eine axiale Anlagefläche, aber der Innenring kann sich mit der Welle verschieben, sodass Wärmedehnungen direkt durch das Lager ausgeglichen werden.

Loslager fixieren Welle in axialer Richtung nicht, sondern nehmen nur Radialkräfte auf.

3 Maschinenelemente und Maschinentechnik

54 Die Belastungsverhältnisse der Lagerringe sind maßgeblich für die Auswahl der Passungen, mit denen die Lager auf der Welle und in der Gehäusebohrung gefügt werden. Welche Passung wird bei Umfangslast, welche bei Punktlast gewählt?

- Lagerringe mit Umfangslast müssen mit einer „festen Passung" eingebaut werden, z. B. j6, k6 oder m6 für Wellendurchmesser.
- Lagerringe mit Punktlast können mit einer „losen Passung" eingebaut werden, z. B. G7 oder H7 für Gehäusebohrung.

55 Warum wird der Lagerring mit Umfangslast eines Wälzlagers mit einer „festen Passung" (Übermaßpassung) gefügt?

Weil sonst der Ring in Laufrichtung „wandern" würde.
Die Folgen wären die Beschädigung von Laufring und Gegenstück, der sogenannte „Passungsrost".

56 Welche Besonderheiten weisen Nadellager auf?

Nadellager sind Rollenlager mit oder ohne Käfig und verhältnismäßig langen Rollen von kleinem Durchmesser (2,5...4 mm). Nadellager sind sehr tragfähig, für hohe Drehzahlen geeignet und besonders montagefreundlich. Sie haben ein kleines Lagerspiel, somit hohe Genauigkeit, kleine Baumaße und sind einfach zu warten.

57 Welche Aufgaben haben Lager- und Wellendichtungen?

Sie verhindern den Austritt von Schmierstoffen aus Lagern und Gehäusen und das Eindringen von Schmutz und Staub.

3 Maschinenelemente und Maschinentechnik

58 Worin unterscheiden sich statische und dynamische Dichtungen?

Statische Dichtungen dichten zwischen ruhenden Bauteilen, **dynamische Dichtungen** zwischen Bauteilen, die sich gegeneinander bewegen.

59 Geben Sie die Normbezeichnung für einen Radial-Wellendichtring an, der auf einer Welle Ø30 sitzt und eine Staublippe besitzt.

RWDR DIN 3760 – AS30 x 40 x 8 – NB

RWDR	Radial-Wellendichtring
AS	Form, hier mit Staublippe
30	Wellendurchmesser
40	Gehäusesitzdurchmesser, hier sind auch andere Durchmesser wählbar
8	Dichtringbreite
NB	Elastomeranteil aus Nitril-Butadien-Kautschuk

60 Nennen Sie Schmierverfahren, die bei Wälzlager verwendet werden.

- Ölschmierung als Tropf- und Spritzschmierung
- Tauchschmierung
- Umlauf- und Ölnebelschmierung, je nach Betriebsbedingungen
- Fettschmierungen
- Fettfüllung bei wartungsfreiem Lager, mit einer der Lebensdauer entsprechenden ausreichenden Füllung.

3 Maschinenelemente und Maschinentechnik

61 Antriebseinheit analysieren

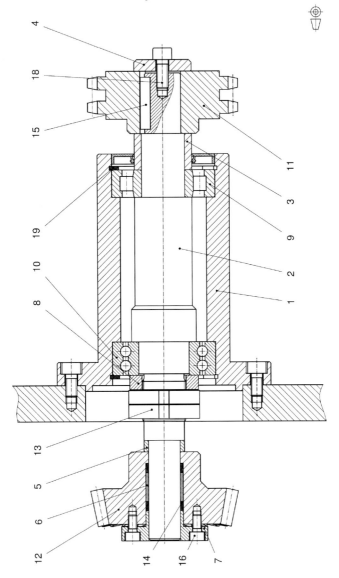

3 Maschinenelemente und Maschinentechnik

1	2	3	4	5	6
Pos.	Menge	Einheit	Benennung	Sachnummer / Norm-Kurzbezeichnung	Bemerkung
1	1	1	Flansch		
2	1	1	Welle		
3	1	1	Hülse		
4	1	1	Spannscheibe		
5	1	1	Abstimmscheibe		
6	1	1	Hülse für Spannelemente		
7	1	1	Druckflansch		
8	1	1	Ring		
9	1	1	Zylinderrollenlager	DIN 5412 T1 - NU306	30 x 72 x 19
10	1	1	Rillenkugellager	DIN 625 T3 – 4207, zweireihig	35 x 72 x 23
11	1	1	Kettenrad	DIN 8187 10B	$Z = 20$
12	1	1	Kegelrad	DIN 3971, geradverzahnt	$Z_1 = 24$ $m = 4$ mm
13	2	1	Nutmutter	DIN 1804 - M30x1,5	
14	2	1	Spannelement	22 x 26	Fa. Ringfeder
15	1	1	Passfeder	DIN 6885 - A	8 x 7 x 36
16	6	1	Zylinderschraube	ISO 4762 - M6 x 12	8.8
17	1	1	Zylinderschraube	ISO 4762 – M8 x 16	8.8
18	1	1	Zylinderschraube	ISO 4762 – M8 x 20	8.8
19	2	1	Sicherungsring	DIN 472	72 x 2,5
20	1	1	Wellendichtring	DIN 3760-AS NBR	40 x 72 x 8

Stückliste der Antriebseinheit

3 Maschinenelemente und Maschinentechnik

61.1 Weshalb entstehen bei dieser Baugruppenanordnung axiale Kräfte und welches Lager kann diese aufnehmen?
Begründen Sie ihre Aussage.

Durch den Kegelradtrieb entstehen nicht nur radiale sondern auch axiale Lagerbelastungen.
Die axialen Belastungen können nur von dem zweireihigen Rillenkugellager (Pos. 10) aufgenommen werden. Das Zylinderrollenlager (Pos. 9) kann keine Axialkräfte aufnehmen.

61.2 Erklären Sie anhand der Lagerung der Antriebswelle (Pos. 2) die Begriffe Los- und Festlager.

Das zweireihige Rillenkugellager (Pos. 10) kann konstruktiv bedingt axiale Kräfte aufnehmen. Da sowohl der Außenring als auch der Innenring axial fixiert sind, übernimmt dieses Lager die Aufgabe des Festlagers.
Beim Zylinderrollenlager (Pos. 9) sind ebenfalls sowohl der Außenring als auch der Innenring axial fixiert, die Rolle kann sich aber auf der Lauffläche axial bewegen.
Daher übernimmt dieses Lager die Aufgabe des Loslagers.

61.3 Erklären Sie anhand des Lagers (Pos. 9) das Auftreten von Punkt- und Umfangslast am Innen- und Außenring des Lagers.
Legen Sie für die beiden Lastfälle geeignete Passungen, bei einer mittleren Belastung, für die Welle und das Gehäuse fest.

Da sich die Welle dreht, rotiert auch der Innenring des Lagers (Pos. 9) mit. Der Innenring hat somit Umfangslast und benötigt einen festen Sitz auf der Welle.
Gewählte Wellenpassung: k6.
Der Außenring des Lagers (Pos. 9) steht im Flansch (Pos. 1) still, daher hat er Punktlast und damit einen losen Sitz im Flansch (Gehäuse).
Gewählte Passung der Gehäusebohrung: H7.

3 Maschinenelemente und Maschinentechnik

61.4 Welche Eigenschaften muss die Lauffläche für den Radialwellendichtring auf der Hülse Pos. 3 aufweisen? Definieren Sie daraus die erforderlichen Zeichnungsangaben.

- Oberfläche R_z 1 bis R_z 5, drallfrei geschliffen
- Montagefase 15° bis 30°, um die Dichtlippe nicht zu beschädigen
- Wellenpassung mindestens h11
- Gehäusebohrung H8
- zum Teil werden die Dichtflächen oberflächengehärtet

61.5 Welche Vorteile hat die Ringfederspannelementverbindung des Kegelrades gegenüber einer Passfederverbindung zwischen Welle und Kegelrad?

- Höhere Festigkeit der Welle, da die Welle nicht durch eine Passfedernut geschwächt wird
- Bessere Verstellbarkeit und Montage
- Höheres übertragbares Drehmoment
- In jede Position verdrehbar

61.6 Welche Aufgabe hat die Abstimmscheibe (Pos. 5)?

Mit der Abstimmscheibe erfolgt eine axiale Verschiebung des Ritzels, die zur Einstellung eines optimalen Tragbildes des Kegelradgetriebes erforderlich ist.
Durch Materialabtrag an der Abstimmscheibe kann diese Einstellung erreicht werden.

62 Die Ritzelwelle Pos. 2 des Getriebes soll gefertigt werden. Dazu ist eine Teilzeichnung des linken Lagerzapfes zu erstellen.

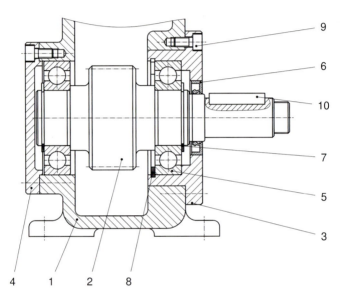

1	2	3	4	5	6
Pos.	Menge	Einheit	Benennung	Sachnummer / Norm-Kurzbezeichnung	Bemerkung
1	1	1	Getriebegehäuse	EN-GJL-150	
2	1	1	Ritzelwelle	$m = 2$ mm, $z = 31$	
3	1	1	Deckel		
4	1	1	Deckel		
5	2	1	Rillenkugellager	DIN 625 - 6207	
6	1	1	Wellendichtring	DIN 3760-AS NBR	30 x 47 x 8
7	2	1	Sicherungsring	DIN 471	35 x 1,5
8	1	1	Sicherungsring	DIN 472	72 x 2,5
9	6	1	Zylinderschraube	ISO 4762-M6 x 12	8.8
10	1	1	Passfeder	DIN 6885-A	8 x 7 x 36

Baugruppe analysieren

62.1 Welches Lager ist das Loslager? Begründen Sie Ihre Aussage.

Das linke Rillenkugellager ist das Loslager.
Das Loslager muss Wärmedehnungen der Welle ausgleichen können. Beim linken Rillenkugellager Pos. 5 erfolgt dies über den beweglichen Lageraußenring.

62.2 Welcher Lastfall liegt am Lagerinnenring vor?

Es liegen folgende Betriebsbedingungen vor: umlaufender Innenring und stillstehender Außenring.
⇨ Der Innenring hat Umfangslast, da er sich mit der Welle dreht.

62.3 Welche Passung wählen Sie zwischen dem Lagerinnenring und der Welle Pos. 2, wenn eine mittlere Lagerbelastung vorliegt? Begründen Sie die Auswahl.

Eine feste Passung.
Begründung:
Bei Umfangslast „wandert" der Ring, wenn er mit loser Passung auf der Welle sitzt. Dadurch entstehen Schäden, wie Passungsrost am Lager und an der Welle. Dieses „Wandern" wird durch eine ausreichend feste Passung verhindert.

62.4 Welches Maschinenelement zeigt die Abbildung und wozu dient es?

Die Abbildung zeigt den Sicherungsring Pos. 7 für Wellen nach DIN 471. Der Sicherungsring ist ein Haltering, der ein axiales Verschieben des Wälzlagers Pos. 5 verhindert.

62.5 Der Sicherungsring Pos. 7 sitzt in der Ringnut der Welle Pos. 2. Welche Aufgabe hat die Ringnut?

Die Aufgabe der Ringnut ist es, die vom Lager auf den Sicherungsring übertragenen Kräfte aufzunehmen.

62.6 Am rechten und linken Wellenabsatz sind in der Gesamtzeichnung Freistiche nach DIN 509 angebracht.
Wozu dienen Freistiche?

- Die Freistiche gewährleisten ein maß- und passgenaues Anliegen des Wälzlagers an der Planfläche des Bundes.
- Freistiche verringern die Kerbwirkung, die an den scharfkantigen Übergängen auftreten würde.
- Wird der Durchmesser des Wellenabsatzes nach dem Härten oder Vergüten auf das Fertigmaß geschliffen, bewirken Freistiche, dass die Schleifscheibe am zu schleifenden Wellenabsatz frei auslaufen kann.

Zeichnung planen

62.7 Ermitteln Sie die Abmaße des Rillenkugellagers Pos. 5.

Rillenkugellager DIN 625 – 6207:
- Innendurchmesser d = 35 mm
- Außendurchmesser D = 72 mm
- Lagerbreite B = 17 mm

62.8 Wählen Sie das Grundabmaß der Welle am Lagersitz.

Feste Passung
⇨ Übergangspassung; mögliche Grundabmaße der Welle: j, k oder m.
⇨ gewählt: j6 (∅ 35 j6)

62.9 Ermitteln Sie die Normbezeichnungen der an der Ritzwelle einzutragenden Freistiche, wenn zwei Flächen bearbeitet werden.

Wellendurchmesser 35 mm
⇨ Freistich DIN 509 – F 0,8 x 0,3
oder
⇨ Freistich DIN 509 – F 0,6 x 0,3

62.10 Ermitteln Sie die Abmaße der Ringnut.

- Wellendurchmesser d_1: 35 mm
- Nutdurchmesser d_2: 33h12 mm
- Nutbreite m: 1,6H13 mm
- Bundbreite n_{min}: 3 mm

3 Maschinenelemente und Maschinentechnik

62.11 Welchen Vorteil für die Fertigung der Nut des Sicherungsrings Pos. 7 hat eine Bemaßung des Wellenzapfens nach ①?

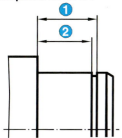

Bei der Fertigung der Nut nach der Bemaßung ① ist der sichere Sitz des Lagerinnenringes gewährleistet.
Bei der vorliegenden Kraftübertragung kann die Nut nach der entlasteten Seite (nach links) verbreitert werden.
Breite Nuten sind wesentlich leichter einzustechen als enge.
Wird die Nut nach der Bemaßung ② gefertigt, führt eine verbreiterte Nut zum Verlust einer axialen Lagerinnenringsicherung.

62.12 Aus Platzgründen soll der linke Lagerzapfen so kurz wie möglich sein. Berechnen Sie die Lagerzapfenlänge, wenn der Lagerzapfen eine Fase von 2x45° erhält.

Das Längenmaß des Lagezapfen setzt sich zusammen aus:
- Lagerbreite B = 17 mm
- Sicherungsringbreite s = 1,5 mm
- Minimale Bundbreite n = 3 mm
- Fase 2 mm
⇨ L = 23,5 mm.

62.13 Welche Angaben sind am Wellenende einzutragen, wenn eine Zentrierbohrung erforderlich ist? Die Laufflächen der Zentrierbohrung sollen gerade sein, mit einer kegelförmigen Schutzsenkung (d_1 = 4 mm).

Zeichnungsangabe:
⇨ < ISO 6411 – B4/8,5
Form und Maße der Zentrierbohrung nach DIN 332

Zeichnung erstellen

62.14 Zeichnen Sie mit Hilfe der in der Planung ermittelten Informationen den linken Lagerzapfen im Maßstab 1:1. Der dem Lagerzapfen folgende Wellendurchmesser beträgt 45 mm.

Lösung der Aufgabe 62.14

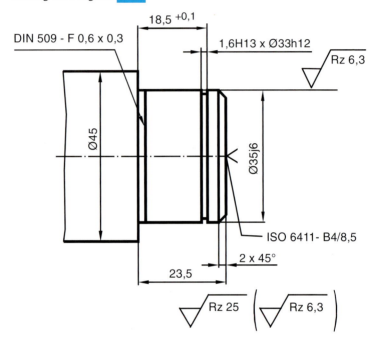

Optimieren

62.15 **Welchen Vorteil hätte der Einbau einer Stützscheibe vor dem Sicherungsring Pos. 7?**

Die Stützscheibe vergrößert die Anlagefläche zwischen dem Sicherungsring Pos. 7 und dem Lagerinnenring. Bei größeren Axialkräften könnten sie ein Umstülpen des Sicherungsringes verhindern.

62.16 **Welchen Vorteil hätte der Einbau von Passscheiben vor dem Sicherungsring Pos. 7?**

Durch den Einbau von Passscheiben kann eine genaue Lagebestimmung der Wälzlager in axialer Richtung erfolgen.

3.5 Kupplungen

63 Was versteht man unter Kupplungen?

Kupplungen sind Funktionseineinheiten, die Drehmomente von einer Welle auf die andere übertragen.

64 Welche Aufgaben erfüllen folgende Kupplungen?
a) Schaltkupplung im Auto
b) Rutschkupplung an Bohrmaschinen
c) Freilauf beim Fahrrad
d) Gelenkkupplungen an Kardanwellen
e) elastische Kupplungen bei Förderanlagen

a) Zeitweilige Trennung vom laufenden Antriebselement Getriebe
b) Schutz vor Überlastung
c) Trennen oder Zuschalten von Antrieb und Getriebe bei bestimmten Drehzahlen
d) Ausgleich von Querverlagerungen und Beugungswinkeln von Wellen
e) Dämpfung von Stößen

65 Nennen Sie Beispiele für nicht ausrückbare (nicht trennende) Kupplungen.

- *Starre Kupplungen* zwischen fluchtenden Wellen z. B. Scheibenkupplung, Wellenkupplung mit Kegelhülse.
- *Drehstarre Kupplungen* übertragen Drehbewegungen und gleichen Wellenversatz aus z. B. Bogenzahnkupplung, Gelenkkupplung.
- *Elastische Kupplungen* dämpfen Stöße und Schwingungen und gleichen radialen und axialen Wellenversatz aus z. B. Gummihülsenkupplung, Gummiwulstkupplung, Metallfederkupplung.

66 Nennen Sie Beispiele für ausrückbare (schaltbare) Kupplungen.

- *Formschlüssige Schaltkupplungen*, z. B. Klauenkupplung, Zahnkupplung
- *Kraftschlüssige Schaltkupplungen*, z. B. Einscheiben-, Mehrscheiben-, Lamellen- und Kegelkupplungen.

3.6 Riementrieb

67 Nennen Sie Beispiele für selbsttätige Kupplungen.

- *Sicherheitskupplungen*, z. B. Abscherstift, Brechbolzenkupplung, Rutschkupplung,
- *Anlaufkupplungen*, z. B. Fliehkraftkupplung,
- *Freilaufkupplungen*, z. B. Fahrradfreilaufnabe.

68 Benennen Sie die Teile des abgebildeten Riemengetriebes.

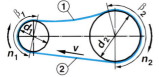

① = Leertrum
② = Arbeitstrum, Lasttrum, Zugtrum
n = Drehzahl
d = Scheibendurchmesser
β = Umschlingungswinkel

Index 1 steht für treibend
Index 2 steht für getrieben

69 Worin unterscheidet sich die Drehmomentübertragung kraftschlüssiger Riementriebe von formschlüssigen?

Kraftschlüssige Riementriebe übertragen das Drehmoment durch Reibung zwischen Treibriemen und Riemenscheibe.
Formschlüssige Riementriebe übertragen das Drehmoment durch das ineinander Greifen von Zahnriemen und Zahnriemenscheibe.

70 Warum überträgt ein Keilriemen höhere Kräfte als ein Flachriemen?

Weil Keilriemen im Gegensatz zu Flachriemen nicht die Umfangskraft durch Reibung auf der Innenseite des Riemens übertragen, sondern durch die Reibkräfte als Folge der hohen Anpresskräfte an den schrägen Flanken des Keilriemens.

3 Maschinenelemente und Maschinentechnik

71 Welche Aufgabe erfüllen Spannrollen und an welcher Stelle im Riementrieb werden sie deshalb montiert?

Spannrollen vergrößern den Umschlingungswinkel, damit die Fläche mit der der Riemen auf der Scheibe aufliegt und somit das übertragbare Drehmoment.
Da der Umschlingungswinkel an der kleinen Scheibe kleiner als an der großen ist, wird die Spannrolle in der Nähe der kleinen Scheibe auf die unbelastete Riemenseite gesetzt.

72 Ein Keilriementrieb hat 1,2 % Schlupf.
a) Wodurch entsteht dieser Schlupf?
b) Welche Folgen hat es, wenn die verlangte Rauheit, z. B. R_z 16, bei den Rillen nicht eingehalten wird?

a) Durch das dauernde Dehnen des Riemens im Arbeitstrum und das Zusammenschieben im Leertrum.
b) Wäre die Riemenscheibenoberfläche rauer, so würde sie den Riemen wie eine Feile bearbeiten und zerstören.

73 Was wird beim Riementrieb als Übersetzungsverhältnis *i* bezeichnet und wie wird es berechnet?

Das Verhältnis der Drehzahlen n_1/n_2 in Richtung des Kraftflusses bezeichnet man als Übersetzungsverhältnis.
Das Übersetzungsverhältnis kann beim Riementrieb auch aus den Durchmessern der Scheiben d_2/d_1 berechnet werden.

$$i = \frac{n_1}{n_2} = \frac{d_2}{d_1}$$

74 Welche Maßnahme ist zu ergreifen, wenn bei einem Keilriementrieb mit mehreren parallelen Riemen ein Keilriemen gerissen ist?

Es müssen dann alle Keilriemen satzweise erneuert werden.

75

Wie werden folgende Übersetzungsverhältnissen bezeichnet:

a) $i = \dfrac{3}{15} = 1 : 5 = 0{,}2$

b) $i = \dfrac{12}{3} = 4 : 1 = 4$

c) $i = \dfrac{12}{12} = 1 : 1 = 1$

Es liegen folgende Übersetzungsverhältnisse vor:
a) ins Schnelle, da $i < 1$
b) ins Langsame, da $i > 1$
c) keine Drehzahländerung, da $i = 1$

76

In einem Riementrieb, $d_1 = 180$ mm und $d_2 = 400$ mm, läuft der Motor mit $n_1 = 2500$ min⁻¹. Berechnen Sie
a) Riemengeschwindigkeit v (in m/s),
b) Drehzahl n_2
c) Übersetzungsverhältnis i.

a) $v = \pi \cdot n_1 \cdot d_1$

$ = \pi \cdot 2500 \,\dfrac{1}{\text{min}} \cdot 180\,\text{mm}$

$ = \pi \cdot 41{,}67 \,\dfrac{1}{\text{s}} \cdot 0{,}180\,\text{m}$

$ = \mathbf{23{,}565} \,\dfrac{\text{m}}{\text{s}}$

b) $\dfrac{n_1}{n_2} = \dfrac{d_2}{d_1} \;\Rightarrow\; n_2 = n_1 \cdot \dfrac{d_1}{d_2}$

$n_2 = 2500 \,\dfrac{1}{\text{min}} \cdot \dfrac{180\,\text{mm}}{400\,\text{mm}}$

$ = \mathbf{1125} \,\dfrac{1}{\text{min}}$

c) $i = \dfrac{d_2}{d_1} = \dfrac{400}{180} = \mathbf{2{,}2}$

77

Warum ist die Lauffläche einer Flachriemenscheibe immer ballig?

Durch die Laufflächenwölbung wird gewährleistet, dass der Riemen immer auf der Mitte der Scheibe läuft.

3.7 Zahnräder, Zahnradgetriebe

78 Bezeichnen Sie das abgebildete Zahnrad und geben Sie die Formeln zur Berechnung der Durchmesser ③, ④ und ⑤ an.

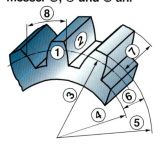

① Zahnprofil
② Zahnflanke
③ Teilkreis

$$d = m \cdot z = \frac{z \cdot p}{\pi} = d_a - 2 \cdot m$$

④ Fußkreis

$$d_f = d - 2 \cdot (m + c)$$

⑤ Kopfkreis

$$d_a = d + 2 \cdot m = m \cdot (z + 2)$$

⑥ Zahnhöhe
⑦ Zahnbreite
⑧ Teilung

79
a) Erklären Sie den Begriff Modul.
b) Wie lässt sich der Modul berechnen?

a) Der Modul m ist eine Verzahnungskonstante, die eingeführt wurde, um bei unterschiedlichen Zahnrädern eine gleiche Teilung zu erhalten.
b) Formeln:

$$m = \frac{\text{Teilkreisdurchmesser}}{\text{Zähnezahl}} = \frac{d}{z}$$
$$m = \frac{\text{Teilung}}{\pi} = \frac{p}{\pi}$$

80 Wie heißt der Abstand von Zahnmitte zu Zahnmitte bei Zahnrädern?

Der Abstand von Zahnmitte zu Zahnmitte wird Teilung p genannt und ist ein Teil oder ein Vielfaches von π.

81 Wie groß ist das Kopfspiel c?

Das Kopfspiel c beträgt zwischen 0,1 mal Modul m bis 0,3 mal Modul m. Häufig ist $c = 0{,}167$ mal m.

82 Welchen Einfluss hat im Zahntrieb ein Zwischenrad auf das Übersetzungsverhältnis?

Ein Zwischenrad ändert nur die Drehrichtung, nicht das Übersetzungsverhältnis.

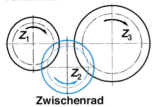

Zwischenrad

$$i = i_1 \cdot i_2$$

$i_1 = \dfrac{z_2}{z_1}$ und $i_2 = \dfrac{z_3}{z_2}$

$i = \dfrac{z_2}{z_1} \cdot \dfrac{z_3}{z_2} = \dfrac{z_3}{z_1}$

83 Von einem 3-stufigen Getriebe sind bekannt:
- Einzelübersetzungen $i_1 = 5{,}12$ und $i_3 = 4{,}42$
- Gesamtübersetzung $i_{ges} = 134{,}42$
- Zähnezahl $z_4 = 95$
- Abtriebsdrehzahl $n_e = 10{,}79$ min^{-1}
- Antriebsdrehmoment $M_1 = 3{,}5$ Nm

Berechnen Sie
a) Zähnezahl z_3
b) Antriebsdrehzahl n_a
c) Abtriebsdrehmoment M_2
d) Modul, bei einem Achsabstand $a = 166{,}5$ mm zwischen z_3 und z_4.

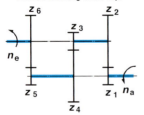

a) $$i_{ges} = i_1 \cdot i_2 \cdot i_3$$

$i_2 = \dfrac{i_{ges}}{i_1 \cdot i_3} = \dfrac{134{,}42}{5{,}12 \cdot 4{,}42} = 5{,}94$

$i_2 = \dfrac{z_4}{z_3}$

$z_3 = \dfrac{z_4}{i_2} = \dfrac{95}{5{,}94} = \mathbf{16}$

b) $$i_{ges} = \dfrac{n_a}{n_e}$$

$n_a = i_{ges} \cdot n_e = 134{,}42 \cdot 10{,}79$ min^{-1}

$n_a = \mathbf{1450{,}4}$ min^{-1}

c) $$M_2 = i_{ges} \cdot M_1$$

$M_2 = 134{,}42 \cdot 3{,}5$ Nm

$M_2 = \mathbf{470{,}47}$ Nm

d) $$a = \dfrac{m \cdot (z_3 + z_4)}{2}$$

$m = \dfrac{2 \cdot a}{z_3 + z_4} = \dfrac{2 \cdot 166{,}5 \text{ mm}}{16 + 95}$

$m = \mathbf{3}$

3 Maschinenelemente und Maschinentechnik

84 Zahnradgetriebearten werden je nach Lage der Wellen unterschieden. Nennen Sie diese unter Angabe der jeweiligen Wellenlage.

- Stirnradgetriebe: Wellen liegen parallel zu einander
- Kegelradgetriebe: Wellenachsen liegen in einer Ebene und schneiden sich
- Schneckengetriebe: Wellen kreuzen sich; zur Erreichung eines großen Drehzahlunterschiedes der treibenden und getriebenen Welle
- Schraubenräder: Wellen kreuzen sich; zur Übertragung hoher Geschwindigkeiten

85 Eine Kegelritzelwelle mit 28 Zähnen treibt ein Kegelrad mit 50 Zähnen und einem Teilkreisdurchmesser von 100 mm an. Berechnen Sie
a) Übersetzungsverhältnis
b) Kegelradwelledrehzahl, wenn die Kegelritzelwellendrehzahl 120 min⁻¹ beträgt
c) Modul der Zahnräder
d) Frästiefe (Zahnhöhe), bei einem Kopfspiel von $c = 0{,}167 \cdot m$

a) $i = \dfrac{z_2}{z_1} = \dfrac{50}{28} = \mathbf{1{,}786}$

b) $n_1 \cdot z_1 = n_2 \cdot z_2$

$n_2 = \dfrac{n_1 \cdot z_1}{z_2} = \dfrac{120 \cdot 28}{\min \cdot 50} = \mathbf{67{,}2}\ \dfrac{1}{\min}$

c) $m = \dfrac{d}{z} = \dfrac{100\ \text{mm}}{50} = \mathbf{2}\ \text{mm}$

d) $h = 2 \cdot m + c$

$h = 2 \cdot 2\ \text{mm} + 0{,}167 \cdot 2\ \text{mm}$

$h = \mathbf{4{,}33}\ \text{mm}$

86 In welchem Fall werden Schneckengetriebe verwendet?

Schneckengetriebe werden dort verwendet wo sich zwei Wellen unter einem Winkel von 90° kreuzen und wo große Übersetzungsverhältnisse verlangt werden.
Sie sind selbsthemmend und werden ein- oder mehrgängig gebaut.

87 Worüber gibt die „Schneckenganganzahl" Auskunft?

Die Anzahl der Schneckengänge gibt die Zähnezahl der Schnecke an.
So dreht sich bei einer eingängigen Schnecke das Schneckenrad um einen Zahn weiter.

88 Welche Vorteile und welchen Nachteil haben Stirnräder mit Schrägverzahnung gegenüber geradverzahnten Zahnrädern?

Vorteile:
- Immer mehrere Zähne im Eingriff,
- laufen ruhiger, weil der Zahneingriff allmählich vor sich geht,
- größere Drehmomente können übertragen werden.

Nachteil:
- Durch die Schrägstellung der Zähne tritt eine Axialkraft auf, die vom Getriebelager aufgenommen werden muss.

Die Axialkraft wird aufgehoben durch doppelte (entgegengesetzte) Schrägverzahnung (Pfeilverzahnung).

89 Von einer innenverzahnten Zahnradpumpe sind der Modul $m = 4$ mm und der Kopfkreisdurchmesser des Antriebritzels $d_a = 60$ mm bekannt. Berechnen Sie
a) Zähnezahl des Ritzels
b) Teilkreisdurchmesser d des Ritzels,
c) Achsabstand, wenn der Innenzahnkranz $z_2 = 24$ Zähne hat.

a) $\boxed{d_a = m \cdot (z + 2)}$

$z = \dfrac{d_a}{m} - 2 = \dfrac{60 \text{ mm}}{4 \text{ mm}} - 2$

$z = \mathbf{13}$

b) $\boxed{d = m \cdot z}$

$d = 4 \text{ mm} \cdot 13$

$d = \mathbf{52}$ mm

c) $\boxed{a = \dfrac{m \cdot (z_2 - z_1)}{2}}$

$a = \dfrac{4 \text{ mm} \cdot (24 - 13)}{2} = \mathbf{22}$ mm

90 Welche Kurven verwendet man für die Krümmung der Zahnflanken?

- Evolvente (Fadenlinie), üblich im allgemeinen Maschinenbau.
- Zykloide (Rollkurve): nur für besondere Zwecke z. B. in der Uhrenindustrie.

91 Welche Voraussetzungen müssen Zahnräder, die ineinander greifen sollen, erfüllen?

Zahnräder, die ineinander greifen sollen, müssen den gleichen Modul und Eingriffswinkel haben.

92 Gegeben ist der vereinfachte Antrieb einer Drehmaschine durch Riementrieb und Zahnradübersetzung.

An der Arbeitsspindel soll ein Rundstahl $d = 40$ mm mit einer Schnittgeschwindigkeit $v_c = 120$ m/min bearbeitet werden.
Berechnen Sie:
a) Drehzahl n_4
b) Zähnezahl z_4
c) Teilkreisdurchmesser d_3
d) Übersetzung des Riementriebes i.

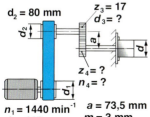

$n_1 = 1440$ min^{-1}
$d_1 = 100$ mm
$a = 73{,}5$ mm
$m = 3$ mm

a) $v_c = \pi \cdot n \cdot d$

$n = \dfrac{v_c}{\pi \cdot d} = \dfrac{120 \text{ m}}{\pi \cdot 0{,}04 \text{ m} \cdot \text{min}}$

$n = 954{,}9$ min^{-1}

$n_4 \approx \mathbf{955}$ min^{-1}

b) $a = \dfrac{m \cdot (z_3 + z_4)}{2}$

$z_4 = \dfrac{2 \cdot a}{m} - z_3 = \dfrac{2 \cdot 73{,}5 \text{ mm}}{3 \text{ mm}} - 17$

$z_4 = \mathbf{32}$

c) $d_3 = m \cdot z_3$

$d_3 = 3 \text{ mm} \cdot 17 = \mathbf{51}$ mm

d) $i = \dfrac{d_2}{d_1}$

$i = \dfrac{80}{100} = \mathbf{0{,}8}$

3.8 Vorrichtungen

93 Welche Zwecke verfolgt man mit dem Einsatz von Vorrichtungen?

- Werkstückspannung
- Werkzeugführung
- Verkürzung der Nebenzeit
- Verbesserung der Wiederholgenauigkeit der Aufspannung (höhere Reproduzierbarkeit).

94 Aus welchen Bauteilen bzw. Baugruppen besteht eine Vorrichtung mindestens?

- Lagebestimmelemente
- Spannelemente
- Bedienelemente
- Vorrichtungskörper.

95 Nennen Sie 2 Arten von Vorrichtungsbaukastensysteme, die in der Fertigungstechnik verwendet werden und erläutern Sie ihren Aufbau.

Nutsystem:
Längs-T-Nuten, Quer-T-Nuten, Nutensteine
Bohrungssystem:
Passbohrungen und Gewindebohrungen, Passbohrungen in Gewindebohrungen, Passstifte, Schrauben

96 Erläutern Sie, warum beim Spannen von Werkstücken auf unbearbeiteten Flächen Dreipunkt- und Pendelauflagen vorteilhaft sind.

Unbearbeitete Flächen sind meist uneben, was zu Verformung der Werkstücke beim Spannen führen kann. Die Verwendung von Dreipunkt- und Pendelauflagen passen sich an bzw. ermöglichen durch statisch bestimmte Auflage ein sicheres, verformungsfreies Spannen.

97 Nennen Sie geeignete Spannmöglichkeiten, wenn ein quaderförmiges Werkstück aus Stahl in einer Aufspannung an fünf Seiten bearbeitet werden muss.

- Werkstückunterseite mit entsprechender Vorrichtung verschrauben
- Magnetspannplatte

4 Instandhaltung

4.1	Instandhaltungsmaßnahmen, Abnutzungsvorrat	186
4.2	Schmierstoffe	190
4.3	Reibung	198
4.4	Korrosion und Oberflächenschutz	200

4 Instandhaltung

4.1 Instandhaltungsmaßnahmen, Abnutzungsvorrat

1 **Welche Maßnahmen beinhaltet die Instandhaltung?**

Die Instandhaltung beinhaltet alle technischen und administrativen Maßnahmen, sowie Maßnahmen des Managements über den gesamten Lebenszyklus einer Maschine, Anlage bzw. Ausrüstung zur Erhaltung oder Wiederherstellung des funktionsfähigen Zustandes.

2 **Die DIN 31051 unterteilt die Instandhaltung in vier Grundmaßnahmen. Nennen Sie diese.**

- Wartung
- Inspektion
- Instandsetzung
- Verbesserung

3 **Erläutern Sie den Begriff „Abnutzung".**

Unter Abnutzung versteht man den Abbau des Abnutzungsvorrates, hervorgerufen durch chemische und/oder physikalische Vorgänge wie Reibung, Korrosion, Ermüdung, Alterung, Kavitation usw.

4 **Erläutern Sie den Begriff „Abnutzungsvorrat".**

Der Abnutzungsvorrat ist die von einem Gerät (Baugruppe, Anlage) zugelasse Abnutzung bis die Grenze der Funktionsfähigkeit erreicht ist. Der Abnutzungsvorrat ist zu Beginn der Benutzung am größten und nimmt dann mit fortschreitendem Einsatz immer mehr ab.

4 Instandhaltung

Die Abbildung zeigt den Abnutzungsvorrat eines Gerätes (Baugruppe, Anlage), der im Zeitablauf s-förmig abnimmt.

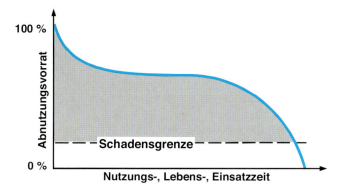

5 Woraus ergibt sich die s-förmige Kurve des Abnutzungsvorrates?

Die s-förmige Kurve des Abnutzungsvorrates ergibt sich daraus, dass der Verschleiß in der Einlaufphase einer Anlage zunächst besonders hoch ist, dann für eine gewisse Zeit relativ stabil bleibt und schließlich bis zur Erreichung der Schadensgrenze wieder stark abnimmt.

6 Erläutern Sie den Begriff „Wartung" und nennen Sie einige Einzelmaßnahmen der Wartung.

Unter Wartung versteht man Maßnahmen zur Verzögerung des Abbaus des vorhandenen Abnutzungsvorrats.
Einzelmaßnahmen sind z. B.:
- *Schmieren* von Lager, Führungen
- *Ergänzen* von Kühlmitteln, Fetten, Ölen
- *Austauschen* von Verschleißteilen, wie Filtern, Dichtungen
- *Reinigen* von Kontaktstellen, Sichtfenstern
- *Nachstellen* von Messeinrichtungen, z. B. Messzeiger, Anschläge

4 Instandhaltung

7 Nennen Sie Regeln, die bei der Schmierung und Wartung einer Werkzeugmaschine zu beachten sind.

- Nur zugelassene Schmierstoffe verwenden
- Schmierstoffe und Schmierstellen sauber halten
- Betriebsanweisung des Herstellers über Schmierintervalle beachten
- Führungen von Schmutz und Spänen säubern
- Führungen nicht mit Druckluft und fasernden Putztüchern reinigen

8 Skizzieren Sie den Verlauf des Abnutzungsvorrates ohne und mit Durchführung von Wartungsarbeiten.
Begründen Sie den Kurvenverlauf.

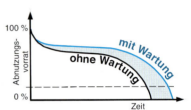

Die Lebensdauer der Bauteile wird durch die Wartung verlängert, d.h. der Abbau des vorhandenen Abnutzungsvorrats wird verzögert und dadurch steigt die Nutzungszeit.

9 Welche Aufgaben haben Inspektionen?

Aufgaben von Inspektionen ist es, festzustellen, wie viel Abnutzungsvorrat vorhanden ist und zu erkennen wie und warum der Abnutzungsvorrat abgebaut wird, um notwendige Konsequenzen für eine künftige Nutzung abzuleiten.

10 Welche Inspektionsarten an Maschinen unterscheidet man?

Man unterscheidet
- Erstinspektionen, nach der Aufstellung der Maschine
- Regelinspektionen, in vorgegebenen Intervallen
- Sonderinspektionen, bei Störungen.

4 Instandhaltung

11 Erläutern Sie den Begriff „Instandsetzung".

Maßnahmen zur Wiederherstellung der geforderten Abnutzungsvorräte ohne technische Verbesserung.

12 Welchen Zweck erfüllt die „vorbeugende Instandsetzung"?

Bei der vorbeugenden Instandsetzung werden Verschleißteile wie Wälzlager oder Dichtungen schon vor ihrem verschleißbedingten Versagen ausgetauscht. Ein Stillstand der Maschine und der damit verbundene Produktionsausfall durch betriebsbedingte Störung soll dadurch vermieden werden.

13 Erklären Sie den Begriff „störungsbedingte Instandsetzung".

Störungsbedingte Instandsetzung bedeutet, dass erst dann instandgesetzt wird, wenn eine Betriebsstörung die Maschine stillgelegt hat.

14 Die Abbildung zeigt den Abnutzungsvorrat ohne Wartung.
Erklären Sie die Bedeutung der Verläufe ① und ②.

Verlauf ①:
stellt eine geplante Instandsetzung ohne vorherigen Ausfall dar.

Verlauf ②:
stellt eine störungsbedingte Instandsetzung dar.

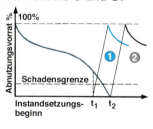

15 Wozu dient die „Verbesserung" oder „Schwachstellenbeseitigung" bei der Instandhaltung?

Die technische Verbesserung bzw. Schwachstellenbeseitigung dient der Vergrößerung des Abnutzungsvorrats gegenüber dem ursprünglichen Abnutzungsvorrat.
Dies kann z. B. durch die Verwendung verschleißbeständigerer Werkstoffe, bessere Dichtungen usw. erfolgen.

4 Instandhaltung

16 Skizzieren Sie den Verlauf des Abnutzungsvorrates nach einer ausfallbedingten Instandsetzung mit einer Verbesserung.

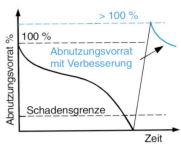

Der Abnutzungsvorrat vergrößert sich gegenüber dem ursprünglichen Abnutzungsvorrat.

4.2 Schmierstoffe

17 Nennen Sie wichtige Aufgaben der Schmierstoffe.

- Reibung vermindern
- Reibungswärme ableiten
- Verschleißteilchen abführen
- Stoßbelastungen dämpfen
- Korrosionsschutz

18 Welche Eigenschaften sollen Schmierstoffe besitzen?

- gute Haft- und Benetzungsfähigkeit
- hohen Flamm- und Brennpunkt
- niedrige Fließgrenze
- alterungsbeständig
- säure- und wasserfrei
- druckfest
- geringe innere Reibung
- geringe Viskositätsänderung

19 Woraus bestehen Schmierfette?

Schmierfette bestehen aus Mineral- oder Syntheseölen, die mit Barium-, Natrium- oder Lithiumseifen eingedickt wurden.
Anwendung finden sie z. B. in Wälz- und Gleitlagern zur Abdichtung gegen Staub.

4 Instandhaltung

20 Wofür stehen die Symbole ① bis ⑥ in einem Schmierplan?

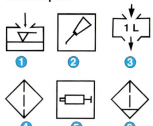

Die Symbole stehen nach DIN 8659 für:
① Füllstand kontrollieren, nachfüllen
② mit Öl abschmieren
③ Schmierstoff wechseln (hier 1 L)
④ Filter wechseln
⑤ mit Fett abschmieren
⑥ Filter reinigen

21 Entschlüsseln Sie die Schmierstoffkennzeichnung.

C: Ölsorte (hier Umlaufschmieröl)
L: Zusätze (hier zur Erhöhung des Korrosionsschutzes und / oder der Alterungsbeständigkeit)
P: Zusätze (hier zur Minderung von Reibung und Verschleiß im Mischreibungsgebiet und / oder zur Erhöhung der Belastbarkeit)
68: Viskositätsklasse (hier Viskosität von 68 mm^2/s bei 40 °C.

22 Entschlüsseln Sie die folgende Schmierfett-Kurzbezeichnung.

K: Schmierfett für Wälzlager, Gleitlager und Gleitflächen
3: Konsistenzzahl (mittlere Verformbarkeit)
N: obere Gebrauchstemperatur (140°C)
-20: untere Gebrauchstemperatur (-20°C)

23 In welchem Fall spricht man von „Alterung" bei Ölen und Fetten?

Wenn es zur Bildung von harzigen Rückständen durch die Verbindung mit Luftsauerstoff kommt.

4 Instandhaltung

24 Wodurch können die Eigenschaften von Ölen und Fetten verbessert werden?

Additive (Zusätze) wie Graphit und Molybdändisulfid verbessern die Eigenschaften von Ölen und Fetten, z. B. die Alterungsbeständigkeit.

25 Erklären Sie die Schmierstoffkennwerte „Viskosität" und „Fließgrenze".

Viskosität: Maß für die innere Reibung des Schmierstoffes, die zwischen den Schmierstoffmolekülen stattfindet. Schmierstoffe mit hoher Viskosität sind zähflüssig (Merkhilfe: **H**ohe Viskosität – **H**onig), solche mit niedriger Viskosität dünnflüssig.
Fließgrenze: Temperatur, bei welcher der Schmierstoff unter Prüfbedingungen gerade noch fließt.

26 Nennen Sie Schmierverfahren, die bei Wälzlagern verwendet werden.

- Ölschmierung als Tropf- und Spritzschmierung
- Tauchschmierung
- Umlauf- und Ölnebelschmierung, je nach Betriebsbedingungen
- Fettschmierungen
- Fettfüllung bei wartungsfreiem Lager mit einer der Lebensdauer entsprechenden ausreichenden Füllung

27 In welchen Fällen werden Festschmierstoffe verwendet?

Festschmierstoffe wie Graphit und Molybdändisulfid, die aus feinen Plättchen bestehen, werden verwendet, wenn sich aufgrund geringer Gleitgeschwindigkeit kein Öl- oder Fettfilm bilden kann oder bei sehr hoher und sehr niedriger Betriebstemperatur.
Ein weiterer gebräuchlicher Festschmierstoff ist der Kunststoff Polytetrafluorethylen (PTFE).

4 Instandhaltung

28 Worüber gibt die Konsistenz (Penetration) eines Fettes Auskunft?

Die Konsistenz eines Fettes charakterisiert seine Steifigkeit (Verformbarkeit).
Die Konsistenzeinteilung umfasst die NLGI-Klassen* von 000 (sehr weich, fast flüssig) bis 6 (fest).
Je höher die Eindringtiefe des Prüfkonus, umso höher die Penetrationszahl, umso weicher ist das Schmierfett und umso niedriger die Konsistenzklasse nach NLGI.

NLGI steht für National Lubricating Grease Institute, eine amerikanische Institution, die sich mit technischen Anforderungen für Fette befasst.

29 Wie wird die Penetration eines Schmierfettes gemessen?

Die Penetration wird, je nach vorhandener Fettmenge, in einem Penetrometer mit Hilfe eines Voll- oder eines Viertelkonus gemessen. Für die Bestimmung gemäß DIN ISO 2137 wird das Fett bei Raumtemperatur (25°C) in einen genormten Becher gefüllt. Die Spitze eines standardisierten Doppelkegels berührt die Oberfläche. Nach dem Lösen der Haltevorrichtung hat der Kegel 5 Sekunden Zeit, um in das Fett einzudringen. Mit Hilfe einer Skala, die an der Haltestange des Kegels aufgebracht ist, wird diese Eindringtiefe in 0,1 mm angegeben. Die Penetration charakterisiert somit die Verformbarkeit des Fettes durch einen gewichtsbelasteten Kegel.
Ist das Fett sehr weich, so dringt der Konus tief ein und man liest eine hohe Penetrationszahl ab. Ist das Schmierfett fester, dringt der Konus weniger tief ein und man liest eine geringe Eindringtiefe ab.

4 Instandhaltung

30 Worin unterscheidet sich die Ruhpenetration von der Walkpenetration?

Bei der Ruhpenetration, wird das Fett, so wie es als Probe ankommt, in den Messbecher gefüllt. Bei der Walkpenetration wird das Fett vor der Messung „gewalkt". Das Fett wird mit einem Fettkneter vorbehandelt. Die mechanischen Belastungen an der Schmierstelle werden simuliert. Im geschlossenen Messbecher wird eine Lochplatte (ähnlich wie beim Fleischwolf) in 60 Doppelhüben durch das Fett hin- und hergezogen. Das gesamte Prüffett muss sich dabei durch die Löcher quetschen. Dabei wird das Seifengerüst stark beansprucht und geschert. Das Fett wird etwas weicher. Nach dem Walkvorgang wird dann, wie bei der Ruhpenetration, die Eindringtiefe des Normkegels gemessen. Die Differenz zwischen Ruhe- und Walkpenetration lässt auf die Walkstabilität und damit auf die Geschwindigkeit schließen, mit der ein Fett zu weich und dadurch unbrauchbar wird.

31 Ein Fett verfügt über einen Walkpenetrationswert von 265. Erläutern Sie den Wert.

Ein Walkpenetrationswert von 265 bedeutet, dass der Normkegel während der Penetrationsmessung 26,5 mm in das Fett eingesunken ist. Die Walkpenetration ist die Basis für die Angabe einer Konsistenzklasse. So entspricht ein Fett, in das der Normkegel 26,5 bis 29,5 mm penetriert, einer NLGI-Klasse 2.

32 Worin unterscheiden sich Fette der Klasse NLGI 000 von denen der Klasse NLGI 6?

Fette der Klasse NLGI 000 sind sehr weich, fast flüssig, Fette der Klasse NLGI 6 sind feste „Blockfette", die ähnlich wie Palmin aussehen. Die Klassen 4 bis 6 sind heute in der Praxis kaum mehr anzutreffen.

4 Instandhaltung

33 Die Säulenbohrmaschine soll nach Schmierplan gewartet werden.

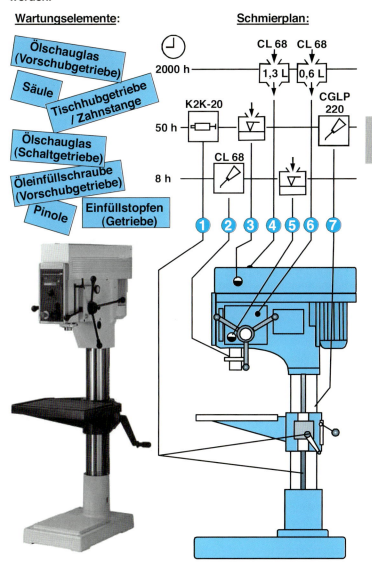

4 Instandhaltung

Schmierplan analysieren

33.1 Ordnen Sie die Wartungselemente den Positionsnummern ① bis ⑦ zu.

① Tischhubgetriebe / Zahnstange
② Pinole
③ Ölschauglas (Schaltgetriebe)
④ Einfüllstopfen für Getriebe
⑤ Ölschauglas (Vorschubgetriebe)
⑥ Öleinfüllschraube
 (Vorschubgetriebe)
⑦ Säule

33.2 Welche Wartungstätigkeiten sind bei den Positionsnummern ① bis ④ durchzuführen?

① Fettschmierung mit Fettpresse
② Schmierung mit Ölkanne oder Spraydose
③ Ölstand überwachen, falls erforderlich auffüllen
④ Schmierstoff wechseln

33.3 Wie häufig ist die Zahnstange zu schmieren?

Die Zahnstange ist nach 50 Betriebsstunden zu schmieren.

33.4 Warum sind bei den Positionsnummern ③ und ⑤ keine Schmierstoffe angegeben?

Weil hier nur der Ölstand überwacht wird.
Ist ein Auffüllen nötig, geben die Positionen ④ bzw. ⑥ über die Schmierstoffart Auskunft.

Wartung planen

33.5 Welcher Schmierstoff ist für die Schmierarbeiten nach acht Stunden Betriebstätigkeit bereitzustellen und über welche Eigenschaften verfügt er?

Das Umlaufschmieröl
DIN 51517 - CL 68 mit Zusätzen zur Erhöhung des Korrosionsschutzes und/oder der Alterungsbeständigkeit. Die Viskosität des Umlaufschmieröls beträgt 68 mm^2/s bei 40 °C.

33.6 Welches Schmierfett ist für die Schmierarbeiten nach 50 Stunden Betriebstätigkeit bereitzustellen und entschlüsseln Sie dessen Kurzbezeichnung.

Das Schmierfett DIN 51517 - K2K-20 mit einer Konsistenzzahl (Verformbarkeit) von 2. Die obere Gebrauchstemperatur liegt bei +120°C, die untere Gebrauchstemperatur bei −20°C.

4 Instandhaltung

Wartung durchführen

33.7 **Im technischen Handbuch der Säulenbohrmaschine schreibt der Hersteller unter dem Kapitel Reinigen „... die Maschine ist sauber zu halten und regelmäßig abzuschmieren und einzuölen...".**
Neben dem Text stehen die folgenden Symbole.
Worauf weisen diese hin?

a) b)

a) Netzstecker ziehen:
Vor allen Reinigungs- und Instandhaltungsarbeiten grundsätzlich die Maschine ausschalten und vom Netz trennen.

b) Umweltgefährlich:
Öl-, Fett- und Reinigungsmittel sind umweltgefährdend und dürfen nicht ins Abwasser oder in den normalen Hausmüll gegeben werden.

33.8 **Welche Wartungsarbeiten sind nach 50 Stunden Betriebsstunden an der Säulenbohrmaschine durchzuführen?**

Säule:
Schmieröl CGLP 20 mit der Ölkanne auftragen

Vorschubgetriebe:
Ölmenge über das Ölschauglas kontrollieren. Der Ölstand muss bis zur Mitte des Ölschauglases reichen.

Tischhubgetriebe / Zahnstange
Schmierfett K2K-20 mit der Fettpresse auftragen.

33.9 **Welche Wartungstätigkeiten sind nach 2000 Betriebsstunden durchzuführen?**

Nach 2000 Betriebsstunden wird das Umlaufschmieröl der Getriebe Position ④ und ⑥ gewechselt und anschließend mit dem Umlaufschmieröl vom Typ CL 68 gefüllt.
Das Getriebe von Position ④ wird mit 1,3 Liter und das Getriebe von Position ⑥ wird mit 0,6 Liter gefüllt.

33.10 **Wie werden die Schmiertätigkeiten dokumentiert?**

Die Schmiertätigkeiten werden in einem Abschmierprotokoll dokumentiert.

4.3 Reibung

34 Wovon hängt die Größe der gegen die Bewegungsrichtung wirkenden Reibungskraft vor allem ab?

Die Größe der Reibungskraft hängt vor allem ab von:
- der senkrecht zur Reibfläche wirkenden Normalkraft,
- der Werkstoffpaarung,
- dem Schmierzustand,
- der Oberflächenbeschaffung der Reibflächen,
- der Reibungsart (Haft-, Gleit- oder Rollreibung).

35 Worin unterscheiden sich
- Haftreibungskraft,
- Gleitreibungskraft,
- Rollreibungskraft?

- Die Haftreibungskraft ist der Widerstand, den ein ruhender Körper dem Verschieben entgegensetzt.
- Die Gleitreibungskraft ist der Widerstand, der bei gleichförmiger Bewegung zu überwinden ist. Sie ist kleiner als die Haftreibungskraft.
- Die Rollreibungskraft ist der Widerstand, den ein Körper dem Abrollen entgegensetzt. Sie ist kleiner als die Gleitreibungskraft.

36 Welche Arten der Reibung unterscheidet man bei Führungen und Lagern?

- Festkörperreibung (Trockenreibung)
- Mischreibung (halbflüssige Reibung)
- Flüssigkeitsreibung (hydrodynamische Reibung)

37 Welche Größen werden in Versuchsreihen gemessen, um die Reibungszahl μ zu ermitteln?

Reibungskraft F_R und Normalkraft F_N.

$$F_R = \mu \cdot F_N \Rightarrow \mu = \frac{F_R}{F_N}$$

4 Instandhaltung

38 Zwei Stahlplatten, $\mu = 0{,}18$, werden durch eine Schraube verspannt. Welche Spannkraft F_N muss durch die Schraube aufgebracht werden, wenn die Zugkraft $F = 0{,}7$ kN nur durch Reibung übertragen werden soll?

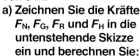

$$\Rightarrow F_N = \frac{F_R}{\mu}$$

$$F_N = \frac{0{,}7 \text{ kN}}{0{,}18}$$

$F_N = \mathbf{3{,}889}$ kN

39 Werkstücke mit einer Gewichtskraft von 125 N überwinden mit einem 10 m langen Förderband einen Höhenunterschied von 5 m.
a) Zeichnen Sie die Kräfte F_N, F_G, F_R und F_H in die untenstehende Skizze ein und berechnen Sie:
b) Steigungswinkel α
c) Normalkraft F_N
d) Hangabtriebskraft F_H
e) Reibungszahl μ zwischen Werkstück und Förderband, um ein Abrutschen der Werkstücke zu verhindern.

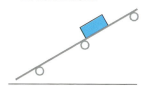

a)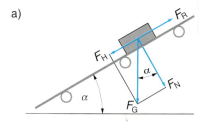

b) $\sin \alpha = \dfrac{h}{l} = \dfrac{5 \text{ m}}{10 \text{ m}} = 0{,}5$

$\alpha = \mathbf{30°}$

c) $F_N = F_G \cdot \cos \alpha = 125 \text{ N} \cdot \cos 30°$

$F_N = \mathbf{108{,}25 \text{ N}}$

d) $F_H = F_G \cdot \sin \alpha = 125 \text{ N} \cdot \sin 30°$

$F_H = \mathbf{62{,}5 \text{ N}}$

e) Um ein Abrutschen zu verhindern, muss $F_R > F_H$ sein.

$F_R = F_H$ und $F_R = \mu \cdot F_N$

$\mu = \dfrac{F_H}{F_N} = \dfrac{62{,}5 \text{ N}}{108{,}25 \text{ N}} = 0{,}58$

$\mu > \mathbf{0{,}58}$

40 Eine quaderförmige Stahlplatte mit einer Gewichtskraft F_G = 400 N soll auf einer Anreißplatte (μ = 0,15) verschoben werden.
a) Welche Gleitreibungskraft muss hierzu überwunden werden?
b) Schiebt man die Platte besser flach oder hochkant?

a) $\boxed{F_R = \mu \cdot F_N}$ und $F_N = F_G$

$F_R = 0{,}15 \cdot 400$ N = **60 N**

b) Da die Größe der Reibungskraft nicht von der Größe der Berührungsfläche abhängt, ist die Größe der Kontaktfläche ohne Bedeutung.

4.4 Korrosion und Oberflächenschutz

41 Welche Vorgänge bezeichnet man als Korrosion?

Korrosion[1] ist die von der Oberfläche ausgehende Zerstörung von Metallen durch chemische und elektrochemische Einflüsse.
In feuchter Luft verbindet sich z. B. Sauerstoff mit Eisen und bildet das Korrosionsprodukt „Rost".

[1] Korrosion: „corrodere" (lat.) = zernagen

42 Welche Erscheinungsformen unterscheidet man bei der Korrosion freier Oberflächen?

Bei der Korrosion freier Oberflächen unterscheidet man im wesentlichen die vier Erscheinungsformen:
- Gleichmäßige Flächenkorrosion
- Muldenkorrosion
- Lochfraßkorrosion
- Spaltkorrosion

43 Warum tritt freie Korrosion auf?

Die Ursache für freie Korrosion beruht auf dem Auftreten schwach basischer oder saurer Elektrolyte (Feuchtigkeit).
Liegt in deren Umgebung Sauerstoff aus der Luft vor oder wird der Taupunkt unterschritten, startet die Korrosionsreaktion.

4 Instandhaltung

44 Welche Eigenschaften hat die Oxidschicht bei Kupfer, Aluminium und Zink?

Im Gegensatz zur porösen Rostschicht bei Eisen und Stahl sind diese Oxidschichten dicht und fest und schützen das darunter liegende Metall.

45 Warum rostet eine raue Oberfläche schneller als eine glatte?

Raue Oberflächen bieten der Korrosion größere Angriffsflächen.

46 Wodurch wird elektrochemische Korrosion verursacht?

Zwei unterschiedliche Metalle bilden in Anwesenheit einer elektrisch leitenden Flüssigkeit (Elektrolyt) ein galvanisches Element. Die dadurch hervorgerufenen Ströme zerstören das unedlere Metall, und zwar umso schneller, je weiter die beiden Metalle in der Spannungsreihe auseinanderliegen.

47 Wie ist die elektrochemische Spannungsreihe aufgebaut?

In der elektrochemischen Spannungsreihe sind die Metalle nach ihrer Spannung gegenüber einer Wasserstoffelektrode geordnet. Je größer der Spannungswert ist, desto edler ist ein Metall.

Metallelektrode		Spannung in Volt
Platin	Pt	+1,6
Gold	Au	+1,42
Silber	Ag	+0,8
Kupfer	Cu	+0,34
Wasserstoff	**H**	**0**
Blei	Pb	-0,13
Nickel	Ni	-0,23
Eisen	Fe	-0,44
Chrom	Cr	-0,56
Zink	Zn	-0,76
Aluminium	Al	-1,7
Magnesium	Mg	-2,38

48. Wie erfolgt ein kathodischer Korrosionsschutz durch Opferanoden, z. B. zum Schutz der Außenhaut von Schiffen oder erdverlegter Rohre?

In der Umgebung des Schutzobjektes wird ein unedles Metall (Mg oder Zn) leitend angebracht. Bei elektrochemischer Korrosion wird dann diese unedlere Anode zersetzt (geopfert), während der Stahl als edleres Metall nicht zerstört wird.

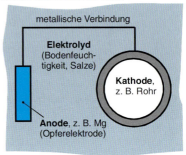

49. Welche Arten von Korrosion unterscheidet man?

- Korrosion freier Oberflächen ohne mechanische Beanspruchung, wie Flächen-, Mulden-, oder Lochfraßkorrosion
  ⇨ zerstört wird die Oberfläche.
- Kontaktkorrosion:
  Korrosion durch direkte Berührung zweier Metalle mit unterschiedlicher Potentialspannung unter Einfluss von Feuchtigkeit
  ⇨ zerstört wird die Berührfläche.
- Selektive Korrosion:
  ⇨ zerstört werden bestimmte Bereiche eines Metallgefüges durch interkristalline oder transkristalline Korrosion.
- Korrosion mit mechanischer Beanspruchung, wie Schwingungsriss- und Spannungsrisskorrosion.

4 Instandhaltung

50 Welche drei Erscheinungsformen sind bei der selektiven Korrosion von Bedeutung und worin liegt die Ursache für das Auftreten von selektiver Korrosion?

Selektive Korrosion bedeutet Angriff auf unedlere Gefügebestandteile oder Legierungselemente.
Von Bedeutung sind:
- Interkristalline Korrosion von nichtrostenden Stählen und Aluminiumlegierungen
- Spongiose oder Eisenschwamm (lat. spongus = Schwamm): Auslösen der Eisenbestandteile aus Gusseisen

Spongiose 500:1

- Entzinkung von Messing

Die Ursachen hierfür liegen darin, dass Gefügebestandteile oder korngrenznahe Bereichen weniger korrosionsbeständig als die Matrix sind.

51 Wodurch unterscheiden sich transkristalline Korrosion (siehe Abbildung) und interkristalline Korrosion?

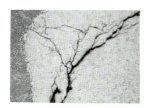

Transkristalline Spalt-Korrosion entsteht, wie die linke Abbildung zeigt, innerhalb der Metallkristalle, **interkristalline** zwischen den Metallkristallen an der Korngrenze, (siehe Abbildung unten) besonders wenn Metalle aus verschiedenartigen Kristallen bestehen.

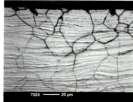

Legierungen sind nie so korrosionsfest wie reine Metalle.

4 Instandhaltung

52 Warum ist Korrosionsschutz wichtig?

Durch Korrosion entstehen der Volkswirtschaft jährlich Milliardenverluste, wertvolle Rohstoffe gehen unwiederbringlich verloren.

53 Erläutern Sie „aktiver Korrosionsschutz" und nennen Sie Beispiele dazu.

Aktiver Korrosionsschutz, d. h. Einwirken auf Korrosionsursachen und -vorgang durch:
- konstruktive Gestaltung
- Werkstoffauswahl
- korrosionsverhindernde Zusätze
- Entfernen aggressiver Medien
- kathodischer Schutz

54 Erläutern Sie „passiver Korrosionsschutz" und nennen Sie Beispiele dazu.

Passiver Korrosionsschutz, d. h.
- Schutz der Metalloberflächen durch Beschichten, z. B.
  - Schmelztauchen,
  - Metallspritzen,
  - Galvanisieren,
  - Einölen oder -fetten,
  - Farbüberzüge durch Streichen,
  - Spritz- und Tauchlackieren,
  - Emaillieren,
  - Wirbelsintern,
  - Kunststoffüberzüge usw.
- Ändern der Stoffzusammensetzung an den Oberflächen durch Diffusion, z. B.
  - Sherardisieren mit Zinkpulver,
  - Alitieren mit Al,
  - Inchromieren mit Cr.

55 Wie entsteht ein galvanischer Überzug?

Gleichstrom mit niedriger Spannung bewirkt, dass die in eine Metallsalzlösung eingehängten und als Kathode geschalteten Werkstücke mit einer Metallschutzschicht aus dem Werkstoff der Anode überzogen werden.
Zum Beispiel: Verkupfern durch Galvanisieren.

4 Instandhaltung

56 Wie erfolgt das Plattieren einer Metallschicht?

Eine dünne Metallschicht aus Schutzmetall (Cu, Cu Zn) wird auf den anderen metallischen Grundwerkstoff (z. B. Stahl) kalt oder warm aufgewalzt.

57 Warum werden Werkstoffe beschichtet?

Werkstücke werden zum Korrosionsschutz, zur Erhöhung der Verschleißfestigkeit, zur Vorbereitung auf nachfolgende Verfahren, zur Isolation von elektrischen Bauteilen und zur Dekoration beschichtet.

58 Nennen Sie verschiedene Beschichtungsverfahren.

- Lackieren: z. B. Anstreichen, Spritzen und Tauchen, elektrostatisches Lackieren, Elektrotauchlackieren
- Emaillieren
- Galvanisieren
- Aufdampfen
- Wirbelsintern

59 Welche Überzüge werden durch Galvanisieren erzeugt?

Verzinken, Vernickeln, Verkupfern, Verchromen.

60 Wie wird feuerverzinkt?

Durch Tauchen der Werkstücke in eine 450 °C heiße, flüssige Zinkschmelze.

61 Wie werden Wendeschneidplatten aus Hartmetall durch Aufdampfen beschichtet?

Durch CVD-Beschichten mit Titankarbid, Titannitrid und Aluminiumoxid.
Dadurch wird eine höhere Verschleißfestigkeit erzielt.

4 Instandhaltung

62 Beschreiben Sie das Wirbelsintern.

Vorgewärmte Werkstücke werden in Kunststoffpulver getaucht, das durch eingeblasene Luft in der Schwebe gehalten wird. Das Pulver haftet auf dem Werkstück fest und sintert unter dem Einfluss der Eigenwärme des Werkstücks.

63 Wie erfolgt das Metallspritzen?

Mit Druckluft wird das mit einer Gasflamme oder elektrisch verflüssigte Metall, das der Spritzpistole in Drahtform zugeführt wurde, auf das zu überziehende Werkstück aufgespritzt.

64 Nennen Sie einige chemisch erzeugte Schutzüberzüge.

- Schwarzbrennen
- Brünieren
- Phosphatieren
- Chromatisieren
- Eloxieren

65 Für welche Zwecke eignet sich das Phosphatieren?

- Korrosionsschutz
- Haftgrund für Anstriche
- Gleitschicht für umzuformende Bleche

Die Zinkphosphatschicht wird durch Tauchen erzeugt. Sie ist mit dem Grundwerkstoff fest verwachsen.

5 Qualitätsmanagement

5.1	Qualitätsmanagementsysteme	208
5.2	Seven Tools - Paretoanalyse - Ishikawa - FMEA	215
5.3	Statistische Prozessregelung (SPC) - Histogramm - Wahrscheinlichkeitsnetz - Maschinenfähigkeits- untersuchung - Prozessfähigkeitsuntersuchung - Regelkarten	221
5.4	Tabellen / Formeln	248

5 Qualitätsmanagement

5.1 Qualitätsmanagementsysteme

1 Erläutern Sie den Begriff „Qualität".

Nach DIN 55 350 / ISO 8402 ist Qualität die Beschaffenheit einer Einheit bezüglich ihrer Eignung, die Qualitätsanforderungen zu erfüllen.
Mit anderen Worten:
Qualität ist, was der Kunde will.

2 Worin unterscheiden sich „quantitative" und „qualitative" Qualitätsmerkmale?

Quantitativ:
- *kontinuierliches Merkmal*, das stetig messbar ist, z. B. ein Durchmesser
- *diskretes Merkmal*, das zählbar ist, z. B. Anzahl von Schweißpunkten.

Qualitativ:
- *Ordinalmerkmal*, das mit einer Ordnungsbezeichnung beurteilt, z. B. sehr gute Oberfläche
- *Nominalmerkmal*, das ohne Ordnungsbeziehung beurteilt, z. B. Oberflächenrillenrichtung gekreuzt.

3 In der Qualitätstechnik lassen sich Fehler nach ihren Folgen in drei Klassen einteilen.
Nennen und erläutern Sie diese Fehlerklassen.

Kritische Fehler: Fehler mit kritischen Folgen, wie Personengefährdung bei Produktnutzung oder Ausfall einer wichtigen Anlage, z. B. der Rechenanlage.
Hauptfehler: Fehler mit erheblich beeinträchtigenden Folgen, wie Ausfall des Produkts (Hauptfehler A) oder erhebliche Herabsetzung der Produktbrauchbarkeit (Hauptfehler B).
Nebenfehler: Fehler mit nicht wesentlichen Folgen, die den Gebrauch oder Betrieb des Produkts nur geringfügig beeinflussen.

5 Qualitätsmanagement

4 Warum sind die verschiedenen Qualitätselemente (QE) in einem Kreis angeordnet?

Qualitätskreis DIN 55 350

Durch die Kreisdarstellung soll zum Ausdruck kommen, dass alle Qualitätselemente, von der Idee bis zur Entsorgung, Bausteine der gesamten Produktqualität sind.
Nur wenn alle organisatorischen Unternehmensbereiche, wie in einem Regelkreis, zusammenarbeiten, ist das Ziel der Produktqualität gewährleistet.
Durch die ständige Weiterentwicklung der Produkte beginnt der Qualitätskreis immer wieder von neuem.

5 Was versteht man nach DIN 55 350 unter „Qualitätsmanagement"?

Unter Qualitätsmanagement versteht man die Gesamtheit der qualitätsbezogenen Zielsetzungen und Maßnahmen eines Unternehmens.

6 Welche Gründe sprechen aus wirtschaftlicher Sicht für die Einführung eines umfassenden Qualitätsmanagementsystems?

- geringere Kosten durch Reduzierung der Nacharbeit
- größere Kundenzufriedenheit
- bessere Argumentationsebene im Produkthaftungsfall
- Optimierung der Unternehmensabläufe

7 Nennen Sie die vier wesentlichen Teilfunktionen eines Qualitätsmanagementsystems.

- Qualitätsplanung
- Qualitätslenkung
- Qualitätsprüfung
- Qualitätsverbesserung

5 Qualitätsmanagement

8 Welche Bereiche umfasst die Qualitätsprüfung?

- *Prüfplanung*, z. B. Prüfmittelauswahl
- *Prüfausführung*, z. B. Eingangsprüfung
- *Prüfhäufigkeit*, z. B. Stichprobenprüfung, 100 %-Prüfung
- *Prüfdatenverarbeitung*, z. B. Auswertung, Fehleranalyse

9 Geben Sie mit Beispielen die Störgrößen („7 M") auf den Fertigungsprozess an.

Mensch, z. B. geringe Qualifikation, Motivation, Pflichtbewusstsein
Maschine, z. B. Positionierungenauigkeit, Schwingungsverhalten
Material, z. B. Einschlüsse, Spannungen, Gefügezustand
Methode, z. B. ungünstige Arbeitsschritte, Prüfbedingungen
Mitwelt, z. B. Raumgestaltung, Temperaturen, Arbeitsbedingungen
Messbarkeit, z. B. Qualität der Prüfmittel, Merkmal schlecht messbar
Management, z. B. Stellenwert der Qualität, Vorbildfunktion

(Zur Zeit ist ein achtes M, **M**oney, in der Diskussion)

10 Wozu dient die Normenreihe DIN ISO 9000 – 9004?

Hinweis:
Die DIN ISO 9002 und 9003 in der Fassung vom Herbst 2000 wurden gestrichen.

Norm, die auf allgemeiner Ebene gehalten ist. Sie ist eine Art Leitfaden, die hilft, ein Qualitätsmanagementsystem im Unternehmen aufzubauen.
DIN ISO 9000: Leitfaden zur Auswahl und Anwendung der Normenreihe. Erläutert wesentliche Begriffe.
DIN ISO 9001: Kriterien zum Aufbau, Nachweis und zur Dokumentation eines funktionierenden QM-Systems.
DIN ISO 9004: Hinweise, mit welchen Elementen ein QM-System auf- und ausgebaut werden kann.

5 Qualitätsmanagement

11 Geben Sie Argumente an, die für die Zertifizierung eines Unternehmens sprechen.

- Vergleichbarkeit mit Konkurrenzunternehmen
- Stärkung der eigenen Marktposition
- besseres Firmenimage
- nötig, um am Markt bestehen zu können

12 Erklären Sie den Begriff „Produktaudit".

Bewertung der fertiggestellten und geprüften Produkte auf Erfüllung der Qualitätsmerkmalsforderungen aus der Sicht des Kunden.

13 Nennen Sie Ziele eines „Qualitätsaudits".

- Entdecken von Fehlern und Schwachstellen
- Forschung nach Fehlerursachen
- Darstellung von Verbesserungsmöglichkeiten
- Einleitung und Überwachung von Verbesserungsmaßnahmen

14 Beschreiben Sie in Stichworten den Ablauf eines „Qualitätsaudits".

- Beschreibung des Istzustandes
- Beobachtung der Tätigkeiten
- Befragung der Mitarbeiter
- Auswertung der Erkenntnisse
- Verbesserung mit Terminen und Zuständigkeiten
- Dokumentation
- Präsentation

15 Was versteht man unter einem „Qualitätszirkel"?

Ein Qualitätszirkel ist eine betriebliche Einrichtung zur Beseitigung konkreter Probleme. Dazu treffen sich Mitarbeiter aus allen beteiligten Abteilungen, um eine Problemlösung zu finden.

5 Qualitätsmanagement

16 Erklären Sie den Begriff „Benchmarking".

Benchmarking ist der Prozess des Vergleichens und Messens der eigenen Produkte, Dienstleistungen und Prozesse mit den besten Wettbewerbern oder mit anerkannten Marktführern.

17 Welches Ziel wird mit dem „Poka-Yoke-Prinzip" des japanischen Industrie-Ingenieurs Dr. Shigeo Shingo verfolgt?

Mit dem Poka-Yoke-Prinzip sollen Fehler unmittelbar in der Produktion, am Ort ihrer Entstehung, erkannt werden und durch möglichst einfache und kostengünstige technische Vorkehrungen und Einrichtungen zukünftig vermieden werden.
Poka = Vermeidung
Yoke = unbeabsichtigte Fehler

18 Nennen Sie einige Beispiele für Poka-Yoke-Maßnahmen.

- Gasanschlüsse haben ein Linksgewinde und Wasseranschlüsse ein Rechtsgewinde, daher ist ein Vertauschen ausgeschlossen.
- Telefonstecker (TAE) lässt sich nicht verkehrt herum einstecken.
- Stecker für den Kabelbaum eines Autos haben unterschiedliche Farben und werden darüber hinaus so konstruiert, dass jeder Stecker nur mit seinem richtigen Gegenstück verbunden werden kann.
- Tankdeckel sind durch ein Band mit dem Auto verbunden, damit sie nicht auf dem Autodach vergessen werden können.
- USB-Stecker lassen sich nur in einer Ausrichtung stecken.

5 Qualitätsmanagement

19 Der nachstehende Kurvenverlauf bezieht sich auf die Herstellung eines Produktes vor der Einführung von Qualitätsmaßnahmen (Kurve 1) und nach der Einführung von Qualitätsmaßnahmen (Kurve 2).

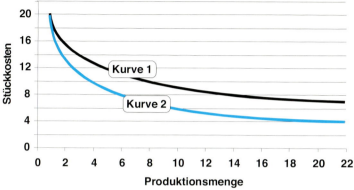

Verlauf Stückkosten

19.1 Diskutieren Sie den grundsätzlichen Kurvenverlauf.

Beide Kurven verhalten sich degressiv, d.h. man kann mit zunehmender Stückzahl ein Absinken der Stückkosten beobachten. Das liegt daran, dass bei höherer Produktionsmenge der Fixkostenanteil pro Teil sinkt. Darüber hinaus wächst die Erfahrung der Mitarbeiter und die Prozesse werden sicherer.

19.2 Nennen Sie Maßnahmen des modernen Qualitätsmanagements, die zum Kurvenverlauf 2 beigetragen haben können.

- Fehlerverhütungsmaßnahmen z.B. FMEA
- Konsequente Prozessgestaltung nach TQM
- Gezielte Schul- und Fördermaßnahmen für Mitarbeiter
- Detaillierte Fehleranalyse bestehender Produkte und Prozesse
- Regelmäßige Durchführung von Audits

5 Qualitätsmanagement

19.3 Erläutern Sie den Begriff „Qualitätskosten" und geben Sie drei Beispiele dazu an.

Qualitätskosten sind Kosten, die im Zusammenhang mit Qualität anfallen. Als Beispiele können genannt werden:
- Fehlerkosten
- Fehlerverhütungskosten
- Prüfkosten

20 Die Grafik zeigt die so genannte „Zehnerregel". Welcher Zusammenhang soll damit verdeutlicht werden?

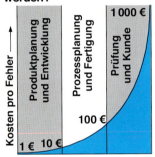

Je später ein Fehler entdeckt und behoben wird, desto höher werden die dadurch entstehenden Kosten. Nach der Zehnerregel steigen die Folgekosten erfahrungsgemäß um das 10-fache von Produkt-Phase zu Produkt-Phase.
Die sehr teuren und imageschädigenden Rückrufaktionen in der Automobilindustrie belegen die Zehnerregel.

21
a) Erklären Sie den Begriff „100 %-Prüfung".
b) In welchem Fall muss eine „100 %-Prüfung" durchgeführt werden?
c) Warum ist eine manuelle „100 %-Prüfung" fast immer fehlerbehaftet?

a) 100 %-Prüfung heißt Qualitätsprüfung aller Einheiten (Teile) eines Loses.
b) Bei sicherheitsrelevanten Teilen. Geht von den Einheiten eine Gefährdung für den Menschen aus, ist sie gesetzlich vorgeschrieben.
c) Insbesondere bei großer Loszahl ergeben sich Entscheidungsfehler beim manuellen Prüfen durch die Eintönigkeit der Arbeit und Ermüdung des Prüfers.

5.2 Seven Tools

22

a) Erläutern Sie den im Qualitätsmanagement verwendeten Sprachbegriff „7 Tools".
b) Nennen Sie einige Beispiele aus der Gruppe der „7 Tools".

a) Die „7 Tools" sind grafische Hilfsmittel zur Problemerkennung und Problemanalyse. Je nach Problembereich werden dabei Vorgänge, Abläufe, Zusammenhänge und Größenvergleiche grafisch dargestellt.
b) Zu den „7 Tools" gehören u.a.:
- Flussdiagramm
- Pareto- oder ABC-Analyse
- Ishikawa-Diagramm
- Verlaufsdiagramm
- Baumdiagramm
- Histogramm
- Streudiagramm
- Matrixdiagramm

23

a) Wozu wird ein „Ishikawa-Diagramm"[1] benutzt?
b) Skizzieren Sie ein „Ishikawa-Diagramm" mit Nebenästen.

[1] Auch als „Ursache-Wirkungs-Diagramm" oder wegen seines Aussehens als „Fischgräten-Diagramm" bekannt.

a) Es werden damit mögliche Ursachen eines Problems oder Zustandes gesammelt und meist nach den „7 M–Störgrößen" gegliedert. Die Überbegriffe werden dann mit detaillierten Einflüssen versehen. Die grafische Darstellung ermöglicht einen geordneten Gesamtüberblick aller Einflüsse, die wirksam sind.

b) Ishikawa-Diagramm

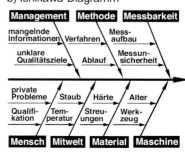

5 Qualitätsmanagement

F M E A Failure Mode and Effect-Analysis	Fehlermöglichkeits- und Einflussanalyse					Teile-Name					Teile-Nr.		Erstellt durch					
	Prozess F M E A		Name	Abteilung	derzeitiger Zustand						verbesserter Zustand				
	Mögliche Fehler	Auswirkungen Folgen	Ursachen	Verhütungs- und Prüfmaßnahmen	Auftreten	Bedeutung	Entdeckung	RPZ	empfohlene Abstellmaßnahme	Verantwortlich	getroffene Maßnahme	Auftreten	Bedeutung	Entdeckung	RPZ
Prozess Ablauf Arbeitsfolge															
Fräsen Fertigbearbeitung der Dichtfläche	Dichtfläche uneben	Undichtheit, rauer Motorlauf	Druck der Spannvorrichtung zu gering	Stichprobe der Ebenheit	3	8	5	120	Spanndrucküberwachung	Abt. Werktechnik	Sensorik schaltet bei zu geringem Druck die Maschine ab und meldet Fehler	1	8	5	40
Spalten-Nr. 1	2	3	4	5	6	7	8	9	10	11	12	13	14	15	16

5 Qualitätsmanagement

24 **Welche Ziele werden mit einer „FMEA" angestrebt?**

Ziele der **F**ehler-**M**öglichkeits- und **E**influss-**A**nalyse sind:
- Fehler schon während der Planung zu erkennen und zu vermeiden.
- Erfahrungswissen über Fehler, ihre Ursache und Qualitätsauswirkung zu sammeln und für weitere Planungen zu nutzen.

25 **Beantworten Sie folgende Fragen zur nebenstehenden FMEA:**

a) Welche Bedeutung haben die Bewertungszahlen in den Spalten 6 bis 8?

b) Was bedeutet die Abkürzung RPZ in der Spalte 9 und wie wurde die Zahl 120 berechnet?

c) In den Spalten 10 und 12 wurden vom FMEA-Team Maßnahmen zur Fehlervermeidung erarbeitet. Welche Einschätzung über die „Auftretungswahrscheinlichkeit im verbesserten Zustand" trifft das Team?

a) **Spalte 6:** Abschätzung der Auftretungswahrscheinlichkeit (**A**) des Fehlers. Die Bewertungszahl 3 bedeutet, dass der Fehler bei nur sehr seltenen Bedingungen auftreten kann.
Spalte 7: Abschätzung über die Auswirkung (**B**) des Fehlers, wenn ihn der Kunde entdeckt. Die Bewertungszahl 8 bedeutet, dass ein schwerer Fehler vorliegt und der Kunde verärgert sowie eine Reparatur nötig sein wird.
Spalte 8: Abschätzung der Entdeckungswahrscheinlichkeit (**E**) des Fehlers. Die Bewertungszahl 5 bedeutet, dass der Fehler mit mäßig hoher Wahrscheinlichkeit gefunden wird.

b) **RPZ** ist die **R**isiko**p**rioritäts**z**ahl. Ihre Größe ermöglicht, die Fehler nach der Wichtigkeit zu ordnen.

Berechnung: $\boxed{RPZ = A \cdot B \cdot E}$

c) Die Auftretungswahrscheinlichkeit (Spalte 13) wurde vom Team mit der Bewertungszahl 1 geschätzt. Das Team geht davon aus, dass der Fehler nicht mehr vorkommen kann.

5 Qualitätsmanagement

26 Für eine Prozessanalyse nach Pareto wurde folgende Fehlersammelkarte erstellt:

Fehlersammelkarte

Fehler	Woche 21					Summe pro Woche	
	Mo	Di	Mi	Do	Fr	Fehler	Kosten
A	32	5	8	5	10	60	300 €
B	20	7	3	5	5	40	600 €
C	15	3	2	5	5	30	200 €
D	7	1	2	3	7	20	400 €

a) Erläutern Sie den Sinn einer „Pareto-Analyse".

b) Zeichnen Sie mit dem Wochenergebnis je ein Paretodiagramm für die absoluten
 • Fehlerhäufigkeiten
 • Fehlerkosten.

c) Bewerten Sie das Ergebnis.

a) Die Analyse basiert auf der Erkenntnis, dass für die Mehrzahl der Fehler nur wenige Ursachen verantwortlich sind.
Bei der Pareto-Analyse, auch „ABC-Analyse" genannt, wird mit der Darstellung im Balken- oder Säulendiagramm eine Entscheidungshilfe gegeben, welche Probleme in welcher Reihenfolge zu lösen sind.

b) Pareto-Diagramme:

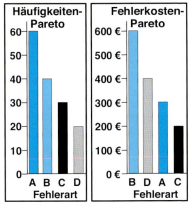

c) Berücksichtigt man die Fehlerhäufigkeit, so muss man sich zuerst um die Fehler A und B kümmern.
Eine Eindämmung von Fehler B und D bringt die höchste Kosteneinsparung.

5 Qualitätsmanagement

27 Pareto-Analyse

Ein Betrieb fertigt 800 Kreissägen in der Woche. Bei der Abnahmekontrolle der Kreissägen ergaben sich zu hohe Nacharbeitskosten. Eine Fehlersammelkarte der Kalenderwoche 36 gibt Ihnen Auskunft über die Fehlerart und Fehlerhäufigkeit.

FEHLERSAMMELKARTE		Summe KW 36
Fehler-Nr.	Fehlerart	Absolute Fehlerhäufigkeit
1	Pendelschutzhaube klemmt	35
2	Leerlaufstromaufnahme zu hoch	6
3	Laufgeräusche zu laut	7
4	O-Ring fehlt	5
5	Kratzer am Gehäuse	45
6	Schmorgeruch im Dauerbetrieb	2

27.1 Ermitteln Sie die relative Fehlerhäufigkeit der Kalenderwoche 36.

Fehler- Nr.	Relative Häufigkeit
5 ⇨	45 %
1 ⇨	35 %
3 ⇨	7 %
2 ⇨	6 %
4 ⇨	5 %
6 ⇨	2 %

27.2 Erstellen Sie ein Pareto-Diagramm der relativen Fehlerhäufigkeit und bewerten Sie das Ergebnis.

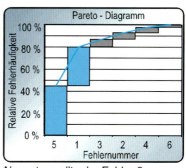

Als erstes sollte der Fehler 6 „Schmorgeruch im Dauerbetrieb" abgestellt werden, weil er ein kritischer Fehler ist! Durch die Vermeidung der

5 Qualitätsmanagement

Fehler 5 „Kratzer am Gehäuse" und 1 „Pendelschutzhaube klemmt", können 80 % der Fehler vermieden werden.

Die Tabelle zeigt die Kosten, die durch die Beseitigung der Fehler entstehen (bereits geordnet).

Rang	Fehler-Nr.	Gesamt-kosten in Euro	Gesamt-kosten in Prozent	Kumulierte Prozent-werte
1	2	480 €	48 %	48 %
2	3	300 €	30 %	78 %
3	4	100 €	10 %	88 %
4	5	50 €	5 %	93 %
5	1	40 €	4 %	97 %
6	6	30 €	3 %	100 %

27.3 Erstellen Sie eine grafische Kosten-Pareto-Analyse und ziehen Sie geeignete Schlussfolgerungen.

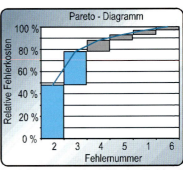

Auch hier muss der kritische Fehler 6 als erstes beseitigt werden!
Die Fehler Nr. 2 „Leerlaufstromaufnahme zu hoch" und Nr. 3 „Laufgeräusche zu laut" sind für rund 80 % der Fehlerkosten verantwortlich. Aus Kostengründen sollten folglich in erster Linie diese Fehler beseitigt werden.

5.3 Statistische Prozessregelung (SPC)

28 Worin unterscheiden sich die Aufgaben der „beschreibenden Statistik" und der „schließenden Statistik"?

Die **beschreibende Statistik** sammelt Daten, fasst sie zu wenigen Kenngrößen zusammen und stellt sie meist grafisch dar.
Die **schließende Statistik** zieht aus der Ermittlung bestimmter Stichprobenkenngrößen Rückschlüsse auf das Verhalten der gesamten Produktion (Grundgesamtheit).

29 Welches Ziel verfolgt die „Statistische Prozessregelung", häufig nur SPC genannt?

SPC ist eine Qualitätsstrategie, die zum Ziel hat, den Schwerpunkt auf Fehlervermeidung zu legen. D.h.
- unbrauchbare Teile erst gar nicht zu produzieren
- Prozessstreuungsverhalten kennen zu lernen
- Prozesseinflussfaktoren beherrschen zu lernen
- Qualität durch gezielte Eingriffe in den Prozess zu sichern

30 Nennen Sie Vorteile der „Stichprobenprüfung" gegenüber der „100 %-Prüfung".

- wirtschaftlicher als 100 %-Prüfung
- einzig sinnvolles Verfahren bei zerstörender Prüfung
- schneller vorliegende Prüfaussagen bei aufwändigen Prüfungen

31 Welcher Grundsatz ist bei der Stichprobenentnahme zu beachten?

Die Zufälligkeit: Jedes Teil muss dieselbe Chance haben, in die Stichprobe zu gelangen.

5 Qualitätsmanagement

32 Nennen Sie wesentliche Ziele, die durch Stichprobenverfahren erreicht werden sollen.

- Ermittlung von Gesetzmäßigkeiten
- Voraussagen über Grundgesamtheit (ähnliche Fälle)

33 Die Stichprobenprüfung erfolgt nach den Regeln der Wahrscheinlichkeit P (*engl. Probability*).
a) Wie wird die Wahrscheinlichkeit P für das Eintreffen eines Ereignisses berechnet?
b) Wodurch wird die Aussage für das Eintreffen eines Ereignisses sicherer?

a) Indem die Anzahl der für das Eintreffen eines Ereignisses E erwarteten günstigen Fälle zu der Gesamtzahl aller möglichen Fälle ins Verhältnis gesetzt wird.

$$P(E) = \frac{\text{Anzahl der für E günstigen Fälle}}{\text{Gesamtzahl aller möglichen Fälle}}$$

b) Je mehr Teile bei einer Stichprobe entnommen werden, desto weniger Einfluss haben Zufallsgrößen und desto sicherer wird die Aussage.

34 Wie groß ist die Wahrscheinlichkeit P, mit zwei Würfeln die Zahlen
a) 3 zu würfeln?
b) 6 zu würfeln?
c) Welche Zahl wird mit der höchsten Wahrscheinlichkeit gewürfelt?

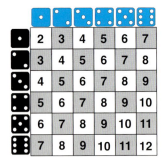

Es gibt bei zwei Würfeln insgesamt 36 Kombinationen
⇨ Gesamtzahl aller möglichen Fälle = 36

a) Zur Zahl 3 führen zwei Kombinationen
⇨ Anzahl der günstigen Fälle = 2
$P = \frac{2}{36} = 0{,}056$ ⇨ **5,6 %**

b) Zur Zahl 6 führen fünf Kombinationen
⇨ Anzahl der günstigen Fälle = 5
$P = \frac{5}{36} = 0{,}139$ ⇨ **13,9 %**

c) Die Zahl 7, weil sie mit sechs Kombinationen die höchste Anzahl der günstigen Fälle aufweist.
$P = \frac{6}{36} = 0{,}167$ ⇨ **16,7 %**

35

Skizzieren Sie eine Glockenkurve (Gauß'sche Normalverteilung) und kennzeichnen Sie die charakteristischen Kennwerte:
- arithm. Mittelwert $\bar{x}$
- Spannweite R
- Standardabweichung s.

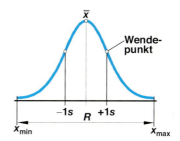

36

Erläutern Sie, unter Angabe der Berechnungsformeln, die Kennwerte der Normalverteilung:
a) arithm. Mittelwert $\bar{x}$
b) Spannweite R
c) Standardabweichung s.

a) Der arithmetische Mittelwert $\bar{x}$ gibt Auskunft über die Lage der Glockenkurve.

$$\bar{x} = \frac{x_1 + x_2 + x_3 + \ldots x_n}{n}$$

b) Die Spannweite R (Range) ist ein Maß für die Breite einer Normalverteilungskurve, d.h. die Differenz zwischen größtem und kleinstem Wert einer Stichprobe.

$$R = x_{max} - x_{min}$$

c) Die Standardabweichung s ist ein Maß für die Streuung der Messwerte, wobei 1 s der Abstand zwischen dem Mittelwert und dem Wendepunkt einer Normalverteilungskurve ist.

$$s = \sqrt{\frac{\sum(x_i - \bar{x})^2}{n-1}}$$

5 Qualitätsmanagement

37 Bei einer Härtetiefebestimmung wurden folgende Stichprobenwerte gemessen:
1. Messwert: 17,9 µm
2. Messwert: 17,5 µm
3. Messwert: 18,7 µm
4. Messwert: 19,0 µm
5. Messwert: 18,8 µm

Berechnen Sie:
a) arithm. Mittelwert $\bar{x}$
b) Spannweite R
c) Standardabweichung s

a) Mittelwert $\bar{x}$:

$$\bar{x} = \frac{\sum x_i}{n} = \frac{91,9}{5} \text{ µm} = \mathbf{18{,}38} \text{ µm}$$

b) Spannweite R (Range):

$$R = x_{max} - x_{min} = 19 \text{ µm} - 17,5 \text{ µm}$$
$$R = \mathbf{1{,}5} \text{ µm}$$

c) Standardabweichung s:

$$s = \sqrt{\frac{\sum (x_i - \bar{x})^2}{n-1}} = \sqrt{\frac{1{,}668 \text{ µm}^2}{5-1}}$$
$$s = \mathbf{0{,}646} \text{ µm}$$

Berechnet mit dem Statistikprogramm des Taschenrechners.

38
Das Prüfmerkmal eines Werkstückes ist das Maß $100 \, {}^{+0,30}_{-0,20}$
Berechnen Sie, wie viel Prozent der Teile außerhalb der Toleranz liegen, wenn die Stichprobenkontrolle einen arithmetischen Mittelwert $\bar{x} = 100$ mm und eine Standardabweichung $s = 0{,}1$ mm ergab.

Summenfunktion für u siehe Tabelle 1, Kapitel 4.3

OGW = oberer Grenzwert
UWG = unterer Grenzwert

$$\boxed{u_{ob} = \frac{OGW - \bar{x}}{s}}$$

$$u_{ob} = \frac{(100{,}3 - 100) \text{ mm}}{0{,}1 \text{ mm}} = 3$$

$$\boxed{u_{un} = \frac{\bar{x} - UGW}{s}}$$

$$u_{un} = \frac{(100 - 99{,}80) \text{ mm}}{0{,}1 \text{ mm}} = 2$$

Daraus folgt aus Tabelle 1:
Überschreitung: u_{ob} = 0,13 %
Unterschreitung: u_{un} = 2,28 %
Fehlerhafte Fertigung: **2,41** %

39 Für eine zulässige Oberflächenhärte „310 – 335 HBW 2,5"
ergab die Prüfung nach Brinell folgende 15 Messwerte in HBW:

331	321	333	335	329
317	321	311	325	315
311	329	327	319	329

Ermitteln Sie die Kennwerte $\bar{x}$ und s sowie den Anteil der fehlerhaften Fertigung
a) mit dem Taschenrechner,
Summenfunktion für u siehe Tabelle 1, Kapitel 4.3
b) grafisch im untenstehenden Wahrscheinlichkeitsnetz.
Summenhäufigkeitswerte für Messreihen mit Stichproben ≤25 siehe Tabelle 2, Kapitel 4.3

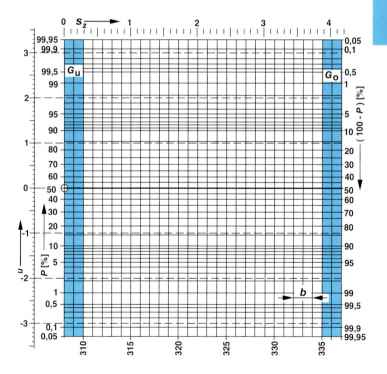

5 Qualitätsmanagement

Lösung der Aufgabe **39**

a) $\bar{x} = \mathbf{323{,}5}$ HBW und $s = \mathbf{7{,}76}$ HBW

$$u_{ob} = \frac{OGW - \bar{x}}{s} = \frac{335 \text{ HBW} - 323{,}5 \text{ HBW}}{7{,}76 \text{ HBW}} = 1{,}48 \Rightarrow 6{,}94\,\%$$

$$u_{un} = \frac{\bar{x} - UGW}{s} = \frac{323{,}5 \text{ HBW} - 310 \text{ HBW}}{7{,}76 \text{ HBW}} = 1{,}74 \Rightarrow 4{,}09\,\%$$

Summe der fehlerhaften Fertigung **11,03 %**

b) Stichprobe geordnet und Summenhäufigkeit (Tabelle 2) zugeordnet:

311 ⇨ 4,1 %	317 ⇨ 23,9 %	321 ⇨ 43,3 %	329 ⇨ 63,3 %	331 ⇨ 82,9 %
311 ⇨ 10,6 %	319 ⇨ 30,2 %	325 ⇨ 50,0 %	329 ⇨ 69,8 %	333 ⇨ 89,4 %
315 ⇨ 17,1 %	321 ⇨ 36,7 %	327 ⇨ 56,7 %	329 ⇨ 76,1 %	335 ⇨ 95,9 %

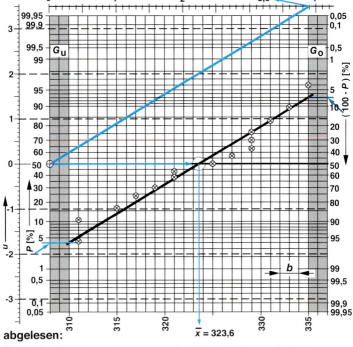

abgelesen:

$\bar{x} = \mathbf{323{,}6}$ HBW und $s = s_z \cdot b = 3{,}9 \cdot 2 \text{ HBW} = \mathbf{7{,}8}$ HBW

über Toleranz: 7 %
unter Toleranz: 4 % } fehlerhafte Fertigung: **11** %

5 Qualitätsmanagement

40 Warum werden Messwerte häufig in Klassen zusammengefasst?

Weil eine graphische Darstellung der Verteilung mit allen Messwerten nicht aussagefähig wäre.

41 Wie lauten die Formeln zur Berechnung der Klassenanzahl k und der Klassenweite w?

Klassenzahl:

$$k \approx \sqrt{n}$$

n = Anzahl der Messwerte

Klassenweite:

$$w = \frac{R}{k} = \frac{x_{max} - x_{min}}{k}$$

R = Range
x_{max} = größter Messwert
x_{min} = kleinster Messwert

42 Das Prüfmerkmal geschliffener Düsennadeln ist der Führungsdurchmesser $6^{+0,010}_{+0,005}$

Die Prüfwerte einer Stichprobe vom Umfang $n = 50$ sind in der nebenstehenden Urliste als Abmaße vom Nennmaß in μm zusammengestellt.

URLISTE				
MERKMAL: Abmaße in μm		$6{,}000^{+0,010}_{+0,005}$		
1	9,0	6,4	9,0	10,0	9,2
2	9,0	4,8	5,2	7,4	7,8
3	7,3	6,0	7,6	8,0	7,2
4	5,6	6,2	6,2	7,8	6,2
5	8,2	8,8	7,0	8,0	6,4
6	10,0	5,6	8,2	8,2	6,0
7	8,4	6,4	7,0	8,6	5,6
8	8,2	6,2	7,5	6,8	7,6
9	7,4	4,4	5,6	8,2	7,2
10	7,4	6,8	6,0	6,4	10,6

42.1 Berechnen Sie die Klassenanzahl k und die Klassenweite w.

$$k \approx \sqrt{n} = \sqrt{50} \approx 7$$

$$w = \frac{(10{,}6 - 4{,}4)\,\text{mm}}{7} \approx 0{,}9\,\text{mm}$$

5 Qualitätsmanagement

42.2 Legen Sie die Klassengrenzen fest und erstellen Sie eine Strichliste.

Klassengrenzen der Abmaße:

Klassen in µm		
Nr.	von	bis
1	4,35	5,25
⋮	⋮	⋮
7	9,75	10,65

Damit kein Prüfwert auf einer Klassengrenze liegt, geht man mit der Zahl 5 eine Dezimale tiefer als die Messwerte, hier 4,35 µm statt 4,4 µm.

Strichliste:

Klasse			Strichliste	absolut
Nr.	von	bis		
1	4,35	5,25	I I I	3
2	5,25	6,15	I I I I I I I	7
3	6,15	7,05	I I I I I I I I I I I I	12
4	7,05	7,95	I I I I I I I I I I I	11
5	7,95	8,85	I I I I I I I I I I	10
6	8,85	9,75	I I I I	4
7	9,75	10,65	I I I	3

42.3 Erstellen Sie ein Histogramm und bewerten Sie die Verteilung.

Histogramm:

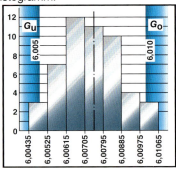

Der Prozess ist nicht fähig, weil die Streuung zu groß ist. Auch die Lage könnte noch optimiert werden.

42.4 Die Auswertung der Urliste liefert die nebenstehende Summenhäufigkeit der Abmaße des Führungsdurchmesser $6^{+0,010}_{+0,005}$.

Ermitteln Sie aus dem Wahrscheinlichkeitsnetz
a) den Mittelwert und die Standardabweichung
b) wie viel Prozent der Teile innerhalb der Toleranz liegen.

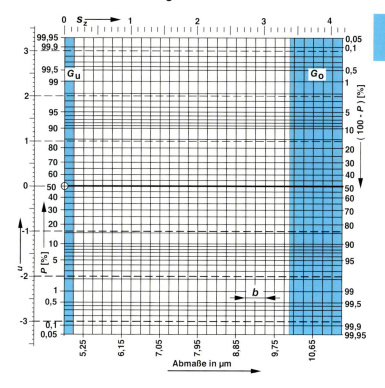

Lösung der Aufgabe 42.2

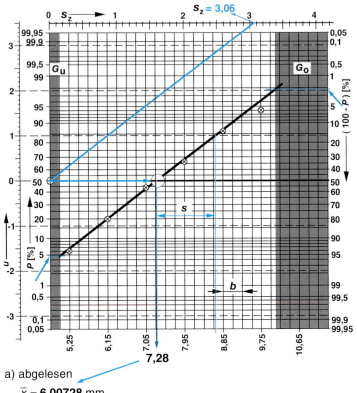

a) abgelesen

$\bar{x} = \mathbf{6{,}00728}$ mm
$s = s_z \cdot b = 3{,}06 \cdot 0{,}45$ µm $= \mathbf{1{,}377}$ µm

b) abgelesen
über Toleranz: 2,6 %
unter Toleranz: 4,9 %   } in der Toleranz: **92,5** %

Maschinenfähigkeitsuntersuchung (MFU):

43 Die Fertigung des abgebildeten Lagerzapfens erfolgt auf einer neuen CNC-Drehmaschine in Serie und soll mit Regelkarten überwacht werden.

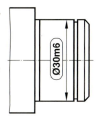

Der beste Prozess kann jedoch nur korrekt ablaufen, wenn die Maschine in der Lage ist die Fertigungsaufgabe zu erfüllen, d.h., die in der Zeichnung vorgegebenen Toleranzen herstellen zu können.

Aus diesem Grunde muss vor Beginn der Produktion die ausgewählte Maschine in einer Musterserie ihre Fähigkeit nachweisen. Bei der durchzuführenden Maschinenfähigkeitsuntersuchung dient der Durchmesser des Kugellagerinnenringsitzes ⌀30m6 als Prüfkriterium.

- Die Untersuchung erfolgte mit einer Stichprobe n = 50. Aus ihr wurden die Parameter $\bar{x}$ und s bestimmt und als Schätzwert für die Grundgesamtheit benutzt; $\bar{x} = \hat{\mu}$ und $s = \hat{\sigma}$.
- Die Maschine gilt als fähig, wenn die Toleranz mindestens den 10-fachen Wert von s beträgt. Mit anderen Worten: 99,99998 % der gefertigten Teile werden innerhalb der Toleranzgrenzen erwartet. Die Maschinenfähigkeitskennzahl c_m nimmt dann einen Wert gleich oder größer 1,67 an ($c_m \geq 1{,}67$).
- Mit der Berechnung des c_{mk}-Wertes ($c_{mk} \geq 1{,}67$) wird die Lage der Verteilung innerhalb der Toleranz untersucht.
- Die Messreihe von n = 50 Teilen liefert folgende Kennwerte: geschätzter Mittelwert: $\bar{x} = \hat{\mu}$ = 30,011 mm und geschätzte Standardabweichung $s = \hat{\sigma}$ = 1 µm.

Aufgabe analysieren

43.1 Welche für die MFU-Ermittlung wichtigen Informationen sind der Aufgabenstellung zu entnehmen?

Prüfkriterium ⌀30m6:
- OGW = 30,021 mm
- UGW = 30,008 mm
- T = 0,013 mm

Schätzwerte:
- $\bar{x} = \hat{\mu}$ = 30,011 mm
- $s = \hat{\sigma}$ = 1 µm

Maschinenfähigkeitskennzahlen:
- $c_m \geq 1{,}67$
- $c_{mk} \geq 1{,}67$

5 Qualitätsmanagement

MFU planen

43.2 Bei der MFU soll nur die Maschine betrachtet werden. Die anderen Einflussgrößen wie **M**ensch, **M**aterial, **M**ethode, **M**itwelt und **M**essbarkeit sollen keinen Einfluss auf die Untersuchung haben.
Welche Vorbereitungen sind für die Durchführung der Maschinenfähigkeitsuntersuchung zu treffen?

- Teile vorbereiten und sicherstellen, dass sie derselben Lieferungscharge entstammen.
- Die Maschine mindestens 1 Stunde vor der MFU in Betrieb nehmen und kontrollieren, ob sich die Temperatur der Maschine nicht mehr ändert.
- Ein kalibriertes, fähiges Messmittel liegt vor.
- Ein erfahrener Maschinenbediener wird ausgewählt, der die Maschine mit neuen Werkzeugen versieht, die Einmessung der Werkzeuge vornimmt, einige Werkstücke mit den geforderten Maßen fertigt, die Maße kontrolliert und die Maschine auf Toleranzmitte einstellt (Vorlauf).

MFU durchführen

43.3 Erläutern Sie die Durchführung der Maschinenfähigkeitsuntersuchung.

- Die 50 Teile werden unter Idealbedingungen hergestellt. Der Fertigungsablauf darf während der Untersuchung nicht unterbrochen werden.
- Das vorher festgelegte Prüfmerkmal ⌀30m6 wird mit geeigneten anzeigenden Prüfmitteln gemessen.
- Die Werte werden in einer Urwertliste protokolliert.
- Die gemessenen Teile werden im Protokoll und körperlich fortlaufend gekennzeichnet.
- Die Messdaten werden auf Anomalien, Messfehler oder Ausreißer untersucht und Einzelmessungen gegebenenfalls wiederholt.

43.4 Berechnen Sie die Maschinenfähigkeitskennzahlen c_m und c_{mk}.

$$c_m = \frac{T}{6 \cdot \hat{\sigma}}$$

$$c_m = \frac{30{,}021 \text{ mm} - 30{,}008 \text{ mm}}{6 \cdot 0{,}001 \text{ mm}}$$

$$= \mathbf{2{,}16}$$

$Z_{ob} = OGW - \hat{\mu}$

$Z_{ob} = 30{,}021 \text{ mm} - 30{,}011 \text{ mm}$

$\quad = 0{,}01 \text{ mm}$

$Z_{un} = \hat{\mu} - UGW$

$Z_{un} = 30{,}011 \text{ mm} - 30{,}008 \text{ mm}$

$\quad = 0{,}003 \text{ mm} = Z_{krit}$

$$c_{mk} = \frac{Z_{krit}}{3 \cdot \hat{\sigma}} = \frac{0{,}003 \text{ mm}}{3 \cdot 0{,}001 \text{ mm}} = \mathbf{1{,}0}$$

43.5 Zeichnen bzw. kennzeichnen Sie in der unten stehenden Abbildung:
- geschätzter Mittelwert $\bar{x} = \hat{\mu}$ als Mittellinie bei 30,011 mm
- eine $6 \cdot \hat{\sigma}$ breite Glockenkurve
- Toleranz T
- $Z_{un} = \hat{\mu}$ - UWG
- Z_{ob} = OWG - $\hat{\mu}$

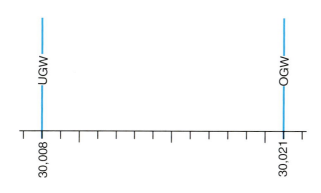

5 Qualitätsmanagement

Lösung der Aufgabe 43.5

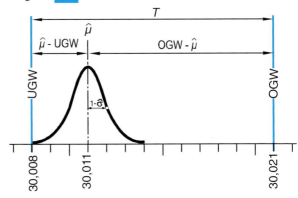

MFU bewerten

43.6 Betrachten Sie das Ergebnis der Berechnungen und die grafische Darstellung der MFU und bewerten Sie das Ergebnis.

Das Ergebnis zeigt, dass die Standardabweichung mit den geforderten $10 \cdot s$ innerhalb der Toleranzgrenzen ($13 \cdot s$) viel Platz findet. Die Streuung ist bei der Forderung von $c_m \geq 1{,}67$ mehr als ausreichend.

Betrachtet man die Lage des Mittelwertes bezüglich der Toleranzgrenzen, so zeigt sich eine starke Verschiebung nach links zum unteren Grenzwert (UGW). Dies bringt der c_{mk}-Wert mit $c_{mk} = 1{,}0$ deutlich zum Ausdruck.

Der Abstand des Mittelwertes zur oberen Toleranzgrenze ist mit $10 \cdot s$ absolut unkritisch.

Der kritische Abstand besteht zur unteren Toleranzgrenze. Dieser ist mit $3 \cdot s$ zu klein.

Die Maschinenfähigkeit ist somit **nicht** gegeben!

Prozesskennwerte, Prozessfähigkeitsuntersuchung

44 Mit welchen Formeln werden die folgenden Prozess-Kennwerte berechnet

- Prozess-Mittelwert $\bar{\bar{x}}$
- Prozess-Spannweite $\bar{R}$
- Prozess-Standardabweichung $\bar{s}$?

$$\bar{\bar{x}} = \frac{\sum \bar{x}}{n} \quad \frac{\text{Summe } \bar{x} \text{ aus allen Stichproben}}{\text{Anzahl der Stichproben}}$$

$$\bar{R} = \frac{\sum R}{n} \quad \frac{\text{Summe } R \text{ aus allen Stichproben}}{\text{Anzahl der Stichproben}}$$

$$\bar{s} = \frac{\sum s}{n} \quad \frac{\text{Summe } s \text{ aus allen Stichproben}}{\text{Anzahl der Stichproben}}$$

45 Wofür stehen in der statistischen Prozessregelung
- lateinische Buchstaben
- griechische Buchstaben
- griechische Buchstaben mit Dach?

- lateinische Buchstaben stehen für Stichproben, z. B. s oder R
- griechische Buchstaben für die Grundgesamtheit, z. B. μ oder σ
- griechische Buchstaben mit Dach kennzeichnen Schätzwerte für die Grundgesamtheit, z. B. $\hat{\mu}$ oder $\hat{\sigma}$

46 Um eine Voraussage über die Prozessfähigkeit der Fertigung des Wellenzapfens treffen zu können, wurde eine Langzeituntersuchung von 110 Messwerten aus einzelnen Stichproben $n = 5$ zugrunde gelegt.
Aus ihr sollen nun Prozesskennwerte ermittelt werden, die die Grundlage für die anschließende Schätzung für die Grundgesamtheit bilden.

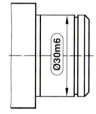

m / n	1	2	3	4	5	6	7	8	9	10	11	12	13	14	15	16	17	18	19	20	21	22
1	15	14	16	16	16	18	21	16	18	18	16	20	20	14	17	17	19	18	15	19	19	17
2	16	20	20	14	17	17	18	15	17	19	15	18	19	17	15	20	18	17	14	17	16	19
3	15	17	19	17	15	17	19	17	19	17	16	17	18	16	17	17	21	15	18	16	17	18
4	17	18	15	16	17	20	19	14	17	19	17	14	15	13	20	18	18	16	17	18	18	19
5	16	17	18	13	20	17	18	18	16	18	15	17	16	16	16	17	19	14	16	17	17	18
$\bar{x}$	16	17	18	15	17	18	19	16	17	18	16	17	18	15	17	18	19	16	16	17	17	18
R	2	6	5	4	5	3	3	4	3	2	2	6	5	4	5	3	3	4	4	3	3	2

5 Qualitätsmanagement

46.1 Ermitteln Sie folgende Prozesskennwerte:

- $\bar{\bar{x}}$: Prozess-Mittelwert (x doppelquer)
- R: Prozess-Spannweite (R quer)
- $\bar{s}$: Prozess-Standardabweichung (s quer)

Formel und Faktoren zur Abschätzung der Standardabweichung siehe Tabelle 3.

- Prozess-Mittelwert:
$$\bar{\bar{x}} = \frac{\sum \bar{x}_i}{m} = \frac{374\,\mu m}{22} = 17\,\mu m$$

- Prozess-Spannweite
$$\bar{R} = \frac{\sum R_i}{m} = \frac{81,4\,\mu m}{22} = 3,7\,\mu m$$

- Prozess-Standardabweichung
$$\bar{s} = \frac{a_n}{d_n} \cdot \bar{R}$$

$$\bar{s} = \frac{0,940}{2,326} \cdot 3,7\,\mu m = 1,5\,\mu m$$

46.2 Berechnen Sie mit Hilfe der ermittelten Prozesskennwerte die geschätzte Standardabweichung $\hat{\sigma}$.

Formel und Faktoren zur Abschätzung der Standardabweichung siehe Tabelle 3.

Geschätzte Standardabweichung:
$$\hat{\sigma} = \frac{\bar{s}}{a_n} = \frac{1,5\,\mu m}{0,940} = 1,59\,\mu m$$

46.3 Berechnen Sie für den Wellenzapfen ⌀35m6 den c_p-Wert.

Prüfkriterium ⌀30m6:
- OGW = 30,021 mm
- UGW = 30,008 mm
- T = 0,013 mm = 13 µm

Schätzwerte:
- $\hat{\sigma} = 1,59$ µm

Berechnung:
$$c_p = \frac{T}{6 \cdot \hat{\sigma}} = \frac{13\,\mu m}{6 \cdot 1,59\,\mu m} = 1,36$$

47 Ein Prozess gilt als „fähig", wenn er den Prozesskennwert $c_p \geq 1{,}33$ aufweist.
a) Geben Sie die Formel zur Berechnung des c_p-Wertes an.
b) Erläutern Sie, wie der Wert $\geq 1{,}33$ zustande kommt.

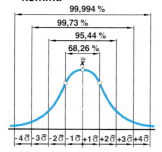

a) Formel:

$$c_p = \frac{T}{6 \cdot \hat{\sigma}}$$

Toleranz
capability
process

b) Für eine fehlerfreie Fertigung müssen alle Werte innerhalb der Toleranz liegen. Dies entspricht einer Standardabweichung von mindestens $8 \cdot \hat{\sigma}$ ($= 99{,}994\ \%$ Wahrscheinlichkeit).
Für die Mindestanforderung an einen sicheren Prozess gilt $99{,}73\ \%$ Wahrscheinlichkeit, also $6 \cdot \hat{\sigma}$. Setzt man diese Werte in die Formel ein, so ergibt sich der Wert 1,33.

$$c_p = \frac{T}{6 \cdot \hat{\sigma}} = \frac{8 \cdot \hat{\sigma}}{6 \cdot \hat{\sigma}} = \frac{8}{6} = 1{,}33$$

48 Mit welchen Formeln wird bei einer Prozessfähigkeitsuntersuchung der Prozessfähigkeitswert c_{pk} berechnet?

$$c_{pk} = \frac{Z_{krit}}{3 \cdot \hat{\sigma}} \geq 1{,}33$$

wobei Z_{krit} der kleinere Wert aus Z_{ob} und Z_{un} ist.

$$Z_{ob} = OGW - \bar{\bar{x}} \qquad Z_{un} = \bar{\bar{x}} - UGW$$

49 In welchem Fall bezeichnet man einen Fertigungsprozess als
a) „fähig"
b) „beherrscht"?

a) Ein Prozess ist dann **fähig**, wenn die Streuung über längere Zeit innerhalb bestimmter Grenzwerte liegt.
b) Ein Prozess ist dann **beherrscht**, wenn es gelingt, den Mittelwert so zu halten, dass die Lage gut mit der Toleranzmitte übereinstimmt.

5 Qualitätsmanagement

50 Skizzieren Sie die möglichen Normalverteilungen für den Prozessfähigkeitskennwert $c_{pk} = 0$. Begründen Sie das Ergebnis.

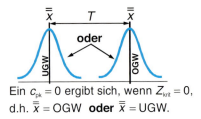

Ein $c_{pk} = 0$ ergibt sich, wenn $Z_{krit} = 0$, d.h. $\overline{\overline{x}} = $ OGW **oder** $\overline{\overline{x}} = $ UGW.

51 Für das Prüfmerkmal Führungsdurchmesser $6^{+0,010}_{+0,005}$ geschliffener Düsennadeln wurden zur Prozessfähigkeitsuntersuchung im Vorlauf 22 mal je 5 Stichproben gezogen. Die Messwerteaufbereitung ergab:
$\overline{\overline{x}} = 6,007$ mm
$\overline{R} = 1,396$ μm
$\overline{s} = 0,564$ μm
Berechnen die Prozesskennwerte c_p und c_{pk} und beurteilen Sie das Ergebnis, wenn beide Kennwerte ≥ 1,33 sein sollen.

Formel und Faktoren zur Abschätzung der Standardabweichung siehe Tabelle 3.

$\hat{\sigma} = \dfrac{\overline{s}}{a_n} = \dfrac{0,564 \, \mu m}{0,940} = \mathbf{0,6} \, \mu m$

$c_p = \dfrac{T}{6 \cdot \hat{\sigma}} = \dfrac{5 \, \mu m}{3,6 \, \mu m} = \mathbf{1,39}$

Der Prozess ist **"fähig"**

$Z_{ob} = $ OGW $- \overline{\overline{x}} = (10 - 7) \, \mu m = 3 \, \mu m$
$Z_{un} = \overline{\overline{x}} - $ UGW $= (7 - 5) \, \mu m = \mathbf{2} \, \mu m$

$c_{pk} = \dfrac{Z_{krit}}{3 \cdot \hat{\sigma}} = \dfrac{2 \, \mu m}{1,8 \, \mu m} = \mathbf{1,11}$

"nicht beherrscht", Zentrierung muss verbessert werden

52 Interpretieren Sie die Verteilungsschaubilder hinsichtlich der Prozessfähigkeit.

Bild a)

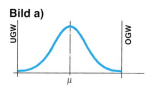

Bild b)

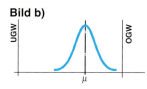

Bild c)

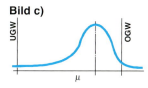

Bild d)

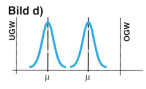

Bild e)

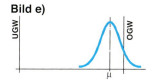

a) Der Prozess ist „beherrscht", da er sehr gut zentriert ist und auch „fähig", da die Streuung innerhalb der Grenzen liegt. Aber eine nur geringe Verschiebung des Mittelwertes führt zu fehlerhaften Teilen. Daher wird eine Verringerung der Streuung notwendig oder eine Erweiterung der Toleranz.

b) Der Prozess hat eine kleine Streuung, bei der die Verschiebung der Lage keine nennenswerten Auswirkungen auf die Qualität hat. Der Prozess ist „fähig" und „beherrscht". Die Lage könnte noch optimiert werden.

c) Der Prozess ist weder „fähig" noch „beherrscht". Die Streuung muss verkleinert werden.

d) Der Prozess beinhaltet eine Überlagerung zweier Verteilungen mit sehr verschiedenen Mittelwerten und jeweils geringer Streuung. Eine solche *Mischverteilung* ergibt sich beispielsweise, wenn
  • lagerhaltige Teile mit neu produzierten vermischt werden
  • die Teile auf zwei Maschinen gefertigt wurden.

e) Der Prozess ist zwar „fähig", da die Streuung gering ist, aber der Mittelwert ist in Richtung obere Toleranzgrenze (OGW) verschoben. Der Prozess ist momentan „nicht beherrscht", kann aber z. B. durch erhöhte Zustellung in die Toleranzmitte verschoben werden.

5 Qualitätsmanagement

Regelkarten

53 Worin unterscheiden sich „Annahmeregelkarten" und „Prozessregelkarten" (Shewart-Karten)?

Annahmeregelkarten haben feste, aus den Toleranzgrenzen errechnete Grenzen. Sie werden meist bei Prozessen mit stabiler Streuung und geringen Mittelwertschwankungen verwendet.

Prozessregelkarten sind zweispurig aufgebaut, z. B. $\bar{x}$ – Karte und s-Karte. Die Grenzen werden meist aus dem Vorlauf errechnet.

54 Warum werden Prozessregelkarten, Shewart-Karten, zweispurig geführt?
Zum Beispiel:
$\bar{x}$ – Karte und s-Karte
oder
$\bar{x}$ – Karte und R-Karte

Die Mittelwertkarte ($\bar{x}$ – Karte) zeigt, wo sich der Mittelwert, bezogen auf die Eingriffsgrenzen, befindet. Mit ihr wird nur die Lage des Fertigungsprozesses dokumentiert. Damit keine fehlerhaften Teile produziert werden, muss zusätzlich die Prozessstreuung untersucht werden. Diese wird in der R-Karte oder s-Karte dokumentiert.

55 Skizzieren Sie den Aufbau einer Shewart-Qualitätsregelkarte.

56 Welche Informationen können einer Qualitätsregelkarte entnommen werden?

- zeitlicher Verlauf der Messwerte
- Ist-Zustand der Qualität
- Auftreten von systematischen Störgrößen
- obere und untere Warn- und Eingriffsgrenzen

57 Wie erfolgt die Statistische Prozesslenkung mittels Qualitätsregelkarten?

Die in regelmäßigen Abständen entnommenen Prüfergebnisse werden in die Qualitätsregelkarten eingetragen.
Erreichen diese Werte die berechneten Grenzen, wird zur Fehlervermeidung die Fertigung korrigiert.

58 Welche Maßnahmen ergreifen Sie, wenn ein Stichprobenwert
a) die Warngrenze
b) die Eingriffsgrenze
überschreitet?

a) Sofort oder nach kurzer Zeit eine erneute Stichprobe ziehen, Fertigungsprozess beobachten.
b) Fertigung stoppen.
Alle seit der letzten Stichprobe gefertigten Teile aussortieren.
Fertigungsprozess neu einrichten, d.h. Störgrößen beseitigen, z. B. vorzeitig verschlissenes Werkzeug wechseln.

59 Wie bezeichnet man das abgebildete Prozessverhalten?
Geben Sie eine mögliche Ursache an.

Bei 7 und mehr steigenden oder fallenden Werten spricht man von einem *TREND*.
Eine mögliche Ursache könnte ein Werkzeugverschleiß sein.

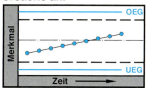

5 Qualitätsmanagement

60 **Warum bezeichnet man den abgebildeten Merkmalsverlauf als „MIDDLE THIRD"? Geben Sie mögliche Ursachen hierfür an.**

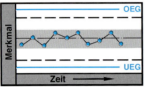

Nach den Gesetzmäßigkeiten der Normalverteilung liegen im mittleren Drittel zwischen den Eingriffsgrenzen 2/3 der Merkmalswerte.
Liegen in diesem Bereich mehr Werte, bezeichnet man die Verteilung als „Middle Third".
Mögliche Ursachen können z. B. falsch gewählte Eingriffsgrenzen oder eine Blockade der Messgeräteanzeige sein.

61

a) Zeichnen Sie den charakteristischen Stichprobenverlauf für einen „RUN" in eine Qualitätsregelkarte ein.
b) Geben Sie eine mögliche Ursache an, wenn dieser Merkmalsverlauf in der Mittelwertkarte bzw. in der Streuungskarte auftritt.

a) Ein **RUN** liegt vor, wenn in 7 aufeinander folgenden Stichproben jeweils Werte nur oberhalb oder unterhalb der Mittellinie liegen.

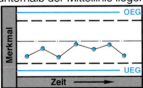

b) Als mögliche Ursache kommen in Frage bei einer
  - Mittelwertkarte z. B. ein Schneidkantenbruch
  - Streuungskarte z. B. ein Lagerschaden.

5 Qualitätsmanagement

Grenzen von Regelkarten berechnen und erstellen

62 Der Vorlauf (Stichprobenumfang n = 5) ergab hinsichtlich einer zu prüfenden Gehäusebohrung Ø20H7 die Prozesswerte
$\bar{\bar{x}}$ = 20,012 mm und
$\bar{s}$ = 0,002 mm.
Überprüfen Sie durch eine Prozessfähigkeitsuntersuchung, ob eine SPC-Überwachung gestartet werden kann.

Sollwerte:
c_p = 1,33
c_{pk} = 1,33

Formel und Faktoren zur Abschätzung der Standardabweichung siehe Tabelle 3.

- Faktor a_n = 0,940 zur Abschätzung der Standardabweichung aus Tabelle 3.
- Berechnung der geschätzten Standardabweichung $\hat{\sigma}$:

$$\hat{\sigma} = \frac{\bar{s}}{a_n} = \frac{0,002 \text{ mm}}{0,940}$$

$$\hat{\sigma} = 0,0021 \text{ mm}$$

- Berechnung der Prozessfähigkeitswert c_p:

$$c_p = \frac{T}{6 \cdot \hat{\sigma}}$$

$$c_p = \frac{0,021 \text{ mm}}{6 \cdot 0,0021 \text{ mm}} = 1,67$$

- Berechnung der Prozessfähigkeitswert c_{pk}:

$$Z_{OB} = OGW - \bar{\bar{x}}$$
$$Z_{OB} = 20,021 \text{ mm} - 20,012 \text{ mm}$$
$$Z_{OB} = 0,009 \text{ mm}$$

$$Z_{UN} = \bar{\bar{x}} - UGW$$
$$Z_{UN} = 20,012 \text{ mm} - 20,000 \text{ mm}$$
$$Z_{UN} = 0,012 \text{ mm}$$

$$c_{pk} = \frac{Z_{krit}}{3 \cdot \hat{\sigma}}$$

$$c_{pk} = \frac{0,009 \text{ mm}}{3 \cdot 0,0021 \text{ mm}} = 1,43$$

Der Prozess ist fähig und beherrscht und somit für eine SPC-Überwachung geeignet.

62.1 Die Fertigung Gehäusebohrung Ø20H7 soll mittels Regelkarten überwacht werden.
Berechnen Sie die Grenzen für eine $\bar{x}$ / s-Karte.

Ermittlung der zur Grenzenberechnung notwendigen Faktoren aus den Tabellen:
- $A_E = 1{,}152$ und $A_W = 0{,}877$
- $B_{OEG} = 1{,}927$ und $B_{OWG} = 1{,}669$
- $B_{UWG} = 0{,}348$ und $B_{UEG} = 0{,}227$

weitere Faktoren aus 20H7
- $N = 20{,}000$ mm
- $T = 0{,}021$ mm
- $OGW = 20{,}021$ mm
- $UGW = 20{,}000$ mm

Schätzwerte:
- $\bar{\bar{x}} = \hat{\mu} = 20{,}012$ mm
- $\hat{\sigma} = 0{,}0021$ mm

Grenzenberechnung
- Mittelwertkarte:
  Eingriffsgrenzen:
  $OEG = \hat{\mu} + A_E \cdot \hat{\sigma} = 20{,}014$ mm
  $UEG = \hat{\mu} - A_E \cdot \hat{\sigma} = 20{,}009$ mm
  Warngrenzen:
  $OWG = \hat{\mu} + A_W \cdot \hat{\sigma} = 20{,}013$ mm
  $UWG = \hat{\mu} - A_W \cdot \hat{\sigma} = 20{,}010$ mm

- Standardabweichungskarte:
  Eingriffsgrenzen:
  $OEG = B_{OEG} \cdot \hat{\sigma} = 0{,}004$ mm
  $UEG = B_{UEG} \cdot \hat{\sigma} = 0{,}0005$ mm
  Warngrenzen:
  $OWG = B_{OWG} \cdot \hat{\sigma} = 0{,}0035$ mm
  $UWG = B_{UWG} \cdot \hat{\sigma} = 0{,}0007$ mm
  Mittellinie:
  $M = a_n \cdot \hat{\sigma} = 0{,}002$ mm

5 Qualitätsmanagement

62.2 Erstellen Sie mit den berechneten Grenzen die
$\bar{x}/s$ – Regelkarten, berechnen Sie die $\bar{x}$- und s-Werte aus den folgenden 10 Stichproben und tragen Sie diese in die Karten ein.

Stichprobe	1	2	3	4	5
x_1	20,014	20,014	20,014	20,010	20,009
x_2	20,008	20,012	20,016	20,007	20,012
x_3	20,010	20,009	20,014	20,009	20,014
x_4	20,006	20,012	20,011	20,010	20,012
x_5	20,013	20,013	20,009	20,011	20,013
$\bar{x}$					
s					

Stichprobe	6	7	8	9	10
x_1	20,013	20,010	20,014	20,011	20,014
x_2	20,010	20,011	20,010	20,014	20,013
x_3	20,013	20,014	20,014	20,015	20,013
x_4	20,008	20,009	20,008	20,013	20,010
x_5	20,009	20,010	20,014	20,010	20,016
$\bar{x}$					
s					

5 Qualitätsmanagement

Lösung der Aufgabe 62.2

Berechnung von $\bar{x}$ und s.

Stichprobe	1	2	3	4	5
$\bar{x}$	20,010	20,012	20,013	20,009	20,012
s	0,0033	0,0019	0,0028	0,0015	0,0019

Stichprobe	6	7	8	9	10
$\bar{x}$	20,011	20,011	20,012	20,013	20,013
s	0,0023	0,0019	0,0028	0,0021	0,0022

Regelkarten mit Grenzen und eingetragenen $\bar{x}$- und s-Werten.

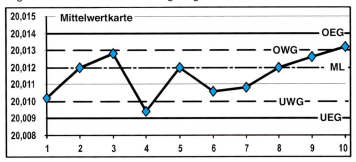

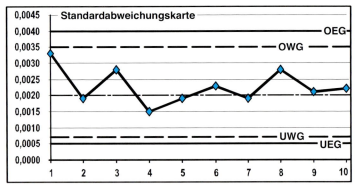

5 Qualitätsmanagement

62.3 Diskutieren Sie das Ergebnis der Regelkarten.

Die Streuspur weist völlig normale Schwankungen auf und bewegt sich innerhalb der Grenzen. Sie ist also als unauffällig zu bewerten und bietet keinerlei Veranlassung zum Eingreifen.
Bei der Mittelwertbetrachtung dagegen zeigt die 4. Stichprobe eine Warngrenzenüberschreitung, was kurzfristig zu einer erneuten Stichprobenentnahme führen muss. Ferner steigen die Mittelwerte ab Stichprobe 6 kontinuierlich an, was zu einem „Trend" führen könnte. Dies entscheidet sich in den nächsten beiden Stichproben, die dann wahrscheinlich auch eine Überschreitung der oberen Grenzen hervorrufen würden.

5.4 Tabellen / Formeln

u	P %	α %	u	P %	α %	u	P %	α %
0,00	0,00	50,00	1,50	86,64	6,68	3,00	99,73	0,13
0,05	3,98	48,01	1,55	87,89	6,06	3,05	99,78	0,11
0,10	7,97	46,02	1,60	89,04	5,48	3,10	99,81	0,10
0,15	11,92	44,04	1,65	90,11	4,95	3,15	99,84	0,08
0,20	15,85	42,07	1,70	91,09	4,46	3,20	99,86	0,07
0,25	19,74	40,13	1,75	91,99	4,01	3,25	99,88	0,06
0,30	23,58	38,21	1,80	92,81	3,59	3,30	99,90	0,05
0,35	27,37	36,32	1,85	93,57	3,22	3,35	99,92	0,04
0,40	31,08	34,46	1,90	94,26	2,88	3,40	99,93	0,03
0,45	34,73	32,64	1,95	94,88	2,56	3,45	99,94	0,03
0,50	38,29	30,85	2,00	95,45	2,28	3,50	99,95	0,02
0,55	41,77	29,12	2,05	95,96	2,02	3,60	99,97	0,02
0,60	45,15	27,43	2,10	96,43	1,79	3,70	99,98	0,01
0,65	48,43	25,78	2,15	96,84	1,58	3,80	99,99	0,01
0,70	51,61	24,20	2,20	97,22	1,39			
0,75	54,67	22,66	2,25	97,56	1,22	\multicolumn{3}{c}{$100\% = P\% + 2 \cdot \alpha\%$}		
0,80	57,63	21,19	2,30	97,86	1,07			
0,85	60,47	19,77	2,35	98,12	0,94			
0,90	63,19	18,41	2,40	98,36	0,82	0,675	50,00	25,00
0,95	65,77	17,11	2,45	98,57	0,71	1,282	80,00	10,00
1,00	68,27	15,87	2,50	98,76	0,62	1,645	90,00	5,00
1,05	70,63	14,69	2,55	98,92	0,54	1,960	95,00	2,50
1,10	72,87	13,57	2,60	99,07	0,47	2,241	97,50	1,25
1,15	74,99	12,51	2,65	99,20	0,40	2,326	98,00	1,00
1,20	76,99	11,51	2,70	99,31	0,35	2,576	99,00	0,50
1,25	78,87	10,56	2,75	99,40	0,30	2,878	99,60	0,20
1,30	80,64	9,68	2,80	99,49	0,26	3,090	99,80	0,10
1,35	82,30	8,85	2,85	99,56	0,22	3,291	99,90	0,05
1,40	83,85	8,08	2,90	99,63	0,19	3,719	99,98	0,01
1,45	85,29	7,35	2,95	99,68	0,16	3,891	99,99	0,005

Tabelle 1: Summenfunktion für u

Ablesebeispiel: Für $u = 2,05$ liest man $\alpha = 2,02\ \%$ ab.
  D.h. es liegen einseitig 2,02 % der Teile außerhalb der Toleranz.

i	5	6	7	8	9	10	11	12	13	14	15
1	12,2	10,2	8,9	7,8	6,8	6,2	5,6	5,2	4,8	4,5	4,1
2	31,0	26,1	22,4	19,8	17,6	15,9	14,5	13,1	12,3	11,3	10,6
3	50,0	42,1	36,3	31,9	28,4	25,5	23,3	21,5	19,8	18,4	17,1
4	69,0	57,9	50,0	44,0	39,4	35,2	32,3	29,5	27,4	25,5	23,9
5	87,8	73,9	63,7	56,0	50,0	45,2	41,3	37,8	34,8	32,3	30,2
6		89,8	77,6	68,1	60,6	54,8	50,0	46,0	42,5	39,4	36,7
7			91,2	80,2	71,6	64,8	58,7	54,0	50,0	46,4	43,3
8				92,2	82,4	74,5	67,7	62,2	57,5	53,6	50,0
9					93,2	84,1	76,7	70,5	65,2	60,6	56,7
10						93,8	85,5	78,5	72,6	67,7	63,3
11							94,4	86,9	80,2	74,5	69,8
12								94,9	87,7	81,6	76,1
13									95,3	88,7	82,9
14										95,5	89,4
15											95,9

Tabelle 2:
Summenhäufigkeiten in % zur Eintragung ins Wahrscheinlichkeitsnetz für Stichproben zwischen $n = 5$ und $n = 15$

n	a_n	d_n	n	a_n	d_n
2	0,789	1,128	9	0,969	2,970
3	0,886	1,693	10	0,973	3,078
4	0,921	2,059	11	0,975	3,173
5	0,940	2,326	12	0,978	3,258
6	0,952	2,534	13	0,979	3,336
7	0,959	2,704	14	0,981	3,407
8	0,965	2,847	15	0,982	3,472

Tabelle 3: Faktoren zur Abschätzung der Standardabweichung

Formeln: $\overline{s} = \dfrac{a_n}{d_n} \cdot \overline{R}$; $\hat{\sigma} = \dfrac{\overline{R}}{d_n}$ oder $\hat{\sigma} = \dfrac{\overline{s}}{a_n}$

5 Qualitätsmanagement

N	A_E	A_W
1	2,576	1,960
2	1,821	1,386
3	1,487	1,132
4	1,288	0,980
5	1,152	0,877
6	1,052	0,800
7	0,974	0,741
8	0,911	0,693
9	0,859	0,653
10	0,815	0,620
11	0,777	0,591
12	0,744	0,566
13	0,714	0,544
14	0,688	0,524
15	0,665	0,506
16	0,644	0,490
17	0,625	0,475
18	0,607	0,462
19	0,591	0,450
20	0,576	0,438
21	0,562	0,428
22	0,549	0,418
23	0,537	0,409
24	0,526	0,400
25	0,515	0,392

Mittelwertkarte ($\bar{x}$ - Karte)

Eingriffsgrenzen:
$$OEG = \hat{\mu} + A_E \cdot \hat{\sigma}$$
$$UEG = \hat{\mu} - A_E \cdot \hat{\sigma}$$

Warngrenzen:
$$OWG = \hat{\mu} + A_W \cdot \hat{\sigma}$$
$$UWG = \hat{\mu} - A_W \cdot \hat{\sigma}$$

Spannweitenkarte (R - Karte)

Eingriffsgrenzen:
$$OEG = D_{OEG} \cdot \hat{\sigma}$$
$$UEG = D_{UEG} \cdot \hat{\sigma}$$

Warngrenzen:
$$OWG = D_{OWG} \cdot \hat{\sigma}$$
$$UWG = D_{UWG} \cdot \hat{\sigma}$$

Mittellinie: $M = d_n \cdot \hat{\sigma}$

Standardabweichungskarte (s - Karte)

Eingriffsgrenzen:
$$OEG = B_{OEG} \cdot \hat{\sigma}$$
$$UEG = B_{UEG} \cdot \hat{\sigma}$$

Warngrenzen:
$$OWG = B_{OWG} \cdot \hat{\sigma}$$
$$UWG = B_{UWG} \cdot \hat{\sigma}$$

Mittellinie: $M = a_n \cdot \hat{\sigma}$

Tabelle 4:

Kennwerte zur Berechnung der Grenzen der Mittelwertkarte nach DGQ

Qualitätsregelkarten - Formeln

zur Berechnung der Eingriffsgrenzen (beidseitig 99%-Zufallsstreubereich) und der Warngrenzen (beidseitig 95%-Zufallsstreubereich) der Mittelwert- und der Spannweitenkarte aufgezeigt.
Kennwerte siehe Tabellen 4 bis 6.

n	D_n	D_{OEG}	D_{OWG}	D_{UWG}	D_{UEG}
2	1,128	3,970	3,170	0,044	0,009
3	1,693	4,424	3,682	0,303	0,135
4	2,059	4,694	3,984	0,595	0,343
5	2,326	4,886	4,197	0,850	0,555
6	2,534	5,033	4,361	1,066	0,749
7	2,704	5,154	4,494	1,251	0,922
8	2,847	5,255	4,605	1,410	1,075
9	2,970	5,341	4,700	1,550	1,212
10	3,078	5,418	4,784	1,674	1,335
11	3,173	5,485	4,858	1,784	1,446
12	3,258	5,546	4,925	1,884	1,547
13	3,336	5,602	4,985	1,976	1,639
14	3,407	5,652	5,041	2,059	1,724
15	3,472	5,699	5,092	2,136	1,803
16	3,532	5,742	5,139	2,207	1,876
17	3,588	5,783	5,183	2,274	1,944
18	3,640	5,820	5,224	2,336	2,008
19	3,689	5,856	5,262	2,394	2,068
20	3,735	5,889	5,299	2,449	2,125
21	3,778	5,921	5,333	2,500	2,178
22	3,819	5,951	5,365	2,549	2,229
23	3,858	5,979	5,396	2,596	2,277
24	3,895	6,006	5,425	2,640	2,323
25	3,930	6,032	5,453	2,682	2,366

Tabelle 5: Kennwerte zur Berechnung der Grenzen bei der Spannweitenkarte nach DGQ

5 Qualitätsmanagement

n	a_n	B_{OEG}	B_{OWG}	B_{UWG}	B_{UEG}
2	0,798	2,807	2,241	0,031	0,006
3	0,886	2,302	1,921	0,159	0,071
4	0,921	2,069	1,765	0,268	0,155
5	0,940	1,927	1,669	0,348	0,227
6	0,952	1,830	1,602	0,408	0,287
7	0,959	1,758	1,552	0,454	0,336
8	0,965	1,702	1,512	0,491	0,376
9	0,969	1,657	1,480	0,522	0,410
10	0,973	1,619	1,454	0,548	0,439
11	0,975	1,587	1,431	0,570	0,464
12	0,978	1,560	1,412	0,589	0,486
13	0,979	1,536	1,395	0,606	0,506
14	0,981	1,515	1,379	0,621	0,524
15	0,982	1,496	1,366	0,634	0,540
16	0,983	1,479	1,354	0,646	0,554
17	0,985	1,463	1,343	0,657	0,567
18	0,985	1,450	1,333	0,667	0,579
19	0,986	1,437	1,323	0,676	0,590
20	0,987	1,425	1,315	0,685	0,600
21	0,988	1,414	1,307	0,692	0,610
22	0,988	1,404	1,300	0,700	0,619
23	0,989	1,395	1,293	0,707	0,627
24	0,989	1,386	1,287	0,713	0,635
25	0,990	1,378	1,281	0,719	0,642

Tabelle 6: Kennwerte zur Berechnung der Grenzen bei der Standardabweichungskarte nach DGQ

6 Steuerungs- und Regelungstechnik

6.1	Steuerung und Regelung	254
6.2	Darstellung logischer Verknüpfungen	257
6.3	Pneumatische Steuerungen	263
6.4	Sensoren	275
6.5	GRAFCET	277
6.6	Elektropneumatische Steuerungen	284
6.7	Hydraulische Steuerungen	290
6.8	Speicherprogrammierbare Steuerungen (SPS)	302
6.9	CNC-Steuerungen	319
6.9.1	Werkzeugformdatei	339

6 Steuerungs- und Regelungstechnik

6.1 Steuerung und Regelung

1 Welche Aufgabe hat die Steuerungs- und Regelungstechnik?

Sie hat die Aufgabe, Maschinen und Anlagen zu automatisieren, wobei die Automatisierung durch mechanische, pneumatische, hydraulische, elektrische und elektronische Steuerungs- und Regelungseinrichtungen ausgelöst und beeinflusst werden kann.

2 Was versteht man unter einer „Regelung"?

Die Regelung ist ein Vorgang, bei dem die Regelgröße „x", z. B. Druck oder Temperatur, fortlaufend gemessen und der Führungsgröße „w" (Sollwert) über die Stellgröße „y" angeglichen wird.
Dabei findet eine dauernde Rückwirkung der Regelgröße auf die Stellgröße statt (DIN 19226).

3 Wodurch kann es zu Veränderungen der Regelgröße kommen?

Durch Störgrößen „z", wie Temperaturschwankungen oder durch Änderung der Führungsgröße „w".

4 Was versteht man unter einer „Steuerung"?

Die Steuerung ist ein Vorgang, bei dem mit Hilfe einer Stellgröße eine Maschine oder Anlage beeinflusst wird.
Dabei findet von der zu steuernden Größe keine Rückwirkung auf die Stellgröße statt (DIN 19226).

6 Steuerungs- und Regelungstechnik

5 Erklären Sie die Begriffe:
„Stellgröße" *y*
„Steuergröße" *x*
„Steuerstrecke".

- Unter der Stellgröße *y* versteht man das Maß der Verstellung am Stellglied.
- Die Steuergröße *x* ist die zu beeinflussende Größe in einer Steuerkette.
- Die zu beeinflussende Maschine oder Anlage nennt man Steuerstrecke.

6 Zeichnen Sie den Wirkungsplan einer Regelung und einer Steuerung und erläutern Sie, worin sich der Wirkungsablauf unterscheidet.

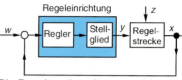

Die Regelung hat einen geschlossenen Wirkungsablauf (mit Rückmeldung, d. h. Soll/Ist-Vergleich), den man *Regelkreis* nennt.

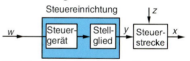

Die Steuerung hat einen offenen Wirkungsablauf (ohne Rückmeldung), den man *Steuerkette* nennt.

7 Welche drei unterschiedlichen Signalformen sind in der Steuerungstechnik von Bedeutung?

In der Steuerungstechnik sind analoge, binäre und digitale Signalformen von Bedeutung.

8 Welche Signale lassen sich am leichtesten erfassen und auswerten?

Binäre Signale. Sie können nur *zwei* Werte oder Zustände annehmen,
z. B.: EIN   AUS
           1   0
        24 V   0 V

6 Steuerungs- und Regelungstechnik

9 Erklären Sie anhand eines Beispiels den Unterschied zwischen einer „Verknüpfungssteuerung" und einer „Ablaufsteuerung".

Der Unterschied liegt in der Art der Signalverarbeitung.
- Bei der Verknüpfungssteuerung entsteht die Steuergröße erst durch Kombination (Verknüpfung) mehrerer Signale.

Beispiel:
Der Hub einer Presse darf erst dann einsetzen, wenn das Schutzgitter geschlossen ist UND zwei Handtaster zeitgleich gedrückt sind.

- Bei Ablaufsteuerungen werden die Steuerungsvorgänge schrittweise ausgelöst. Das Weiterschalten von einem Schritt zum nächsten erfolgt entweder zeitabhängig oder prozessabhängig.

Beispiel zeitabhängig:
Der Kolben des Zylinders 2A1 fährt 5 Sekunden nach dem Ausfahren des Kolbens von Zylinder 1A1 aus.

Beispiel prozessabhängig:
Der Kolben des Zylinders 2A1 fährt aus, wenn der Zylinder 1A1 einen Ausfahrbefehl erhalten hat und die ausfahrende Kolbenstange des Zylinders 1A1 einen Grenztaster betätigt.

10 Warum sollte eine prozessabhängige Ablaufsteuerung einer zeitabhängigen Ablaufsteuerung vorgezogen werden?

Weil bei der prozessabhängigen Ablaufsteuerung im Störungsfall der Ablauf unterbrochen wird oder funktionsgerecht langsamer abläuft.
Bei einer zeitabhängigen Ablaufsteuerung dagegen läuft der Taktgeber auch bei einer Störung weiter.

6.2 Darstellung logischer Verknüpfungen

11 Aus welchen Grundverknüpfungen kann man alle, auch noch so komplizierte Verknüpfungen, zusammensetzen?

Aus den Grundverknüpfungen
NICHT (NOT),
UND (AND),
ODER (OR).

12 Stellen Sie die folgende ODER-Verknüpfung
„Die Lampe P darf nur aufleuchten, wenn Eingang E1 ODER Eingang E2 ein 1-Signal erhalten"
dar, als
a) Funktionsplan (FUP) Logikplan
b) Funktionsgleichung (Bool´sche Algebra)
c) Impulsdiagramm
d) Stromlaufplan
e) Kontaktplan (KOP)

a) Funktionsplan

b) Funktionsgleichung

$P = E1 \vee E2$

c) Impulsdiagramm

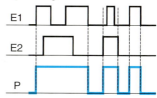

d) Stromlaufplan

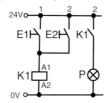

e) Kontaktplan

13 Erläutern Sie am gegebenen Beispiel, wozu Funktionstabellen aufgestellt werden.

E2	E1	X
0	0	0
0	1	1
1	0	1
1	1	0

Mit einer Funktionstabelle wird der Zusammenhang zwischen Eingangsvariablen (hier E1 und E2) und Ausgangsvariablen (hier X) übersichtlich dargestellt.
In die Eingangsspalten einer Funktionstabelle werden alle möglichen Kombinationen der Eingangswerte eingetragen und dann in der Ausgangsspalte der entsprechende Ausgangswert zugeordnet.

14 Wie viele Kombinationen der Eingangswerte hat eine Funktionstabelle bei:
a) n Eingängen
b) 2 Eingängen
c) 6 Eingängen?

a) Bei n Eingängen sind 2^n Kombinationen möglich, d. h. bei
b) 2 Eingängen
   $2^2 = 4$ Kombinationen
c) 6 Eingängen
   $2^6 = 64$ Kombinationen.

15 Welche Bedeutung haben die folgenden Zeichen in einer Funktionsgleichung: $\wedge, \vee, ^-$?

Es sind Verknüpfungszeichen:
$\wedge$ steht für UND
$\vee$ steht für ODER
$^-$ steht für NICHT

16 Wie liest man die folgenden Funktionsgleichungen:
a) $E1 \wedge E2 = A1$
b) $E1 \vee E2 = A1$

a) E1 UND E2 gleich A1
b) E1 ODER E2 gleich A1

17 Wodurch kann eine UND-Funktion durch ein ODER-Glied gebildet werden?

Indem am ODER-Glied alle Ein- und Ausgänge negiert werden.

E1, E2 → [&] → A entspricht E1, E2 → [≥1] → A

18 Logische Schaltnetze enthalten oft überflüssige Logikgatter, die Geld kosten und die Störanfälligkeit erhöhen.
Vereinfachen lassen sich solche Schaltungen mit Hilfe der Schaltalgebra. Der Umgang mit der Schaltalgebra verlangt jedoch sehr viel Erfahrung und Übung. Für den Praktiker ist häufig die Minimierung nach dem KV-Diagramm[1)] sicherer und schneller.
Beschreiben Sie den Aufbau des abgebildeten KV-Diagramms.

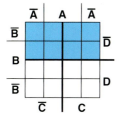

[1)] Karnaugh und Veith, engl. Mathematiker

Ausgangspunkt ist ein Rechteck, dessen linke Hälfte die Variable negiert ($\overline{A}$) und dessen rechte Hälfte die Variable bejaht (A).

Kommt eine weitere Variable (B) hinzu, so wird das ganze Diagramm durch Spiegelung an der waagerechten Achse verdoppelt.

Der ursprüngliche Bereich (hier blau unterlegt) wird dann der negierten Variablen ($\overline{B}$), der neue Bereich der bejahten neuen Variablen (B) zugeordnet.

Durch Hinzufügen einer weiteren Variablen (C) wird das bisherige Diagramm wieder gespiegelt.
Die Spiegelachse verläuft nun aber senkrecht. Die Spiegelachse wechselt also bei jeder weiteren Spiegelung zwischen waagrecht und senkrecht.

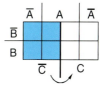

Der ursprüngliche Bereich wird dann wieder der negierten Variablen ($\overline{C}$), der neue Bereich der bejahten neuen Variablen (C) zugeordnet.

6 Steuerungs- und Regelungstechnik

19 Beschreiben Sie, wie aus einer Funktionstabelle mit Hilfe der „Disjunktiven Normalform" die Funktionsgleichung aufgestellt wird.

E2	E1	A	
0	0	0	Zeile 1
0	1	1	Zeile 2
1	0	1	Zeile 3
1	1	0	Zeile 4

- Betrachtet werden nur die waagerechten Zeilen der Funktionstabelle, die das Ausgangssignal 1 besitzen. *Hier Zeilen 2 und 3*
- Die Eingangsvariablen solcher Zeilen werden mit UND ($\wedge$) verknüpft und als „Minterme" bezeichnet.
  Hier:
  Zeile 2: $(E1 \wedge \overline{E2})$
  Zeile 3: $(\overline{E1} \wedge E2)$
- Alle „Minterme" werden anschließend zur Aufstellung der Funktionsgleichung mit ODER ($\vee$) verknüpft.
  Hier: Funktionsgleichung
  $A = (E1 \wedge \overline{E2}) \vee (\overline{E1} \wedge E2)$

20 Erstellen Sie für die Funktionsgleichung
$Y = (\overline{A} \wedge B \wedge \overline{C}) \vee$
$(\overline{A} \wedge B \wedge C) \vee$
$(A \wedge \overline{B} \wedge \overline{C})$
die Funktionstabelle und vereinfachen Sie die Funktionsgleichung mit Hilfe des KV-Diagramms.

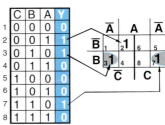

	C	B	A	Y
1	0	0	0	0
2	0	0	1	1
3	0	1	0	0
4	0	1	1	0
5	1	0	0	0
6	1	0	1	0
7	1	1	0	1
8	1	1	1	0

Die 1 im Feld 2 bedeutet:
$(A \wedge \overline{B} \wedge \overline{C})$

Liegen Felder symmetrisch (spiegelgleich) zueinander und sind mit einer 1 belegt, so können sie zusammengefasst werden.
Hier die Felder 3 und 7: da C und $\overline{C}$ sich aufheben bleibt $(\overline{A} \wedge B)$.

$\Rightarrow Y = (A \wedge \overline{B} \wedge \overline{C}) \vee (\overline{A} \wedge B)$

6 Steuerungs- und Regelungstechnik

21 Bei der Analyse einer logischen Schaltung wurde folgendes Impulsdiagramm aufgenommen:

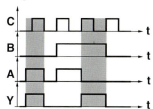

a) Erstellen Sie die zu dem Impulsdiagramm gehörende Funktionstabelle.
b) Geben Sie die Funktionsgleichung (Disjunktive Normalform) an.
c) Vereinfachen Sie diese so weit es geht.

a) Funktionstabelle:

	C	B	A	Y	
1	0	0	0	0	
2	0	0	1	1	☞ $(A \wedge \overline{B} \wedge \overline{C})$
3	0	1	0	1	☞ $(\overline{A} \wedge B \wedge \overline{C})$
4	0	1	1	0	
5	1	0	0	0	
6	1	0	1	1	☞ $(A \wedge \overline{B} \wedge C)$
7	1	1	0	1	☞ $(\overline{A} \wedge B \wedge C)$
8	1	1	1	0	

b) Funktionsgleichung:
$$Y = (A \wedge \overline{B} \wedge \overline{C}) \vee (\overline{A} \wedge B \wedge \overline{C}) \vee (A \wedge \overline{B} \wedge C) \vee (\overline{A} \wedge B \wedge C)$$

c) Vereinfachung mit KV-Diagramm:

Symmetrisch zueinander liegende Felder zusammenfassen:
Felder 2 und 6 ⇨ Term C entfällt
Felder 3 und 7 ⇨ Term C entfällt
⇨ $Y = (A \wedge \overline{B}) \vee (\overline{A} \wedge B)$

22 Erstellen Sie nur mit UND-, ODER- und NICHT-Bausteinen den Funktionsplan für das dominierende Ein- und Ausschalten, wenn E10 den Ausgang A10 setzt und E11 die Selbsthaltung wieder aufhebt.

Einschalten dominiert

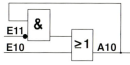

Ausschalten dominiert

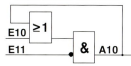

6 Steuerungs- und Regelungstechnik

23 In einer Prüfstation werden Zylinderstifte ISO - 2338 – 2 m6 x 20 –St digital vermessen und mit einer SPS sortiert. Das Messgerät erfasst das jeweilige Abmaß von m6 und liefert ein 4-Bit-Signal:

a) Füllen Sie in der untenstehenden Tabelle die Abmaßspalte aus und Klassifizieren Sie die 4-Bit-Codes in
Ausschuss,
Gut,
Nacharbeit.

b) Ermitteln Sie die Funktionsgleichung für den Zustand Z_{GUT}.

c) Vereinfachen Sie diese Funktionsgleichung mit dem KV-Diagramm.

d) Zeichnen Sie den Funktionsplan für Z_{GUT}.

Dualzahl	8	4	2	1	Klassi-fikation	Abmaß in µm
Messwert	2^3	2^2	2^1	2^0		
Signal	D	C	B	A		
	0	0	0	0		
	0	0	0	1		
	0	0	1	0		
	0	0	1	1		
	0	1	0	0		
	0	1	0	1		
	0	1	1	0		
	0	1	1	1		
	1	0	0	0		
	1	0	0	1		
	1	0	1	0		
	1	0	1	1		
	1	1	0	0		
	1	1	0	1		
	1	1	1	1		

a) Zylinderstift 2m6 $\Rightarrow$ $2^{+0,008}_{+0,002}$

Dualzahl	8	4	2	1	Klassi-fikation	Abmaß in µm
Messwert	2^3	2^2	2^1	2^0		
Signal	D	C	B	A		
	0	0	0	0	A	0
	0	0	0	1	A	1
	0	0	1	0	G	2
	0	0	1	1	G	3
	0	1	0	0	G	4
	0	1	0	1	G	5
	0	1	1	0	G	6
	0	1	1	1	G	7
	1	0	0	0	G	8
	1	0	0	1	N	9
	1	0	1	0	N	10
	1	0	1	1	N	11
	1	1	0	0	N	12
	1	1	0	0	N	13
	1	1	0	1	N	14
	1	1	1	1	N	15

b) Funktionsgleichung:

$Z_{GUT} = (\overline{D} \wedge \overline{C} \wedge B \wedge \overline{A}) \vee (\overline{D} \wedge \overline{C} \wedge B \wedge A) \vee$
$(\overline{D} \wedge C \wedge \overline{B} \wedge \overline{A}) \vee (\overline{D} \wedge C \wedge \overline{B} \wedge A) \vee$
$(\overline{D} \wedge C \wedge B \wedge \overline{A}) \vee (\overline{D} \wedge C \wedge B \wedge A) \vee$
$(D \wedge \overline{C} \wedge \overline{B} \wedge \overline{A})$

c) Vereinfachung:

$Z_{GUT} = (C \wedge \overline{D}) \vee (B \wedge \overline{D}) \vee (D \wedge \overline{C} \wedge \overline{B} \wedge \overline{A})$

d) Funktionsplan:

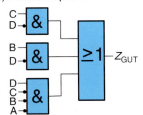

6.3 Pneumatische Steuerungen

24 Erklären Sie den Begriff Pneumatik im technischen Sinn.

Unter Pneumatik versteht man die technische Anwendung der Druckluft. Mit Druckluft werden z. B. Maschinen angetrieben und gesteuert oder Fertigungseinrichtungen überwacht.

25 Nennen Sie Vorteile der Pneumatik gegenüber anderen Energieträgern.

- Zylinder und Druckluftmotoren erreichen hohe Geschwindigkeiten und Drehzahlen.
- Geschwindigkeiten und Kräfte können stufenlos eingestellt werden.
- Druckluftgeräte können ohne Schaden bis zum Stillstand überlastet werden.
- Druckluft kann in Druckbehältern gespeichert und transportiert werden.

26 Welche Nachteile begrenzen den Einsatz der Pneumatik?

Der Einsatz der Pneumatik ist durch die Kompressibilität der Luft und durch die niedrigen Drücke (meist unter 10 bar) begrenzt.
Deshalb sind:
- große Kolbenkräfte nicht erreichbar,
- gleichförmige und niedrige Kolbengeschwindigkeiten nicht möglich.

Des Weiteren verursacht ausströmende Druckluft Lärm und der mitaustretende Ölnebel belastet den Arbeitsplatz.

27 Wandeln Sie die Einheit 1 bar in
a) N/cm^2,
b) Pa,
c) N/m^2

a) 1 bar = 10 N/cm^2

b) 1 bar = 10^5 Pa = 100000 Pa

c) 1 Pa = 1 N/m^2
⇨ 1 bar = 100000 N/m^2

6 Steuerungs- und Regelungstechnik

28 Warum wird der Arbeitsbereich der Druckluft meist auf unter 10 bar begrenzt?

Würde mit höheren Drücken gearbeitet, bestünde Vereisungsgefahr an den Auslassöffnungen.

29 Auf welche Art werden die Bauglieder einer pneumatischen Steuerung angeordnet?

- Von unten nach oben in Richtung des Energieflusses
- Sie werden dabei in Ruhestellung und die gesamte Steuerung in ihrer Ausgangsstellung gezeichnet.
- Gleichartige Bauglieder einer Steuerkette werden in gleicher Höhe dargestellt.

30 In welche Gruppen werden die Bauglieder einer pneumatischen Steuerung eingeteilt?

- Antriebsglieder: Zylinder, Motoren
- Stellglieder: Ventile zur Signalverknüpfung
- Signalglieder: Bauelemente zur Auslösung eines Schaltschrittes
- Versorgungsglieder: Aufbereitungseinheit, Hauptventil

31 Wie wird Druckluft erzeugt?

Die Umgebungsluft wird durch Verdichter angesaugt, verdichtet und in einem Windkessel gespeichert.

32 Aus welchen Grundbaueinheiten ist eine Pneumatikanlage aufgebaut?

- Druckerzeugungsanlage (Verdichteranlage)
- Aufbereitungseinheit
- Steuerung mit den Signalgliedern, Steuergliedern, Stellgliedern und Antriebsgliedern.

33 Zeichnen Sie das vereinfachte Symbol der Aufbereitungseinheit und nennen Sie die einzelnen Bauelemente in der Reihenfolge der Druckluftdurchströmung.

- Filter mit Wasserabscheider
- Druckregelventil mit Manometer
- Öler

6 Steuerungs- und Regelungstechnik

34 Warum verzichtet man in modernen Pneumatikanlagen häufig auf einen Öler?

Aus Gesundheitsgründen, weil der mit der Druckluft austretende feine Ölnebel von den Mitarbeitern eingeatmet wird.
In der Lebensmittelverarbeitung oder im medizinischen Bereich sind Öler nicht erlaubt.

35 Welche zwei Zylinderbauarten kommen in der Pneumatik am häufigsten zum Einsatz und worin unterscheiden sie sich?

- Einfach wirkender Zylinder: kann nur in eine Richtung eine Kraft abgeben.
- Doppelt wirkender Zylinder: kann in beide Bewegungsrichtungen eine Kraft abgeben.

36 Beschreiben Sie das Arbeitsprinzip eines
a) Kolbenverdichters
b) Turboverdichters

a) Kolbenverdichter arbeiten nach dem *Verdrängungsprinzip*:
Luft wird aus der Umgebung in den Zylinder gesaugt, eingeschlossen, komprimiert und in das angeschlossene Drucksystem verdrängt.
b) Turboverdichter arbeiten nach dem *Strömungsprinzip*:
Luft wird über Schaufelräder oder Propeller angesaugt und beschleunigt. In dem nachgeschalteten System wird die Strömungsenergie der Luft in Druckenergie umgewandelt.

37 In welchen Arten werden die Ventile hinsichtlich ihrer Funktion eingeteilt? Geben Sie jeweils ein Beispiel dazu an.

- Wegeventile, z. B. 5/2-Wegeventil
- Druckventile, z. B. Druckregelventil
- Sperrventile, z. B. Zweidruckventil
- Stromventile, z. B. Drosselventil

38 Welchen Vorteil hat eine eingebaute Dämpfung im doppelt wirkenden Zylinder?

Sie bremst den Kolben am Ende des Hubes ab und ermöglicht somit ein sanftes Anfahren der Endlagen.

39 Zeichnen Sie das Schaltzeichen für folgende Zylinder:
a) einfach wirkend
b) doppelt wirkend mit doppelter, einstellbaren Endlagendämpfung
c) doppelt wirkend mit zweiseitiger Kolbenstange.

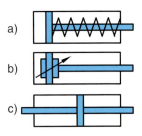

40 Wählen Sie für einen doppeltwirkenden Pneumatikzylinder den geeigneten Kolbendurchmesser, wenn bei einem Druck von $p_e = 6$ bar eine wirksame Spannkraft von $F = 1650$ N erbracht werden soll und Gesamtverluste von 12 % berücksichtigt werden müssen.

Pneumatikzylinderabmaße:
Nach Tabellenbuch:
Kolbendurchmesser 63 mm und
Kolbenstangendurchmesser 20 mm.

Überprüfung durch Berechnung:

$$A = \frac{F}{p_e \cdot \eta}$$

$$A = \frac{1650 \text{ N} \cdot \text{cm}^2}{60 \text{ N} \cdot 0{,}88} = 31{,}25 \text{ cm}^2$$

⇨ $d = $ **63** mm

41 Die Anschlüsse an Pneumatik-Ventilen werden mit Zahlen gekennzeichnet. Nennen Sie die Anschlüsse und ordnen Sie die jeweiligen Zahlen zu.

- Druckluftanschluss: 1
- Arbeitsleitung: 2 und 4
- Entlüftungen: 3 und 5
- Steuerleitungen: 12 und 14

42 Worüber geben die Zahlen bei einem 3/2-Wegeventil Auskunft?

Die erste Zahl gibt die Anzahl der gesteuerten Anschlüsse (hier 3) und die zweite Zahl die Anzahl der Schaltstellungen (hier 2) an.

43 Zeichnen Sie ein 5/2-Wegeventil und kennzeichnen Sie die Anschlüsse und Steuerleitungen mit Zahlen.

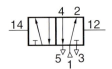

6 Steuerungs- und Regelungstechnik

44 Welche Aufgabe haben Folgeventile?

Sie sollen bei Erreichen des eingestellten Druckes weitere Verbraucher der Steuerung zuschalten.

45 Wozu verwendet man
a) Druckregelventile
b) Druckbegrenzungsventile?

a) Das Druckregelventil wird z. B. bei der Aufbereitungseinheit als Druckregler verwendet. Es hält bei sich änderndem Eingangsdruck den Arbeitsdruck konstant.
b) Druckbegrenzungsventile werden als Sicherheitsventile verwendet, denn das Ventil bläst ins Freie ab, sobald der Druck am Eingang über den eingestellten Wert steigt.

46 Welche Ventile gehören zu den Sperrventilen und welche Aufgaben haben sie?

- Rückschlagventile
- Schnellentlüftungsventile
- Wechselventile
- Zweidruckventile

Sie sperren den Durchfluss des Druckmittels in einer Richtung und geben ihn in entgegengesetzter Richtung frei.

47 Wozu werden Schnellentlüftungsventile verwendet?

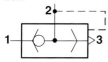

Wenn die Kolbengeschwindigkeit von Zylindern erhöht werden soll. Da sie direkt an den Zylinder montiert werden, erhöhen sie die Entlüftung, indem Sie die Drosselung der Abluft durch den Strömungswiderstand in der Arbeitsleitung und im Stellglied verhindern.

48 Durch einen Defekt fällt ein Zweidruckventil aus. Wie lässt sich die geforderte UND-Verknüpfung auch ohne Zweidruckventil erfüllen?

Zwei Wegeventile sind durch eine Reihenschaltung zu verbinden.

49

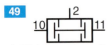

a) Welches Bauteil zeigt das obige Sinnbild?
b) Erklären Sie dessen Funktion.
c) Welche Logikfunktion erfüllt es in pneumatischen Steuerungen?
d) Erstellen Sie die dazugehörige Funktionstabelle.

a) Zweidruckventil
b) Ein Zweidruckventil hat zwei Steueranschlüsse 10 und 11 und einen Ausgang 2. Nur wenn beide Steuersignale anliegen, erfolgt der Druckluftdurchfluss.
c) Es erfüllt die UND-Funktion in pneumatischen Steuerungen.
d) Funktionstabelle:

E2	E1	A
0	0	0
0	1	0
1	0	0
1	1	1

50

Der abgebildete Funktionsplan stellt die Ausfahrbedingung des Zylinders 1A1 dar.
Erstellen Sie hierfür die Funktionstabelle.

```
1S1 ─┐
1S2 ─┤ &  ┐
          ├─ ≥1 ── 1A1
1S3 ──────┘
```

Funktionstabelle:

1S3	1S2	1S1	1A1
0	0	0	0
0	0	1	0
0	1	0	0
0	1	1	1
1	0	0	1
1	0	1	1
1	1	0	1
1	1	1	1

51 Wozu wird eine Zweihandschaltung in der Pneumatik verwendet?

Zur Vermeidung von Unfällen, z. B. bei Arbeiten an Scheren und Pressen.
Zweihandsicherheitssteuerungen erfordern innerhalb von 0,5 Sekunden die gleichzeitige Betätigung beider Signaleingabeelemente.

52 Beschreiben Sie, anhand des dargestellten Schaltplans einer Zweihandsteuerung den Signalfluss, wenn
a) beide Signalglieder gleichzeitig gedrückt werden
b) zuerst das Signalglied 1S1 und 4 Sekunden später das Signalglied 1S2 betätigt wird.

a) Werden beide Signalglieder gleichzeitig betätigt, öffnet das Zweidruckventil. Der Steuerimpuls 12 schaltet bzw. stabilisiert das 3/2-Wegeventil, das Stellglied 1V2 schaltet um, und der Kolben des Zylinders 1A1 fährt aus. Das Signal auf dem Steueranschluss 14 des 3/2-Wegeventils kommt erst verzögert an und kann nicht mehr umschalten, da der Steuerimpuls 12 vorher anstand.

b) Werden die beiden Signalglieder mit einer zeitlichen Differenz betätigt, die größer ist als die für das Signal 14 an der Drossel eingestellte Verzögerung (> 0,5 Sekunden), schaltet das 3/2-Wegeventil um und sperrt den Steuerstrom zum Stellglied 1V2.

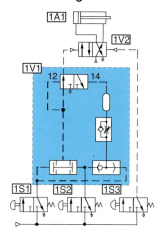

53 Berechnen Sie für den abgebildeten Zylinder die Kolbenkräfte F_A beim Ausfahren und F_E beim Einfahren.

$D = 72$ mm
$d = 20$ mm
$p_e = 6$ bar $\eta = 0{,}8$

$$F = p_e \cdot A \cdot \eta$$

$$F_A = 60 \frac{N}{cm^2} \cdot \frac{\pi \cdot (7{,}2 \text{ cm})^2}{4} \cdot 0{,}8$$

$F_A = 1\,954{,}322$ N

$$F_E = 60 \frac{N}{cm^2} \cdot \frac{\pi \cdot (7{,}2^2 - 2^2) \text{ cm}^2}{4} \cdot 0{,}8$$

$F_E = 1\,803{,}526$ N

54 Welche Funktion erfüllen Stromventile und welche Größe wird durch sie beeinflusst?

Sie beeinflussen die Aus- bzw. Einfahrgeschwindigkeit des Kolbens eines Zylinders, indem sie die ein- oder ausströmende Luft regulieren. Es wird nur die Durchflussmenge und nicht der Druck beeinflusst.

55 Benennen und beschreiben Sie die dargestellten Arten der Geschwindigkeitssteuerungen.

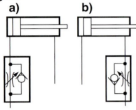

a) *Zuluftdrosselung*: Die zum Zylinder strömende Luft wird reguliert. Die abfließende Luft kann frei entweichen.
Nachteil:
Bei geringer Ausfahrgeschwindigkeit kommt es zu einer ruckartigen Ausfahrbewegung des Kolbens (stick-slip-Effekt).

b) *Abluftdrosselung*: Die zufließende Luft strömt ungehindert zum Zylinder. Die abfließende Luft wird gedrosselt.
Vorteil:
Der Kolben wird dabei gegen ein Luftpolster gedrückt, er ist „eingespannt". Dadurch wird eine gleichmäßige Kolbenbewegung erreicht.

56 Ein Zylinder mit einer Kolbenfläche von 22 cm² hat einen Hub $s = 12$ cm. Wie groß ist der Lufverbrauch Q in l/min, bei $p_e = 6{,}3$ bar und einer Hubzahl $n = 60$ min⁻¹?
($p_{amb} = 1$ bar)

$$Q = A \cdot s \cdot n \cdot \frac{p_e + p_{amb}}{p_{amb}}$$

$Q = 22\,\text{cm}^2 \cdot 12\,\text{cm} \cdot 60\,\text{min}^{-1} \cdot \frac{(6{,}3+1)\,\text{bar}}{1\,\text{bar}}$

$Q = 115632\,\dfrac{\text{cm}^3}{\text{min}} = \mathbf{115{,}6}\,\dfrac{\text{l}}{\text{min}}$

6 Steuerungs- und Regelungstechnik

57 Welchen Zweck erfüllen Funktionsdiagramme?

In Funktionsdiagrammen werden die Zustände und Zustandsänderungen von Arbeitsmaschinen und Fertigungsanlagen graphisch dargestellt.

58 Wie werden in einem Funktionsdiagramm die Funktionsfolgen einer Arbeitseinheit und die Verknüpfung der zugehörigen Bauglieder dargestellt?

Die Darstellung erfolgt in zwei Koordinaten.
In der senkrechten Koordinate wird der Zustand der Bauglieder (z. B. Schaltstellung der Ventile in a oder b bzw. Zylinderhub ein/aus; 0/1), auf der waagrechten Koordinate die Zeit und/oder die Schritte des Steuerungsablaufes eingetragen.

59 Worüber geben die Funktionslinien in einem Funktionsdiagramm Auskunft?

Schmale Volllinien bedeuten Ruhe- oder Ausgangsstellung der Bauglieder, z. B. Zylinder in Ausgangsstellung.
Breite Volllinien stehen für alle von der Ruhe- oder Ausgangsstellung abweichende Zustände, z. B. Zylinder fährt aus.

60 Wozu werden Signallinien in einem Funktionsdiagramm eingetragen?

Signallinien verbinden die Funktionslinien und geben die Art der steuerungstechnischen Verknüpfungen der Bauglieder an.

**61 Wie wird in einem Funktionsdiagramm eine
a) UND-Bedingung
b) ODER-Bedingung
dargestellt?**

a) Die Vereinigungsstelle der Signallinien wird mit einem dicken Schrägstrich markiert.
b) Die Vereinigungsstelle der Signallinien wird mit einem Punkt markiert.

6 Steuerungs- und Regelungstechnik

62 Zeichnen Sie das Funktionsdiagramm für den Zylinder 1A1 und das Stellglied 1V1, wenn gilt: Der Kolben eines doppelt wirkenden Zylinders soll ausfahren, wenn die Wegeventile 1S1 ODER 1S2 betätigt sind. Er fährt wieder ein, wenn der Kolben in der hinteren Endlage die Rolle des Wegeventils 1S3 betätigt UND das Wegeventil 1S4 ein 1-Signal anliegen hat.

Funktionsdiagramm (Zustandsdiagramm):

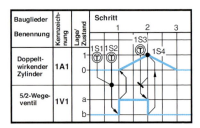

63 Wie groß sind die Betätigungskräfte der Ventile bei einem Betriebsdruck von 6 bar?

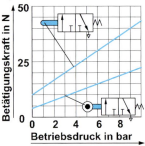

Abgelesen bei Ventil

Betätigungskraft $F = 30$ N

Betätigungskraft $F = 15$ N

64

Ein Magazin ist mit maximal sechs Stahlplatten (Masse 5 kg je Platte) bestückt. Ein Pneumatikzylinder schiebt jeweils die untere Platte aus dem Magazin, damit ein Roboter sie greifen kann. Der Verschiebeboden ist mit Polytetrafluorethylen beschichtet.

a) Berechnen Sie die Kraft, die zum Verschieben der Platte vom Pneumatikzylinder aufgebracht werden muss.
b) Bestimmen Sie für einen Betriebsdruck von 6 bar und einem Zylinderwirkungsgrad von 88 % den kleinstmöglichen doppeltwirkenden Zylinder.

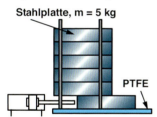

Stahlplatte, m = 5 kg

PTFE

a) Verschiebekraft:
- Stahl/Stahl:

Haftreibungszahl (trocken): $\mu = 0{,}20$
Normalkraft:

$$F_{N1} = 5 \cdot m \cdot g = 5 \cdot 5\,\text{kg} \cdot 10\,\frac{\text{m}}{\text{s}^2} = 250\,\text{N}$$

Reibungskraft:
$F_{R1} = \mu \cdot F_{N1} = 0{,}2 \cdot 250\,\text{N} = \underline{50\,\text{N}}$

- Stahl/PTFE:

Haftreibungszahl (trocken): $\mu = 0{,}04$
Normalkraft:

$$F_{N1} = 6 \cdot m \cdot g = 6 \cdot 5\,\text{kg} \cdot 10\,\frac{\text{m}}{\text{s}^2} = 300\,\text{N}$$

Reibungskraft:
$F_{R2} = \mu \cdot F_{N2} = 0{,}04 \cdot 300\,\text{N} = \underline{12\,\text{N}}$

- Gesamtreibungskraft:
$F_R = F_{R1} + F_{R2} = \underline{62\,\text{N}}$

b) Pneumatikzylinderabmaße:
Nach Tabellenbuch:
Kolbendurchmesser 16 mm und
Kolbenstangendurchmesser 8 mm.

Überprüfung durch Berechnung:

$$A = \frac{F}{p_e \cdot \eta} = \frac{62\,\text{N} \cdot \text{cm}^2}{60\,\text{N} \cdot 0{,}88} = 1{,}174\,\text{cm}^2$$

$= 117{,}42\,\text{mm}^2 \quad \Rightarrow d = 12{,}22\,\text{mm}$

$\Rightarrow$ gewählt 16 mm

65 Erstellen Sie den Pneumatikplan und beschriften Sie die Bauteile für folgende Aufgabe:

- Die Kolbenstange eines doppelt wirkenden Zylinders soll abluftgedrosselt ausfahren, wenn die Taster 1S1 und 1S2 betätigt werden.
- Nach Erreichen der vorderen Endlage (1S3 =1), soll nach einer Verweilzeit von 5 Sekunden, der Kolben selbstständig und mit möglichst hoher Geschwindigkeit wieder einfahren.

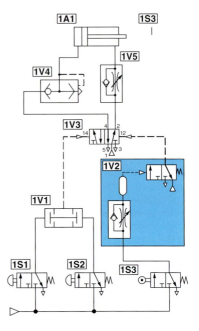

66 Erstellen Sie für die im Funktionsplan dargestellte Verknüpfung den Steuerteil eines pneumatischen Schaltplanes.

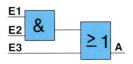

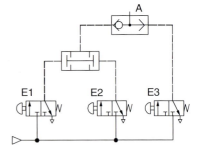

6.4 Sensoren

67 Was versteht man unter „Sensoren"?

Sensoren sind Signalgeber, die physikalische Größen, z. B. mechanische, magnetische, thermische oder optische Größen, erfassen und in elektrische Signale umwandeln.

68 Wozu dienen Sensoren in der Steuerungstechnik?

Als Eingangsgrößen stellen sie z. B. fest, ob ein Objekt vorhanden ist oder nicht, erfassen dessen Weg oder Position und geben dann ein entsprechendes binäres Signal als Ausgangssignal ab.

69 Wie werden die in der Steuerungstechnik verwendeten Sensoren hinsichtlich ihrer Arbeitsweise unterschieden?

Es werden zwei Gruppen unterschieden:
Berührende Sensoren (z. B. Endschalter), wobei das Ausgangssignal durch einen mechanischen Kontakt des zu erfassenden Objekts ausgelöst wird.
Berührungslos arbeitende Sensoren, zur Positions- oder Wegüberwachung von Objekten, z. B. durch induktive, kapazitive oder optische Nährungssensoren.

70 Wodurch unterscheiden sich aktive Sensoren von passiven Sensoren?

Aktive Sensoren sind Spannungserzeuger und erzeugen das Messsignal selbst. Sie wandeln z. B. mechanische oder thermische Energie in elektrische um.
Passive Sensoren benötigen eine Versorgungsenergie, um physikalische Größen in elektrische Signale zu wandeln.

6 Steuerungs- und Regelungstechnik

71 Zeichnen Sie das Schaltzeichen für einen induktiven Näherungssensor und beschreiben Sie dessen Funktion.

Sie erfassen metallische Gegenstände, wenn der aktive Raum über dem Tastkopf durchfahren wird und geben dann ein elektrisches Signal als Ausgangsgröße weiter.

72 Zeichnen Sie für folgende Sensoren das Schaltzeichen und geben Sie an, auf welche Stoffe sie reagieren:
a) kapazitive
b) optische

a) Kapazitive Näherungsschalter sprechen auf alle festen und flüssigen Stoffe an.

b) Optische Näherungsschalter reagieren auf reflektiertes Licht. Zum Schutz vor Fremdlicht verwendet man z. B. gepulstes Infrarotlicht.

73 Warum hat bei einem optischen Näherungsschalter (Reflektionslichttaster) die Werkstückoberfläche einen großen Einfluss auf den Schaltabstand?

Ein Reflektionslichttaster sendet Infrarotlicht aus, das vom zu erfassenden Gegenstand reflektiert wird. Je matter bzw. dunkler die Werkstückoberfläche des Gegenstandes ist, umso schlechter wird das gesendete Licht reflektiert und umso kürzer muss der Schaltabstand sein.

74 Im gestrichelt gezeichneten Rechteck finden Sie die Eintragung a) oder b) vor.
Worüber gibt die jeweilige Eintragung Auskunft?

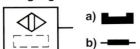

Die Eintragung gibt über die Wirkungsweise des Sensors Auskunft. So handelt es sich bei der Eintragung
a) um einen magnetischen Sensor (Reedschalter), der bei Annäherung eines Magneten reagiert
b) um einen induktiven Näherungssensor.

6.5 GRAFCET

75 Wofür steht der Begriff „GRAFCET" nach DIN EN 60848?

Der Begriff GRAFCET ist aus der französischen Sprache abgeleitet und ist die Abkürzung für **GRA**phe **F**onctionnel de **C**ommande **E**tape **T**ransition.
Damit wird die Darstellung der Steuerungsfunktion mit Schritten und Weiterschaltbedingungen bezeichnet.
GRAFCET ist eine in ganz Europa gültige Norm.

GRAFCET wurde 2002 als verbindliche, europäische Norm festgesetzt und ersetzt alle entsprechenden nationalen Normen. Mit GRAFCET erstmals eine europaweit gültige Darstellungsnorm für Steuerungsabläufe zur Verfügung. Seit April 2005 ist die Gültigkeit der DIN 40719 Teil 6 Funktionsplan erloschen.

76 Benennen Sie die Grundelemente des abgebildeten GRAFCET.

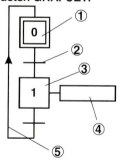

① Startschritt, Initialisierungsschritt
 (Statt mit der Zahl „0" kann ein Startschritt auch mit „1" beginnen).

② Transition, Weiterschaltbedingung

③ Funktionsschritt

④ Aktion

⑤ Rückführung zum Startschritt

77 Zu jedem GRAFCET gehört ein Startschritt. Welche Bedeutung hat der Startschritt und woran ist er in einem GRAFCET zu erkennen?

Der Startschritt (Initialisierungsschritt) kennzeichnet die Ausgangsstellung der Steuerung unmittelbar nach dem Einschalten. Der Startschritt ist erkennbar am doppelten Rahmen.

(Statt mit der Zahl „0" kann ein Startschritt auch mit „1" beginnen).

78 Beschreiben Sie die Funktion einer Transition und ihre Verknüpfungsmöglichkeiten.

Die Transition beinhaltet die Weiterschaltbedingung zwischen zwei Funktionsschritten.
Mit ihr wird der vorangegangene Funktionsschritt deaktiviert und der nachfolgende aktiviert. Sie kann aus einem Sensorwert oder einem Schalter bestehen.
Die Weiterschaltbedingungen können mit UND bzw. ODER verknüpft werden.

79 In einem GRAFCET können Transitionsbedingungen durch UND bzw. ODER miteinander verknüpft werden. Wie wird im GRAFCET eine UND-Verknüpfung, wie eine ODER- Verknüpfung dargestellt?

Die UND-Verknüpfung wird durch ein Sternchen, Asteriskus (*), dargestellt.
Die ODER-Verknüpfung wird durch ein Plus-Zeichen (+) dargestellt.

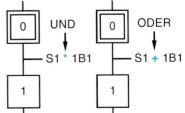

80 Welche Grundregeln gelten für die Abfolge von Schritten und Transitionen im GRAFCET?

Es folgen immer Schritt auf Transition (Weiterschaltbedingung) und umgekehrt.
Es darf also niemals zwei Transitionen hintereinander ohne Schritt dazwischen geben. Ebenso darf es niemals zwei Schritte hintereinander ohne Transition dazwischen geben.

81 Wie nennt man die im GRAFCET-Ausschnitt dargestellte Aktion und welche Besonderheit hat sie?

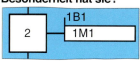

Aktion mit Zuweisungsbedingung.
Die Variable der Aktion wird nur dann aktiviert, wenn die Zuweisungsbedingung erfüllt ist.

82 Wie nennt man die im GRAFCET-Ausschnitt dargestellte Aktion und welche Besonderheit hat sie?

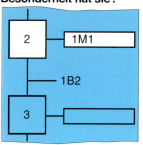

Der GRAFCET-Ausschnitt zeigt eine „kontinuierlich wirkende Aktion".
Kontinuierlich wirkende Aktionen wirken nur so lange, wie der auslösende Schritt aktiv ist.
Im abgebildeten Beispiel wird der Ventilspule 1M1 der Wert 1 so lange zugewiesen, wie der Schritt 2 aktiv ist.
Hat der Kolben den Näherungsschalter 1B2 betätigt, ist die Transitionsbedingung von Schritt 3 erfüllt und Schritt 3 wird gesetzt. Gleichzeitig setzt Schritt 3 den Schritt 2 in den inaktiven Zustand zurück.

83 Erläutern Sie am folgenden Beispiel die Darstellung und die Besonderheiten einer „*speichernd wirkenden Aktion bei Aktivierung des Schrittes*" in einem GRAFCET.

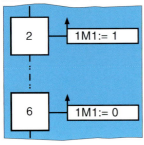

Bei der Darstellung einer *speichernd wirkenden Aktion* wird das Rechteck durch einen an der linken Seite angeordneten aufwärts gerichteten Pfeil ergänzt.

Die Aktion wird durch die Aktivierung des zugehörigen Schrittes (hier Schritt 2) ausgeführt und bleibt über diesen Schritt hinaus wirksam.

Sie muss zwingend an einer anderen Stelle im GRAFCET durch einen anderen Schritt (hier Schritt 6) speichernd zurückgesetzt werden.

Speichernd wirkende Aktionen weisen einer Variable einen bestimmten Wert zu, wenn diese Aktion aktiv ist. Das Symbol für die Zuweisung besteht aus einem Doppelpunkt, gefolgt von einem Gleichheitszeichen „:=".
Soll wie im Beispiel eine Magnetspule mit der Bezeichnung „1M1" eingeschaltet werden, so muss ihr der Wert „1" zugewiesen werden. In der Aktion steht somit der Text „1M1 := 1". Durch Zuweisen des Wertes „0" (hier im Schritt 6) wird die Magnetspule wieder abgeschaltet.

84 Erläutern Sie Bedeutung der Transitionsbedingung zwischen dem Schritt 6 und Schritt 7 im dargestellten GRAFCET.

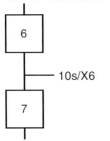

Der Schritt 7 soll erst nach Ablauf einer festgelegten Zeitspanne von 10 Sekunden erfolgen.
Dies wird in der Transitionsbedingung durch die
- Zeit (10s)

und dem durch einen Schrägstrich getrennten
- booleschen Zustand (X = Bool) des aktiven Schrittes (TRUE)

angegeben.
Hier ist der Schritt 6 zehn Sekunden aktiv, danach wird zum Schritt 7 weitergeschaltet.

85 Mittels eines doppeltwirkenden Zylinders sollen Metallteile in ein Reinigungsbad getaucht werden.

Der Tauchvorgang wird über einen Starttaster S1 ausgelöst.

Damit das Reinigungsbad wirken kann, ist eine Eintauchzeit von 10 Sekunden erforderlich.

Die Anlage ist startbereit, wenn sich der Kolben des Zylinders in der hinteren Endlage befindet.

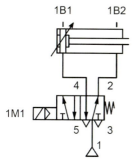

- Erstellen Sie einen GRAFCET, wenn der Zylinder mit einem monostabilen 5/2-Wegeventil angesteuert wird.
- Beschreiben Sie Transitionsbedingungen und die Aktionen.

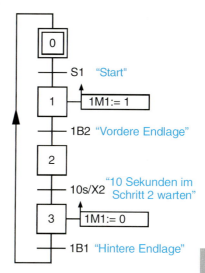

- Die Transitionsbedingung von Startschritt 0 nach Schritt 1 ist erfüllt, wenn S1 betätigt ist.
- Sobald Schritt 1 aktiv ist, wird der Ventilspule 1M1 der Wert 1 zugewiesen. Dieser Wert wird beibehalten, bis er durch eine andere Aktion (hier Schritt 3) überschrieben wird.
- Die Transitionsbedingung von Schritt 1 nach Schritt 2 ist erfüllt, wenn 1B2 betätigt wird.
- Sobald Schritt 2 aktiv ist, beginnt die Zeit von 10 Sekunden abzulaufen.
- Die Transitionsbedingung von Schritt 2 nach Schritt 3 ist erfüllt, wenn die Zeit abgelaufen ist.
- Sobald Schritt 3 aktiv ist wird der Ventilspule 1M1 der Wert 0 zugewiesen. Dieser Wert wird beibehalten, bis er durch eine andere Aktion (hier Schritt 1) überschrieben

wird.
- Die Transitionsbedingung von Schritt 3 nach Startschritt 0 ist erfüllt, wenn 1B1 betätigt ist.
- Durch die Linie mit dem nach oben gerichteten Pfeil erfolgt die Rückführung zum Startschritt.

86 Die Pneumatikzylinder sollen je nach Stellung des Wahlschalters S2 (Schließer mit Raste) und durch die Betätigung des Start-Tasters S1 wie folgt ausfahren:
- Wahlschalter S2 nicht betätigt: 1A1+, 1A1–, 2A1+, 2A1–
- Wahlschalter S2 betätigt: 2A1+, 2A1–, 1A1+, 1A1–

(+ *Ausfahren;* – *Einfahren*)

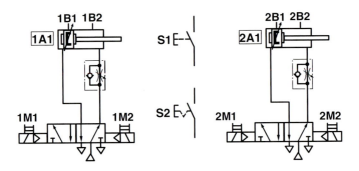

86.1 Warum lässt sich der beschriebene Ablauf durch einen GRAFCET mit alternativer Verzweigung darstellen?

Weil es bei einem GRAFCET mit alternativer Verzweigung möglich ist, zwei oder mehrere Transitionen auf einen Schritt folgen zu lassen.

86.2 Wie wird bei einem GRAFCET mit alternativer Verzeigung die Reihenfolge der Teilabläufe sichergestellt?

Es wird nur der Teilablauf aktiviert und bearbeitet, dessen Weiterschaltbedingung als erste erfüllt ist.
Da bei der alternativen Verzweigung genau ein Teilablauf ausgewählt werden kann, müssen sich die Weiterschaltbedingungen gegenseitig ausschließen.

86.3 Erstellen Sie für den beschriebenen Steuerungsablauf einen GRAFCET mit alternativer Verzweigung.

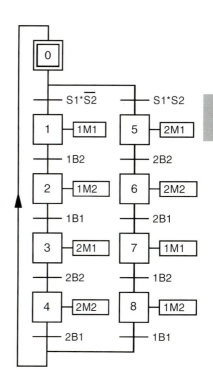

6.6 Elektropneumatische Steuerungen

87 Welche Vorteile hat der elektrische Strom gegenüber der Druckluft als Steuerenergie?

- Elektrischer Strom ist billiger als Druckluft.
- Elektrische Signale sind schneller.
- Einsparung von Pneumatikbauteilen.
- Logische Verknüpfungen lassen sich durch Relaissteuerung einfacher realisieren.

88 Welche Art des Betriebsmittels werden nach DIN EN 61346-2 mit den folgenden Buchstaben gekennzeichnet?
- K
- P
- M
- S
- B

K: Relais, Schütz
P: Meldeleuchte, Hupe
M: Magnetventil
S: Steuer-, Tastschalter
B: Einrichtungen zur Umsetzung nicht elektrischer Größen in elektrische Signale, z. B. Sensoren, Näherungsschalter

89 Benennen Sie die folgenden Kontaktschaltzeichen.

a) Öffner
b) Schließer
c) Wechsler
Die Bezeichnung gibt die Wirkung des Kontaktes im Stromkreis bei Betätigung an, (DIN EN 60617-1…12).

90 Erklären Sie die Bedeutung der unten stehenden Schaltzeichen in einem Stromlaufplan.

Der Doppelpfeil vor dem Schaltzeichen gibt an, dass es sich um einen in der *Ruhelage betätigten*
a) Rollentaster mit Schließerkontakt
b) Rollentaster mit Öffnerkontakt
handelt.

6 Steuerungs- und Regelungstechnik

91 Was versteht man unter einem Relais?

Ein Relais ist ein von einem entfernt liegenden Schaltort betätigter elektromagnetisch angetriebener Schalter mit mehreren als Schließer, Öffner oder Wechsler gleichzeitig geschalteten Kontakten.

92 Welche Aufgaben haben Relais in elektropneumatischen Steuerungen zu erfüllen?

- Steuersignale zu verstärken
- Signale logisch zu verknüpfen
- Signale zu speichern
- Signale umzukehren (Negation)

93 Wie werden die Kontakte des Relais gezeichnet?

Die Kontakte des Relais werden entweder getrennt oder mit Wirkverbindung zur Spule gezeichnet.

94 Die Abbildung zeigt ein Relais mit 4 Schließern. Worüber geben die jeweils neben dem Schließer vermerkten Zahlen Auskunft?

Die 1. Zahl gibt die Nummer der Relaiskontaktbahn an und die 2. Zahl kennzeichnet, ob es sich um einen Schließer, Öffner oder Wechsler handelt.

```
     |A1   |13  |23  |33  |43
K1[  ]
     |A2   |14  |24  |34  |44
```
Wirkverbindung

95 Beschreiben Sie den steuerungstechnischen Ablauf, wenn S2 *kurz* betätigt wird.

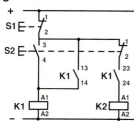

- Durch Betätigung von S2 wird das Relais K1 erregt und hält sich über den Schließer von K1 selbst.
- Nach dem Loslassen des Tasters S2 zieht das Relais K2 an.

96 Die abgebildete Steuerung spricht ein Wegeventil mit *Federrückstellung* an.

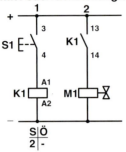

a) Beschreiben Sie ausführlich den steuerungstechnischen Ablauf, wenn S1 *kurz* betätigt wird.
b) Warum schaltet M1 nur, *wenn und solange* Taster S1 betätigt ist?
c) Wie muss der Stromlaufplan geändert werden, damit M1 dauerhaft schaltet, auch wenn der Taster S1 *nur kurz* betätigt wird?

a) Durch Betätigung des Tasters S1 wird der Stromweg 1 geschlossen und die Magnetspule des Relais K1 erregt. Der Anker des Relais zieht an und die Kontaktbahnen schließen. Über die belegten Schließerkontakte 13 und 14 des Relais schließt der Stromweg 2 und die Magnetspule M1 schaltet das Ventil.
Durch das Loslassen des Tasters S1 wird der Stromweg 1 unterbrochen und somit auch das Magnetfeld der Spule in K1. Der Anker des Relais wird durch Federn in die Ausgangslage gezogen und die Kontaktbahnen des Relais geöffnet. Stromweg 2 wird geöffnet und die Federrückstellung schiebt das Ventil in die Ausgangslage zurück.
b) Ventile mit Federrückstellung können Signale nicht speichern und somit bleibt der Steuervorgang nur solange aufrechterhalten, wie S1 ein 1-Signal erhält.
c) Parallel zu S1 muss ein Schließerkontakt des Relais geschaltet werden, der den Steuerstrom des Relais solange aufrecht hält, bis über einen AUS-Taster diese Selbsthaltung wieder aufgehoben wird.

97 Wozu dient die Schaltgliedertabelle, die im Stromlaufplan unter jedem Relais zu finden ist?

Sie gibt an, in welchem Stromweg ein Schließer- oder Öffnerkontakt des Relais belegt ist. Der Stromlaufplan wird dadurch übersichtlicher und erleichtert die Fehlersuche.

98 Der Stromlaufplan zeigt die elektrische Speicherung von Signalen durch Selbsthaltung.

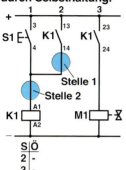

Um die Selbsthaltung zu lösen, ist an der Stelle 1 oder an der Stelle 2 ein Öffner einzubauen.

a) Wie nennt man die Selbsthaltung, wenn der Öffner an der Stelle 1, wie wenn er an der Stelle 2 eingebaut wird?
b) Welcher wesentliche Unterschied ergibt sich hierbei in der Signalspeicherung?
c) Erstellen Sie für beide Fälle die entsprechende Funktionstabelle und den Funktionsplan.

a) Die Selbsthaltung mit einem Öffner an Stelle 1 heißt: „Dominierend EIN".
Die Selbsthaltung mit einem Öffner an Stelle 2 heißt: „Dominierend AUS".

b) Der wesentliche Unterschied ist dann erkennbar, wenn Schließer S1 und Öffner S2 gleichzeitig betätigt werden.
Während bei „Dominierend EIN" immer das (SET) Setzen-Signal dominiert (hier Kolben fährt aus), überwiegt bei „Dominierend AUS" immer (RESET) das Rücksetz-Signal (hier Kolben fährt ein).

c) Funktionstabelle und Funktionsplan:

Öffner an der Stelle 1: Dominierend EIN

S1	S2	M1
0	0	0
0	1	0
1	0	1
1	1	1

```
      RS
S2 ─┤R    │
    │     │
S1 ─┤S   Q├─ M1
```

Öffner an der Stelle 2: Dominierend AUS

S1	S2	M1
0	0	0
0	1	0
1	0	1
1	1	0

```
      SR
S1 ─┤S    │
    │     │
S2 ─┤R   Q├─ M1
```

98.0 DAUERBETRIEB EINER PRÄGEPRESSE

Nach kurzer Betätigung des Start-Tasters S1 soll eine pneumatisch betriebene Prägepresse selbständig dauernd aus- und einfahren.
Nach Betätigung des Stopp-Tasters S2 soll der Kolben einfahren und in der eingefahrenen Position bleiben.

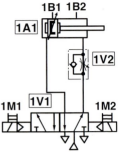

Steuerung analysieren

98.1 Welche und wie viele Eingänge und Ausgänge hat die Steuerung?

- Vier Eingänge:
  zwei Taster S1 und S2 sowie zwei Reedsensoren 1B1 und 1B2.
- Zwei Ausgänge:
  die Magnetventile 1M1 und 1M2.

98.2 Wozu dient 1V2?

1V2 ist ein Drosselrückschlagventil, mit dem die Ausfahrgeschwindigkeit der Presse eingestellt werden kann.

Steuerung planen

98.3 Wodurch wird im Stromlaufplan der Dauerbetrieb verwirklicht?

Durch eine Selbsthaltung, die durch S1 gesetzt und durch S2 aufgehoben wird.

98.4 Welche Bedingungen müssen erfüllt sein, damit der Kolben von 1A1 ausfährt?

Der Starttaster S1 und der Reedsensor 1B1 müssen betätigt sein und der Stoppsensor S2 darf nicht betätigt sein.

Steuerung erstellen

98.5 Zeichnen Sie den Stromlaufplan für die Steuerung.

6 Steuerungs- und Regelungstechnik

Lösung der Aufgabe 98.5

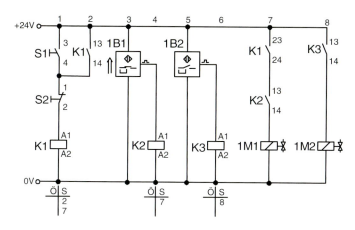

Steuerung bewerten:

98.6 Welche Folgen hätte es, wenn der Öffner S2 im Strompfad 2 eingebaut wäre und die Taster S1 und S2 gleichzeitig betätigt würden?

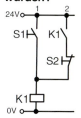

Bei gleichzeitiger Betätigung von S1 und S2 überwiegt (dominiert) das Setzsignal.
Der Kolben von 1A1 würde ständig im Dauerbetrieb ein- und ausfahren und nicht, wie in der Aufgabe gefordert, einfahren und eingefahren bleiben.

Steuerung optimieren:

98.7 Wie ist die Steuerung zu ändern, damit der Kolben bei Betätigung des Stopp-Tasters S2 sofort einfährt?

Parallel zum Relais K3 im Strompfad 8 wird im Strompfad 9 das Relais K1 als Öffner eingebaut.

6.7 Hydraulische Steuerungen

99 Was versteht man im technischen Sinne unter Hydraulik?

Übertragung von Kräften und Bewegungen durch eine Flüssigkeit.

100 Welche Vorteile bieten hydraulische Antriebe gegenüber pneumatischen Antrieben?

- Erzeugung und Übertragung größerer Kräfte
- Gleichmäßige Vorschubbewegungen
- Zylindergeschwindigkeiten sind feinfühlig verstellbar

101 Welche Nachteile hat die Hydraulik?

- Rückleitungen sind notwendig
- Änderung der Viskosität bei Temperaturschwankungen
- Störendes Lecköl

102 Welche Aufgaben hat das Hydrauliköl zu erfüllen?

- Übertragung der Kraftenergie von der Pumpe zum Verbraucher
- Weiterleitung impulsförmiger Signale durch Druckwellen
- Schmierung beweglicher Innenteile wie Lager, Kolbenlaufflächen etc.
- Abführung von Verunreinigungen und Wärme
- Metallteile vor Korrosion zu schützen

103 Die wichtigste Eigenschaft des Hydrauliköls ist seine Viskosität. Erklären Sie den Begriff „Viskosität".

Unter Viskosität eines Hydrauliköls versteht man seine Zähflüssigkeit. Sie ist ein Maß für die innere Reibung des Öls und beeinflusst den Wirkungsgrad der Hydraulikanlage entscheidend.

104 Wie verändert sich die Viskosität des Hydrauliköls mit steigender Temperatur?

Die Viskosität wird kleiner (niedriger), d. h. das Öl wird dünnflüssiger.

6 Steuerungs- und Regelungstechnik

105 Welche Folgen hat eine zu niedrige Viskosität des Hydrauliköls?

Zu niedrige Viskosität heißt, das Öl ist zu dünnflüssig. Die Folgen sind:
- Schmierfilmstärke nimmt ab
- Schlupf- und Leckverluste nehmen zu
- Verschleiß steigt

106 Welche Folgen hat eine zu hohe Viskosität des Hydrauliköls?

Zu hohe Viskosität bedeutet zu dickflüssiges Öl. Die Folgen sind:
- Reibungs- und Strömungsverluste nehmen zu
- Anlage spricht träge an
- Luftblasen können nicht, bzw. schlechter, ausgeschieden werden
- Wirkungsgrad verschlechtert sich

107 Die symbolische Darstellung hydraulischer und pneumatischer Schaltzeichen ist ähnlich.
a) Woran können Sie erkennen, welches der beiden Symbole zur Hydraulik gehört?
b) Wofür steht das mit 1 und wofür das mit 2 gekennzeichnete Symbol?

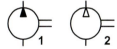

a) Ein hydraulisches Funktionsbild ist am schwarz gefüllten Dreieck (Hydrostrom) zu erkennen. Der Druckluftstrom dagegen erhält ein nicht geschwärztes Dreieck.
b) Das Symbol 1 kennzeichnet eine Konstantpumpe (Hydraulik) mit einer Stromrichtung.
Das Symbol 2 stellt einen Kompressor (Pneumatik) mit konstantem Verdrängungsvolumen dar.

108 Erklären Sie die Normbezeichnung des Hydrauliköls DIN 51 524- HL 100.

- Hydrauliköl vom Typ HL, d. h. es enthält Wirkstoffe zur Erhöhung des Korrosionsschutzes und der Alterungsbeständigkeit
- Kinematische Viskosität von 100 mm^2/s bei 40 °C

109 Die Skizze zeigt das Prinzip einer hydraulischen Presse.

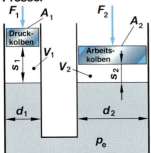

Nach Pascal breitet sich der durch äußere Kräfte hervorgerufene Druck nach allen Seiten gleichmäßig aus.
Leiten Sie aus:

$$p_e = \frac{F}{A}$$ und $$p_e = p_1 = p_2 = \text{konstant}$$

folgende Verhältnisse ab:
- Kräfte zu Flächen
- Kräfte zu Durchmesser
- Hübe zu Flächen
- Kräfte zu Hübe

Kräfte und Flächen:

Aus $$p_e = \frac{F_1}{A_1} = \frac{F_2}{A_2}$$ folgt:

Die Kräfte verhalten sich wie die Flächen. $$\frac{F_1}{F_2} = \frac{A_1}{A_2}$$

Kräfte und Durchmesser:
Sind die Flächen Kreisflächen, gilt:
$$\frac{A_1}{A_2} = \frac{\pi \cdot d_1^2 \cdot 4}{\pi \cdot d_2^2 \cdot 4} = \frac{d_1^2}{d_2^2}$$

$$\frac{F_1}{F_2} = \frac{d_1^2}{d_2^2}$$ Somit verhalten sich die Kräfte wie die Durchmesser zum Quadrat.

Hübe und Flächen:
Da das verdrängte Flüssigkeitsvolumen im Druckzylinder V_1 gleich dem im Arbeitszylinder V_2 ist, d. h. $s_1 \cdot A_1 = s_2 \cdot A_2$ folgt:
Die Hübe verhalten sich umgekehrt wie die
$$\frac{s_1}{s_2} = \frac{A_2}{A_1} = \frac{d_2^2}{d_1^2}$$
Flächen oder deren Durchmesser zum Quadrat.

Kräfte und Hübe:
Die Kräfte verhalten sich umgekehrt wie die Hübe.
$$\frac{F_1}{F_2} = \frac{s_2}{s_1}$$

110 Welche Hydraulikelemente sind für einen Ölkreislauf erforderlich?

1. Hydropumpen
2. Druckbegrenzungsventile
3. Wegeventile
4. Stromventile
5. Aktoren (Zylinder)

111 Nach welchem Prinzip arbeiten die meisten Hydraulikpumpen?

Nach dem Verdrängungsprinzip.

112
Nennen Sie drei Hydropumpenarten, die sich in der Bauart ihres Verdrängungsraumes unterscheiden.

- Zahnradpumpen
- Flügelzellenpumpen
- Kolbenpumpen

113
a) Welche zwei Arten von Zahnradpumpen werden unterschieden?
b) Benennen und beschreiben Sie das Arbeitsprinzip der dargestellten Zahnradpumpe.
c) Kennzeichnen Sie die Saugseite mit S und die Druckseite mit D.

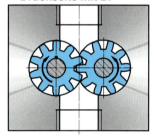

a) Man unterscheidet außen- und innenverzahnte Zahnradpumpen.
b) Die Abbildung zeigt eine außenverzahnte Zahnradpumpe.
Sie besteht aus einem Zahnradpaar, von dem ein Zahnrad angetrieben wird. Durch die Drehbewegung der Zahnräder wird die Hydraulikflüssigkeit in den Zahnlücken entlang der Gehäusewand von der Saugseite zur Druckseite verdrängt. Ein Rückströmen der Flüssigkeit wird durch die sich im Eingriff befindenden Zähne verhindert.

c)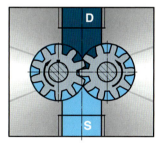

114
Warum fällt bei einer Zahnradpumpe die Pumpenkennlinie mit steigendem Druck ab?

Bei zunehmendem Druck nimmt in einer Zahnradpumpe der Leckverlust zwischen den bewegten Teilen zu, sodass die Förderleistung sinkt.

115 Was wird mit den dargestellten Hydraulikschaltzeichen dargestellt und worin unterscheiden sich?

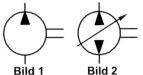

Bild 1   Bild 2

- Bild 1 kennzeichnet eine Konstantpumpe mit einer Stromrichtung. Das Verdrängungsvolumen je Umdrehung der Pumpenwelle bleibt gleich.
- Bild 2 kennzeichnet eine Verstellpumpe mit zwei Stromrichtungen. Das Verdrängungsvolumen ist einstellbar.

116 Hydraulikpumpen erzeugen einen Volumenstrom Q.
a) Wodurch entsteht in einer Hydraulikanlage Druck.
b) Welches Bauteil muss direkt nach der Pumpe eingebaut werden?

a) Druck entsteht, wenn dem Volumenstrom ein Widerstand entgegengesetzt wird.
 Je größer der Widerstand ist, umso größer wird der Druck.
b) Direkt nach der Pumpe muss ein Druckbegrenzungsventil (DBV) eingebaut werden, das beim Erreichen eines bestimmten Druckes öffnet.

117 Ein Hydraulikzylinder mit einer Kolbenfläche von $A = 50$ cm² und einem Wirkungsgrad von $\eta = 89\ \%$ soll eine maximale Druckkraft von $F = 25$ kN erzeugen.
Auf welchen Druck p_e (in bar) muss das Druckbegrenzungsventil eingestellt werden?

Einzustellender Druck p_e:

$$p_e = \frac{F}{A \cdot \eta}$$ und 1 bar $= 10\ \frac{N}{cm^2}$

$$p_e = \frac{25\,000\ N}{50\ cm^2 \cdot 0{,}89} = 561{,}8\ \frac{N}{cm^2}$$

$p_e = \mathbf{56{,}18}$ **bar**

118 Welche Aufgaben haben Wegeventile in der Hydraulik?

Die Wege des Hydraulikfluids zu beeinflussen und zwar vorwiegend Start, Stop und die Freigabe der Durchflussrichtung.

119 Benennen Sie die möglichen Anschlussbezeichnungen eines Wegeventils und ordnen Sie die jeweiligen Kennbuchstaben zu.

Arbeitsanschluss: A
Arbeitsanschluss: B
Druckanschluss: P
Tankanschluss: T

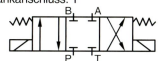

120 Geben Sie die Strömungsgeschwindigkeiten an, die in den Saug-, Druck- und Rückleitungen nicht überschritten werden sollen.

Zur Vermeidung größerer Druckverluste und von Geräuschen sollen folgende Strömungsgeschwindigkeiten nicht überschritten werden:
- Saugleitungen: 0,5 ... 1,5 m/s
- Druckleitungen: 3,0 ... 6,0 m/s
- Rückleitungen: 1,5 ... 2,0 m/s

121 Eine Hydraulikpumpe liefert eine Fördermenge von Q = 19 l/min.
Für die Druckleitung ist ein Hydraulikrohr 12 x 1 vorgesehen.
Darf diese Druckleitung eingebaut werden, wenn in dieser Strömungsgeschwindigkeiten bis 6 m/s erlaubt sind?

- Rohrquerschnitt A:

$$Q = 19 \frac{l}{min} = 316{,}67 \frac{cm^3}{s}$$

$$A = 78{,}54 \text{ mm}^2 = 0{,}785 \text{ cm}^2$$

- Strömungsgeschwindigkeit v:

$$\boxed{v = \frac{Q}{A}} = \frac{316{,}67 \text{ cm}^3}{0{,}785 \text{ cm}^2 \cdot s}$$

$$v = 403{,}4 \frac{cm}{s} = \mathbf{4{,}03} \frac{m}{s} \leq 6 \frac{m}{s}$$

Einbau ist erlaubt.

122 Welche Aufgaben haben in der Hydraulik Drosselventile ① und Stromregelventile ②?

Drosselventile: Beeinflussen den Volumenstrom durch Verengung oder Erweiterung des Durchflussquerschnittes.
Stromregelventile: Halten den eingestellten Volumenstrom unabhängig von der Größe der äußeren Last konstant. Dadurch ergeben sich gleichbleibende Geschwindigkeiten für Zylinder bzw. gleichmäßige Drehzahlen für Hydraulikmotoren.

123 Zeichnen Sie für den gegebenen wechselnden Kraft- und Druckverlauf (*F*, p_2), den jeweiligen Geschwindigkeitsverlauf *v* der Ventile in das Diagramm ein.

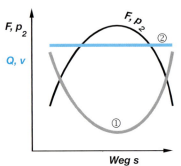

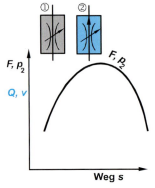

Stromregelventile ② sind „lastunabhängig".
Sie halten im Gegensatz zu Drosselventilen den Volumenstrom *Q* und somit die Geschwindigkeit *v* auch bei wechselnder Kraft konstant.

124
a) Welche Hydraulik-Rohre (Lieferzustand) werden vorwiegend verwendet?
b) Nach welchen Kriterien wird der Innendurchmesser d_i und die Wandstärke *s* ausgewählt?
c) Welchen Innendurchmesser hat das Hydraulik-Rohr 12 x 2?

a) Blankgezogene Präzisionsstahlrohre.
b) Der Innendurchmesser wird nach dem durchfließenden Volumenstrom *Q*, die Wandstärke nach dem Betriebsdruck p_{zul} der Leitung gewählt.
c) Die Bezeichnung des Rohres gibt den Außendurchmesser d_a und die Wandstärke *s* an.
Somit beträgt der Innendurchmesser 8 mm.

125

a) Worauf muss beim Verlegen von Schlauchleitungen geachtet werden?

b) Die abgebildete Schlauchleitung ist falsch verlegt. Skizzieren Sie die richtige.

a) Beim Verlegen der Schläuche muss auf genügend große Biegeradien und auf ausreichenden Bewegungsspielraum geachtet werden.

b)

126

Ein Hydraulikzylinder soll eine Spannkraft von $F = 30$ kN erzeugen. Kann die Spannkraft erreicht werden, wenn die wirksame Kolbenfläche $A = 19{,}635$ cm² beträgt und das Druckbegrenzungsventil auf $p_e = 120$ bar eingestellt ist?

$$\boxed{p_e = \frac{F}{A}} = \frac{30\,000\,\text{N}}{19{,}635\,\text{cm}^2}$$

$$p_e = 1527{,}89\ \frac{\text{N}}{\text{cm}^2} = \mathbf{152{,}79}\ \text{bar}$$

Die Spannkraft kann nicht erreicht werden, da die wirksame Kolbenfläche zu klein, bzw. der eingestellte Wert des DBV zu gering ist.

127

Auf den Druckkolben einer hydraulischen Presse wirkt eine Kraft von $F_1 = 250$ N. Wie groß darf die auf den Arbeitskolben wirkende Masse m (in kg) sein, wenn der Druckkolbendurchmesser $d_1 = 25$ mm und der Arbeitskolbendurchmesser $d_2 = 300$ mm beträgt?

- Arbeitskolbenkraft F_2:

$$\boxed{F_2 = F_1 \cdot \frac{d_2^2}{d_1^2}}$$

$$F_2 = 250\,\text{N} \cdot \frac{(300\,\text{mm})^2}{(25\,\text{mm})^2} = 36\,000\,\text{N}$$

- Masse m:

$$\boxed{m = \frac{F}{g}} = \frac{3600\ \frac{\text{kg m}}{\text{s}^2}}{9{,}81\ \frac{\text{m}}{\text{s}^2}}$$

$$m = \mathbf{3669{,}72}\ \text{kg}$$

128 Zylinder und Motoren lassen sich durch Stromregelventile nahezu verzögerungsfrei von einer Geschwindigkeit in die andere umsteuern. Je nach Einbauort der Stromregelventile spricht man von der so genannten Primärsteuerung bzw. Sekundärsteuerung.
Nennen Sie für beide Möglichkeiten die Einbauorte des Stromregelventils und beschreiben Sie die daraus resultierenden Vor- und Nachteile.

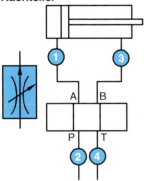

Primärsteuerung: Das Stromregelventil befindet sich in der Zulaufleitung ① bzw. Vorlaufleitung ②.
Dadurch steht der Druck nur an einer Kolbenseite an, wodurch eine hohe Lebensdauer der Kolbendichtungen erreicht wird.
Der fehlende Druck hinter dem Zylinder kann aber bei wechselnder Last zu ruckartigem Vorschub führen. Dies kann durch den Einbau eines Gegenhalteventils vermieden werden.
Sekundärsteuerung: Das Stromregelventil wird hinter dem Zylinder in die Rücklaufleitung ③ bzw. Ablaufleitung ④ eingebaut.
Dadurch stehen beide Kolbenseiten unter Druck, wodurch auch bei negativer Last (ziehende Kraft) keine unkontrollierten Bewegungen entstehen. Jedoch wird der Gegendruck auf der Stangenseite durch die Flächenverhältnisse des Zylinderkolbens verstärkt. Die Folge sind höhere Reibungsverluste und starke Beanspruchung der Dichtungen am Zylinder.

129 Zur Vermeidung von Druckverlusten soll sich die Hydraulikflüssigkeit in der Rohrleitung „laminar" (schichtweise) bewegen. In welchem Fall tritt ein „turbulentes" (wirbeliges) Strömungsverhalten auf?

Die Flüssigkeit bewegt sich nur bis zu einer bestimmten Geschwindigkeit laminar im Rohr. Erhöht man die Geschwindigkeit, so ändert sich bei der so genannten kritischen Geschwindigkeit die Strömung und sie wird turbulent. Diese Wirbelungen entstehen auch an Engstellen und Rohreckstücken.

6 Steuerungs- und Regelungstechnik

130 Beschreiben Sie die Funktion des skizzierten Druckreduzierventils (Druckregelventils).

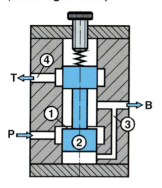

Beim Druckreduzierventil wird der Arbeitsdruck der Leitung B hinter dem Ventil konstant gehalten.
- Das über die Leitung P einströmende Öl wird durch den Ringspalt ① gedrosselt. Dadurch entsteht in der Leitung B ein kleinerer Druck als in Leitung P.
- Steigt der Druck in Leitung B, wird der Ventilkolben ② durch das über die Steuerleitung ③ fließende Öl gehoben. Der Ringspalt verkleinert sich und der Druck in Leitung B sinkt wieder ab.
- Steigt der Druck in der Leitung B so stark an, dass der Kolben den Ringspalt völlig schließt, kann dieser durch die Entlastungsöffnung ④ wieder entlastet werden.

131 Bei einer Hubförderanlage soll der Hubkolben mit einer Geschwindigkeit von $v = 8{,}36$ m/min ausfahren. Der Hub des Kolbens beträgt $s = 2350$ mm.
Eine Zahnradpumpe liefert hierzu einen Volumenstrom $Q = 42$ l/min.
a) Wie groß ist der Zylinderdurchmesser d in mm zu wählen?
b) Wie lange benötigt der Kolben zum Einfahren, wenn die Ringkolbenfläche $A = 4712{,}39$ mm² beträgt?

a) Kolbendurchmesser d:

$$\boxed{A = \frac{Q}{v}} = \frac{42 \text{ dm}^3 \cdot \text{min}}{83{,}6 \text{ dm} \cdot \text{min}}$$

$A = 5023{,}9$ mm²

$d = \mathbf{80}$ mm

b) Einfahrzeit t:

$$\boxed{t = \frac{A \cdot s}{Q}}$$

$$t = \frac{4712{,}39 \text{ mm}^2 \cdot 2350 \text{ mm} \cdot \text{min}}{700\,000 \text{ mm}^3}$$

$t = \mathbf{15{,}82}$ s

132 Benennen Sie die symbolisch dargestellten Hydraulikspeicher und beschreiben Sie deren Unterschiede.

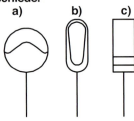

a) *Membranspeicher*
Er wird bei kleinen Volumen verwendet. Die meist halbkugelförmige Membrane trennt die beiden Medien Gas und Öl.

b) *Blasenspeicher*
Er wird am häufigsten verwendet und zeichnet sich durch absolute Dichtheit und sehr schnelles Ansprechverhalten aus. Eine mit Stickstoff gefüllte, elastische Blase trennt Öl und Gas.

c) *Kolbenspeicher*
Er eignet sich hauptsächlich für große Volumen. Gas und Flüssigkeit werden durch einen frei beweglichen Kolben getrennt.

133 Wozu werden Hydraulikspeicher verwendet?

- *Notaggregat*
  Der Speicher dient als Energieversorgung in Notfällen um z. B. bei einer Störung einen begonnenen Arbeitstakt beenden zu können.
- *Leckölkompensation*
  Leckverluste werden ergänzt, um damit längere Zeit einen Druck zu halten.
- *Volumenausgleich*
  Bei Druck- und Temperaturänderungen dient der Speicher zum Volumenausgleich.
- *Abbau von Druckspitzen bei Schaltvorgängen*
- *Dämpfung von Pulsation (Druckschwingungen)*
- *Rückgewinnung von Bremsenergie*

134 Eine Ölpumpe, die mit einem Elektromotor gekoppelt ist, gibt eine Leistung $P_{2P} = 0{,}4$ kW bei einem Wirkungsgrad von 80 % ab.
a) Wie groß ist der Volumenstrom Q der Pumpe bei einem Druck von 60 bar?
b) Wie groß ist die Leistungsaufnahme P_{1M} des Elektromotors, wenn sein Wirkungsgrad 90 % beträgt?

a) wird Q in l/min, p_e in bar und P in kW berechnet, gilt die Formel

$$Q = \frac{600 \cdot P_{2P}}{P_e}$$

$$Q = \frac{600 \cdot 0{,}4}{60} \, \frac{l}{min} = 4 \, \frac{l}{min}$$

b) Die Leistungsabgabe P_{2M} des Motors muss so groß wie die Leistungsaufnahme der Pumpe P_{1P} sein.

$$P_{2M} = P_{1P} = \frac{P_{2P}}{\eta_P}$$

$$P_{2M} = \frac{0{,}4 \, kW}{0{,}8} = 0{,}5 \, kW$$

$$P_{1M} = \frac{P_{2M}}{\eta_M} = \frac{0{,}5 \, kW}{0{,}9} = \mathbf{0{,}556} \, kW$$

135 Für die abgebildete Geschwindigkeitssteuerung werden vier voreingestellte Drosselventile, vier 2/2-Wegeventile und ein 4/3-Wegeventil benötigt. Welches Bauteil ersetzt diesen Aufwand an Bauteilen und woran kann es im Hydraulikplan erkannt werden?

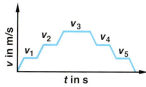

Die Geschwindigkeitssteuerung kann durch den Einbau eines Stetigventils, z. B. eines Proportionalventils realisiert werden.
Mit ihm kann die Richtungswahl und die Geschwindigkeit stufenlos gesteuert werden.
Eine stufenlos einstellbare Stromstärke erzeugt eine dazu proportionale magnetische Kraft, die zur Steuerung der Ventile dient.

Zu erkennen ist das Symbol an den Parallellinien.

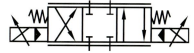

6.8 Speicherprogrammierbare Steuerungen (SPS)

136 Worin unterscheidet sich eine verbindungsprogrammierte Steuerung (VPS) von einer speicherprogrammierten Steuerung (SPS)?

Bei der VPS sind Steuerlogik und Programmablauf durch fest miteinander verbundenen Bauteile vorgegeben, z. B. bei einer hydraulischen Steuerung über die Verrohrung oder bei einer Relaissteuerung über die Verdrahtung.
Bei der SPS wird der Programmablauf durch ein Softwareprogramm bestimmt. Dies spart viele Bauteile ein und eine Programmänderung ist, ohne großen Aufwand, schnell durchführbar.

137 Aus welchen Funktionsblöcken besteht eine SPS?

- Eingabegruppe
- Zentraleinheit mit Steuerwerk und Programmspeicher
- Bussystem
- Ausgabegruppe
- Stromversorgung

138 Über welche Speicher verfügt die Zentraleinheit (CPU) einer SPS?

- *Systemspeicher* mit ROM oder EPROM Speicher, mit den Befehlen für die grundsätzliche Arbeitsweise (Betriebssystem)
- *Programmspeicher* mit RAM Speicher, in dem die Anweisungen für den steuertechnischen Ablauf hinterlegt sind.
- *Zwischenspeicher,* in diesem RAM Speicher werden die Merkerfunktionen und Verknüpfungsergebnisse festgehalten.

139 Welche Aufgabe hat die Zentraleinheit (CPU) einer SPS?

Die CPU verarbeitet die Eingangssignale entsprechend vorliegender Programmanweisungen in einen Bit-Code der Maschinensprache.

6 Steuerungs- und Regelungstechnik

140 Nennen Sie die drei bekanntesten anwenderorientierten Programmiersprachen einer SPS.

- Anweisungsliste (AWL)
- Kontaktplan (KOP)
- Funktionsbausteinsprache / Funktionsplan (FUP)

Bei der Übertragung in den Programmspeicher der SPS wird das entsprechende Anwenderprogramm in die Maschinensprache kompiliert (übersetzt).

141 Erklären Sie den Fachbegriff „Zykluszeit" in der SPS.

Der SPS-Prozessor ist durch das Programm im Betriebssystem so gesteuert, dass ständig eine Schleife von 3 Schritten durchlaufen wird:
1. Abfragen der Eingänge,
2. Verarbeiten der Eingangssignalen nach dem Steuerprogramm,
3. Belegen der Ausgänge.

Die Zeit, die der Mikroprozessor benötigt, um diese Schleife einmal zu durchlaufen, bezeichnet man als Zykluszeit.

142 Erklären Sie den Begriff „Prozessabbild".

Die zu Beginn eines Programmdurchlaufes (Prozesses) anliegenden Ein- und Ausgangssignale werden im Zwischenspeicher der SPS festgehalten und von dort abgefragt. Ändern sich während des zyklischen Programmdurchlaufs z. B. die Eingangssignale, so werden diese erst beim nächsten Zyklus berücksichtigt.

143 Wozu wird ein Optokoppler in der SPS eingesetzt?

Der Optokoppler ist ein Wandler zwischen optischen und elektrischen Signalen und wird in der SPS als Bauelement zur galvanischen Absicherung der Eingänge gegen zu hohe Eingangsspannungen eingesetzt.

6 Steuerungs- und Regelungstechnik

144 Aus welchen Bestandteilen besteht die Steueranweisung „O   E124.0" in einer Anweisungsliste?

Aus dem Operationsteil, der angibt, was zu tun ist, hier O für ODER-Verknüpfung, und dem Operandenteil, der angibt, womit etwas zu tun ist, hier E124.0 für den Eingang.

145 Wozu dient eine Zuordnungsliste oder Symboltabelle?

Zuordnungsliste

Bauteil	Operand	Kommentar
S1	E 10	Schließer
S2	E 11	Schließer
S3	E 12	Schließer
M1	A 10	Magnetventil

Aus der Zuordnungsliste geht hervor, wie die SPS beschaltet ist, da die Zuordnung der Signalgeber und Stellgeräte zu den jeweiligen Eingängen und Ausgängen einer SPS frei wählbar sind.
Die Zuordnungsliste wird dazu in Spalten eingeteilt, wobei in der ersten Spalte die Betriebsmittelkennzeichnung steht, in der zweiten Spalte vermerkt man den zugeordneten Operanden (Adresse) und in einer möglichen dritten einen Kommentar.

146 Wozu verwendet man in der SPS „Merker"?

Merker werden als interne Speicherbausteine verwendet. Als Operanden im Programm dienen sie zur Ablage von Informationen.
Zum Beispiel: U E124.0
    U E124.1
    =M100.0

147 Schreiben Sie mit Hilfe von Merkern die Anweisungsliste (AWL) für die dargestellte Verknüpfung.

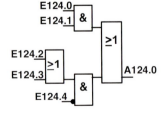

U   E124.0
U   E124.1
=   M100.0

O   E124.2
O   E124.3
=   M100.1

O   M100.0
O
U   M100.1
UN   E124.4
=   A124.0

S7 (313-2DP)

148 Erstellen Sie für die im Funktionsplan dargestellte Verknüpfung
a) Stromlaufplan mit Relais K1
b) Anweisungsliste (AWL).

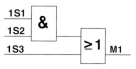

Symboltabelle/Zuordnungsliste

Bauteil	Adresse	Kommentar
1S1	E124.1	Schließer
1S2	E124.2	Schließer
1S3	E124.3	Schließer
M1	A124.0	Magnetventil

a) Stromlaufplan:

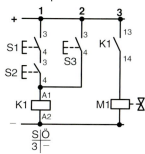

b) Anweisungsliste:

```
O    "1S3"   E124.3
O
U    "1S1"   E124.1
U    "1S2"   E124.2
=    "M1"    A124.0
```

S7 (313-2DP)

149 Erstellen Sie eine Anweisungsliste, die dem dargestellten Funktionsplan entspricht.

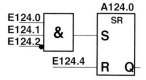

```
U    124.0
U    124.1
UN   124.2
S    A124.0
U    124.4
R    A124.0
NOP  0
```

S7 (313-2DP)

150 Erstellen Sie für den gegebenen Funktionsplan einen Kontaktplan (KOP).

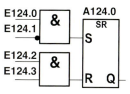

Kontaktplan:

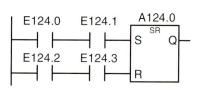

S7 (313-2DP)

151 In einer Flaschensortieranlage sollen falsche Flaschen, das sind zu kleine und zu große Flaschen, durch eine Bandweiche auf einen separaten Rollengang B (siehe Technologieschema) laufen. Dazu werden die ankommenden Flaschen durch drei Sensoren B1, B2 und B3 abgetastet. Die Bandweiche wird elektropneumatisch nach Stellung A und B gesteuert. Ermitteln Sie für eine SPS:
a) Zuordnungsliste
b) Funktionstabelle
c) Funktionsplan (FUP)
d) Anweisungsliste (AWL).

Technologieschema:

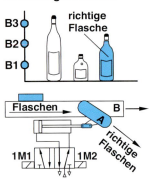

a) Zuordnungsliste

Bauteil	Adresse	Kommentar
B1	E124.1	Sensor
B2	E124.2	Sensor
B3	E124.3	Sensor
1M1	A124.0	Magnetventil
1M2	A124.1	Magnetventil

b) Funktionstabelle

B1	B2	B3	1M1	1M2
0	0	0	0	0
0	0	1	--	--
0	1	0	--	--
0	1	1	--	--
1	0	0	1	0
1	0	1	--	--
1	1	0	0	1
1	1	1	1	0

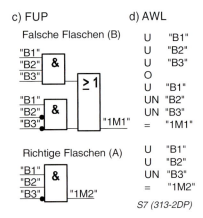

S7 (313-2DP)

152 FALLMAGAZIN

Wenn und solange der Start-Tasters S1 betätigt wird, soll der Kolben ausfahren, um ein Werkstück aus Kunststoff aus dem Fallmagazin zu schieben.

Der Kolben soll nur ausfahren, wenn der Stopp-Taster S2 nicht betätigt ist und der Sensor B3 meldet, dass sich noch ein Werkstück im Magazin befindet.

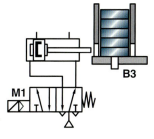

Ist kein Werkstück mehr im Magazin, soll eine Warnlampe P1 leuchten.

Steuerung analysieren

152.1 Geben Sie an, wie viele Ein- und Ausgänge die Steuerung hat und erstellen Sie eine Zuordnungsliste (Symboltabelle).

Die Steuerung hat drei Eingänge und zwei Ausgänge.

Symbol	Adresse	Kommentar
B3	E 124.0	Sensor (kapazitiv)
S1	E124.1	Start-Taster
S2	E124.2	Stopp-Taster
M1	A124.0	Magnetventil
P1	A124.1	Warnlampe

Steuerung planen

152.2 Erstellen Sie eine elektrische Zuordnungsbeschaltung der SPS.

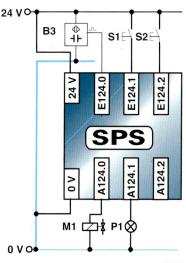

SPS-Programm erstellen

152.3 Erstellen Sie das SPS-Programm mit der Funktionsbausteinsprache bzw. als Funktionsplan (FUP) und als Anweisungsliste.

```
FUP                          AWL
"B1"─┐                       U   E124.0
"S1"─┤ &  ┌─"M1"             U   E124.1
"S2"─o┘   └─ =               UN  E124.2
                             =   A124.0
            ┌─"P1"           UN  E124.0
"B1"─o┤ 1 ├─ =               =   A124.1
```

S7 (313-2DP)

Steuerung Optimieren

Durch <u>kurze</u> Betätigung des Start-Tasters S1 soll nun der Kolben selbständig <u>dauernd</u> aus- und einfahren, um die Werkstücke aus dem Fallmagazin zu schieben.

Der Kolben soll nur ausfahren, wenn der Stopp-Taster S2 nicht betätigt ist und der Sensor B3 meldet, dass sich ein Werkstück im Magazin befindet.

Ist kein Werkstück mehr im Magazin oder wird der Stopp-Taster S2 betätigt, soll der Kolben sofort einfahren und eine Warnlampe P1 leuchten.

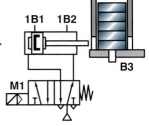

Zuordnungsliste / Symboltabelle		
Symbol	**Adresse**	**Kommentar / Funktion**
B3	E124.0	Sensor, Schließer, Werkstücke im Magazin
S1	E124.1	Start-Taster, Schließer
S2	E124.2	Stopp-Taster, Schließer
1B1	E124.3	Reed-Sensor, Schließer, Kolben ist eingefahren
1B2	E124.4	Reed-Sensor, Schließer, Kolben ist ausgefahren
DB	M100.0	Merker für Dauerbetrieb
M1	A124.0	5/2 Wegeventil, monostabil, Kolben fährt aus
P1	A124.1	Warnlampe

152.4 Erstellen Sie unter Beachtung der Zuordnungsliste ein SPS-Programm in der Funktionsbausteinsprache bzw. als Funktionsplan (FUP).

Lösung der Aufgabe 152.4

Netzwerk: 1   Dauerbetrieb

Solange der Merker „DB" (Dauerbetrieb) gesetzt ist, hat Q Signal und gibt somit ein ständiges Startsignal ab. Fehlt das Werkstückvorhandensignal „B3" oder wird der Stopp-Taster „S2" betätigt, so werden der Dauerbetrieb und der Ausgang „M1" zurückgesetzt.

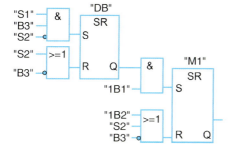

Netzwerk: 2   Warnlampe

Sobald der Stopp-Taster „S2" betätigt wird ODER der Sensor „B3" meldet, dass kein Werkstück mehr im Magazin ist, leuchtet die Warnlampe „P1".

"S2" —>=1— "P1"
"B3" —o   =

S7 (313-2DP)

153 Eine Presse mit Schutzgitter soll Kunststoffteile einpressen.
Der Einpressvorgang soll nur dann mit dem START- Taster S1 ausgelöst werden, wenn das Schutzgitter geschlossen ist. Dieser Zustand wird mit einem Sensor (Schutzgittersensor B1 = 1) überwacht.
Ist die Ausfahrbedingung erfüllt, wird M1 des Pressenzylinders für 5 Sekunden angesteuert.
Aus Sicherheitsgründen soll die Presse sofort hochfahren, wenn der Starttaster S1 losgelassen wird oder der Schutzgittersensor B1 nicht mehr anspricht.
Die Steuerung soll mit einer SPS verwirklicht werden.

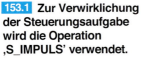

153.1 Zur Verwirklichung der Steuerungsaufgabe wird die Operation ‚S_IMPULS' verwendet.

a) Beschreiben Sie die Operation „Zeit als Impuls" (S_IMPULS).

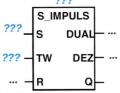

b) Um dem Timer ‚S_IMPULS' eine Zeit vorzugeben, muss die Syntax S5T# 5s eingehalten werden. Erläutern Sie die Syntax.

a) Wechselt der Signalzustand am Setzeingang „S" von „0" auf „1", dann wird die Zeit gestartet.
Die Zeit als Impuls gibt genau so lange am Ausgang „**Q**" eine „1" aus, wie die Zeitvorgabe ist UND am Setzeingang „**S**" eine „1" ansteht.
Ist die bei „**TW**" vorgegebene Zeit abgelaufen ODER der Signalpegel am Setzeingang „**S**" wieder „0", so steht am Ausgang „**Q**" wieder eine „0" an.

b) S5T# gibt das Format vor und dahinter wird direkt die Zeit (hier 5 Sekunden) eingegeben.
Es können auch Millisekunden (MS), Minuten (M) und Stunden (H) vorgegeben werden.
Diese Einheiten können auch gemeinsam (z. B. S5T#3M_3S) angegeben werden.

153.2 Erstellen Sie unter Beachtung der Zuordnungsliste eine elektrische Zuordnungsbeschaltung der SPS.

Symbol	Adresse	Kommentar
B1	E124.1	Sensor
S1	E124.2	Start-Taster
Timer	T1	Zeit 5 s
M1	A124.0	Magnetventil

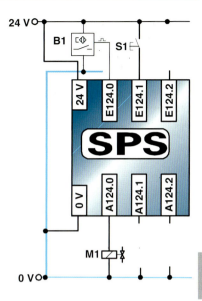

153.3 Erstellen Sie ein SPS-Programm in der Funktionsbausteinsprache bzw. als Funktionsplan (FUP).

Netzwerk 1: Eingangszuweisung

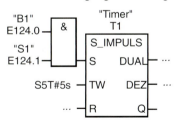

Netzwerk 2: Ausgangszuweisung

S7 (313-2DP)

154 ABFÜLLMASCHINE

Eine Abfüllmaschine wird zum Abfüllen von Schüttgutgranulat in Dosen verwendet. Die Verschlussklappen, gesteuert über den Kolben des Zylinders 1A1, dienen zum Öffnen und zum Schließen des Abfüllrohres.

Der Abfüllprozess soll beginnen, wenn eine leere Dose zugeführt und der Start-Taster S1 betätigt wurde. Eine Waage kontrolliert das Gewicht. Ist das Gewicht in Ordnung wird über ein Schließkontakt K1 ein 1-Signal an die SPS gemeldet.

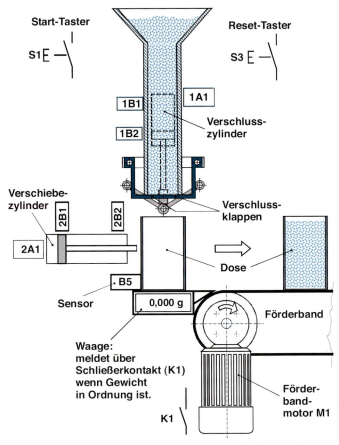

Abbildung 1: Technologieschema

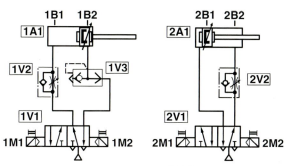

Abbildung 2: Pneumatikplan

Funktionsbeschreibung der Schrittkette:

Schritt 0: Der Kolben des Verschlusszylinders 1A1 ist ausgefahren, d.h. die Verschlussklappen sind geschlossen. Der Kolben des Verschiebezylinders 2A1 ist eingefahren und es ist keine Dose (B5 = 0) unter dem Abfüllrohr.

Schritt 1: Der Kolben des Verschlusszylinders 1A1 fährt ein und die Verschlussklappen öffnen, wenn eine Dose unter dem Abfüllrohr steht (B5 = 1) und der Start-Taster S1 betätigt ist.

Schritt 2: Wenn der Kolben von 1A1 eingefahren ist (1B1 = 1) und die Waage über den Schließkontakt K1 meldet, dass die Dose ordnungsgemäß befüllt ist (K1 = 1, geschlossen), schließen die Verschlussklappen.

Schritt 3: Sind die Verschlussklappen geschlossen, wird die befüllte Dose durch den Kolben des Verschiebezylinders 2A1 auf das Förderband geschoben.

Schritt 4: Der Kolben des Zylinders 2A1 fährt wieder in die Ausgangsstellung zurück und eine neue leere Dose kann zugeführt werden.

6 Steuerungs- und Regelungstechnik

Sie erhalten im Rahmen einer Kundenübergabe den Auftrag, für diesen Abfüllprozess die Unterlagen zu erstellen bzw. zu vervollständigen.

Bauteile analysieren

154.1 Der Kunde möchte Blechdosen abfüllen. Welchen Sensor (B5) schlagen Sie für die Erfassung der Blechdosen vor? Begründen Sie.

Einen induktiven Sensor.
Dieser Sensor reagiert nur auf Metalle und somit z.B. nicht auf die Hand des Bedieners.

154.2 Die Steuerung des Zylinders 1A1 erfolgt nach dem abgebildeten Pneumatikplan.
a) Beschreiben Sie dem Kunden, welche verschiedenen Bedienmöglichkeiten das Ventil 1V1 bietet.
b) Erklären Sie dem Kunden, warum das Ventil 1V3 in die pneumatische Schaltung eingebaut wurde.

a) Das Ventil 1V1 wird über eine Magnetspule angesteuert. Für den Funktionstest und für Notfälle kann das Ventil durch Handbetätigung geschaltet werden. Das Ventil muss für die einwandfreie Funktion an die Druckluftversorgung angeschlossen sein (Vorsteuerung).

b) Das Ventil 1V3 ist ein Schnellentlüftungsventil. Durch dieses Ventil verkürzt sich die Ausfahrzeit vom Kolben des Zylinders 1A1. Die Verschlussklappen schließen schneller.

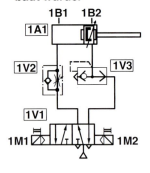

Ablaufsteuerung planen

154.3 Erstellen Sie zur beschriebenen Schrittkette einen GRAFCET.

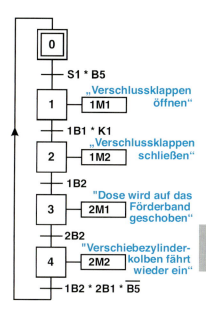

154.4 Ergänzen Sie die Zuordnungsliste nach der gegebenen elektrischen Zuordnungsbeschaltung.

Zuordnungsliste		
Symbol	**Adresse**	**Kommentar / Funktion**
		Schließerkontakt, Dose befüllt
S1	E124.6	Taster, Schließer, Start Ablauf
S3-Reset	E124.7	Taster, Schließer, Rücksetzen Grundstellung
		Reed-Sensor, Verschlussklappen sind
1B2	E124.1	Reed-Sensor, Verschlussklappen sind
2B1	E124.2	Reed-Sensor, Schließer, 2A1 ist eingefahren
2B2	E124.3	Reed-Sensor, Schließer, 2A1 ist ausgefahren
B5	E124.4	
1M1	A124.0	5/2 Wegeventil, 1A1 fährt ein
1M2	A124.1	5/2 Wegeventil, 1A1 fährt aus
2M1	A124.2	5/2 Wegeventil, 2A1 fährt aus

2M2	A124.3	5/2 Wegeventil, 2A1 fährt ein
Schritt-0	M100.0	Schritt-Merker
Schritt-1	M100.1	Schritt-Merker
Schritt-2	M100.2	Schritt-Merker
Schritt-3	M100.3	Schritt-Merker
Schritt-4	M100.4	Schritt-Merker

Elektrische Zuordnungsbeschaltung

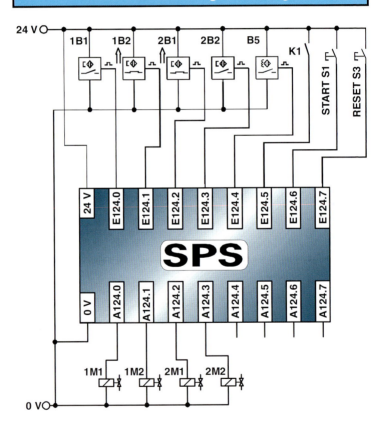

6 Steuerungs- und Regelungstechnik

Lösung der Aufgabe 154.4

Symbol	Adresse	Kommentar / Funktion
K1	E124.5	Schließerkontakt, Dose befüllt
1B1	E124.0	Reed-Sensor, Verschlussklappen sind auf
1B2	E124.1	Reed-Sensor, Verschlussklappen sind zu
B5	E124.4	Induktiver Sensor

SPS-Programm erstellen

154.5 Das SPS-Programm wird in der Funktionsbausteinsprache (FUP) programmiert. Ergänzen Sie die unterlegten Felder im SPS-Programm.

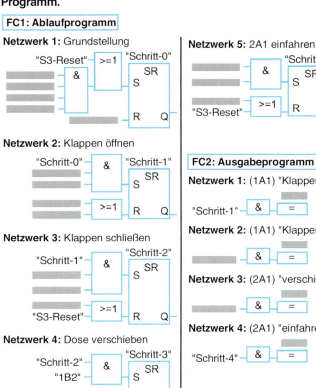

S7 (313-2DP)

6 Steuerungs- und Regelungstechnik

Lösung der Aufgabe 154.5

FC1: Ablaufprogramm

Netzwerk 1: Grundstellung

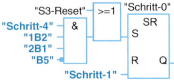

Netzwerk 2: Klappen öffnen

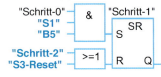

Netzwerk 3: Klappen schließen

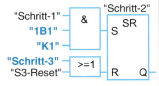

Netzwerk 4: Dose verschieben

Netzwerk 5: 2A1 einfahren

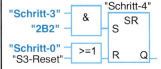

FC2: Ausgabeprogramm

Netzwerk 1: (1A1) "Klappen auf"

Netzwerk 2: (1A1) "Klappen zu"

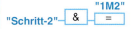

Netzwerk 3: (2A1) "verschieben"

"2M1"
"Schritt-3" — & — =

Netzwerk 4: (2A1) "einfahren"

"2M2"
"Schritt-4" — & — =

S7 (313-2DP)

6.9 CNC-Steuerungen

155 Wofür stehen die Kurzzeichen NC, CNC, DNC?

NC Numerical Control, numerische Steuerung

CNC Computerized Numerical Control, numerische Steuerung mit Computer

DNC Direct Numerical Control, numerische Steuerung durch übergeordneten Rechner

156 Welche Vorteile bietet die CNC-Fertigung?

- hohe Flexibilität und Wirtschaftlichkeit (kurze Fertigungszeiten)
- hohe Fertigungs- und Wiederholgenauigkeit (Serienfertigung)
- gespeicherte Fertigungsprogramme
- Komplettbearbeitung komplexer Werkstücke

157
a) Begründen Sie, warum die Verwendung von Trapezgewindetrieben, wie bei konventionellen Werkzeugmaschinen, für CNC-Maschinen ungeeignet sind.
b) Welche Gewindetriebe werden bei CNC-Maschinen verwendet? Begründung.

a) Um eine genaue und schnelle Positionierung der Schlitten zu erreichen, muss die Lagerung des Schlittens und die Wandlung der Bewegungen möglichst spielfrei und reibungsarm erfolgen. Diese Forderung können Trapezgewinde wegen der Gleitreibung und ihres Spiels nicht erfüllen.

b) Kugelgewindetriebe:
In ihnen herrscht zwischen den Spindeln, Kugeln und Muttern spielfreie Rollreibung. Dadurch reduziert sich die Reibung im Vergleich zu Trapezgewinden auf einen Bruchteil. Weitere Vorteile sind: geringe Erwärmung und Verschleiß, keinen *stick-slip-Effekt*, hohe Umdrehungsfrequenzen und gleichbleibende Genauigkeit.

158 Welche Anforderungen sollen die Vorschubantriebe erfüllen?

- hohe Beschleunigungen erzielen
- sehr große Eilgang- und sehr kleine Vorschubgeschwindigkeiten ermöglichen
- große Vorschubkräfte erreichen
- große Positioniergenauigkeiten aufweisen
- hohe Steifigkeit besitzen

159 Das Wegmesssystem zur Erfassung der Schlittenposition wird entweder am Messort 1 oder am Messort 2 eingebaut. Benennen Sie die Messsysteme, die je nach Einbauort unterschieden werden und beschreiben Sie deren Besonderheiten.

- Erfolgt die Messwerterfassung am Messort 1, spricht man von einem *indirekten* Messsystem.
  Die Verfahrbewegung des Schlittens wird über die Drehung der Kugelgewindespindel erfasst. Ein Drehgeber (Resolver) registriert dabei die Drehbewegung einer Impulsscheibe, welche mit der Arbeitsspindel verbunden ist. In der Steuerung werden aus den Umdrehungsimpulsen die Schlittenbewegungen errechnet.
  Problematisch ist, dass ein eventuelles Spindelspiel das Messwertergebnis verfälschen kann.
- Erfolgt die Messwerterfassung am Messort 2, spricht man von einem *direkten* Messsystem.
  Diese werden meist als lineare Messwertgeber direkt am Maschinentisch montiert und erfassen die tatsächliche Verfahrbewegung des Maschinentisches oder des Werkzeugschlittens.
  Direkte Wegmesssysteme sind zwar teuer, aber genau.

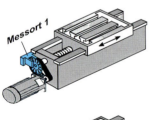

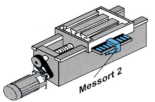

6 Steuerungs- und Regelungstechnik

160 Benennen Sie die abgebildete Wegmessungsart und zählen Sie die wesentlichen Merkmale auf.

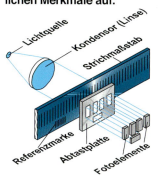

Die Abbildung zeigt eine inkrementale Wegmessung.
Merkmale:
- Strichmaßstab ohne Maßeintragung
- gemessen wird durch das schrittweise Zählen der Strichabstände zwischen Anfangspunkt und Endpunkt einer Bewegung
  (Inkrement = kleinster Schritt, meist 1 µm)
- beim Start der Maschine oder bei Stromausfall muss ein bekannter Punkt, der Referenzpunkt, angefahren werden
- der Nullpunkt ist frei wählbar

161 Wie wird das abgebildete Wegmesssystem bezeichnet und wie erfolgt die Wegmessung?

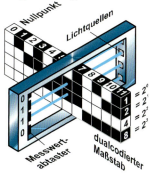

Die Abbildung zeigt eine absolute Wegmessung.

Der Anfangspunkt und der Endpunkt einer Bewegung werden vom Nullpunkt aus angegeben. D. h. jede Wegstelle hat eine zahlenmäßig bestimmte Position als Entfernung vom Nullpunkt.
Die tatsächliche Maßzahl wird aus dem dualen Code berechnet.
Hier:
Der Dualcode **0 1 1 0**
ergibt
$0 \cdot 2^3 + 1 \cdot 2^2 + 1 \cdot 2^1 + 0 \cdot 2^0 = 6$

162 Im räumlichen dreiachsigen Koordinatensystem stehen die Koordinatenachsen X, Y und Z senkrecht aufeinander.

a) Was besagt die „Rechte-Hand-Regel" über die Lage der Achsen zueinander?

b) Welche Lage hat die Z-Richtung und wie ist ihre positive Richtung festgelegt?

a) Die Lage der Achsen zueinander ist in DIN 66217 festgelegt und kann durch die „Rechte-Hand-Regel" anschaulich gemacht werden:
Hält man Daumen, Zeigefinger und Mittelfinger der rechten Hand senkrecht zueinander, so weisen die Finger in folgende positiven Achsrichtungen:
- Daumen in X-Richtung
- Zeigefinger in Y-Richtung
- Mittelfinger in Z-Richtung.

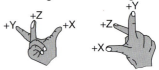

b) Die Z-Richtung liegt immer parallel zur Arbeitsspindel. Ihre positive Richtung ist so festgelegt, dass das Werkstück mit zunehmendem Werkzeugabstand größer würde.

163 Die Abbildung zeigt schematisch eine Waagerechtfräsmaschine. Tragen Sie mit Hilfe der „Rechte-Hand-Regel" die positiven Achsrichtungen X, Y und Z ein.

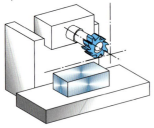

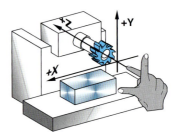

Daumen in X-Richtung
Zeigefinger in Y-Richtung
Mittelfinger in Z-Richtung, parallel zur Arbeitsspindel

164 Berechnen Sie die Bohrungsmittelpunktskoordinaten P1, P2 und P3 im Absolutmaß, wenn der Lochkreisdurchmesser 75 mm beträgt und die Bohrungen um 120° gegeneinander versetzt sind.

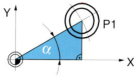

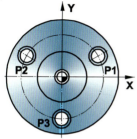

$$\cos \alpha = \frac{\text{Ankathete}}{\text{Hypotenuse}} = \frac{X_{P1}}{R_{\text{Lochkreis}}}$$

$X_{P1} = \cos 30° \cdot 37{,}5 \text{ mm}$
$X_{P1} = \mathbf{32{,}476}$ mm

$$\sin \alpha = \frac{\text{Gegenkathete}}{\text{Hypotenuse}} = \frac{Y_{P1}}{R_{\text{Lochkreis}}}$$

$Y_{P1} = \sin 30° \cdot 37{,}5 \text{ mm}$
$Y_{P1} = \mathbf{18{,}750}$ mm

P1: (32,476 /   18,750)
P2: (−32,476 / −18,750)
P3: (0,000 / −37,500)

---

165 Benennen Sie die abgebildeten Bezugspunktsymbole und geben Sie deren Bedeutung an.

a)

b)

c)

a) *Maschinennullpunkt* M:
Ist der Ursprung des Maschinen-Koordinatensystems und wird vom Hersteller festgelegt.
b) *Werkstücknullpunkt* W:
Er wird als Ursprung des Werkstück-Koordinatensystems vom Programmierer nach fertigungstechnischen Gesichtspunkten festgelegt.
c) *Referenzpunkt* R:
Ist als Ursprung des inkrementalen Wegmesssystems ein je Achse festgelegter Punkt im Arbeitsbereich einer CNC-Werkzeugmaschine, um die jeweilige Ausgangsposition zu bestimmen.

6 Steuerungs- und Regelungstechnik

166 Die dargestellten Werkstücke sollen auf einer CNC-Fräsmaschine hergestellt werden. Benennen und beschreiben Sie die Steuerungsart, die dafür jeweils erforderlich ist.

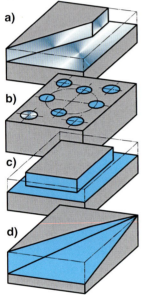

a) *2D-Bahnsteuerung:*
Die Maschine verfügt über zwei Vorschubantriebe, die beliebige Gerade oder Kreisbögen erzeugen können.

b) *Punktsteuerung:*
Das Werkzeug bzw. Werkstück fährt im Eilgang von einer Bearbeitungsstelle zur nächsten. Das Werkzeug befindet sich nicht im Eingriff, d. h. die Bearbeitung wird erst durchgeführt, wenn der Zielpunkt erreicht ist.

c) *Streckensteuerung:*
Bei dieser Steuerungsart wird nacheinander immer nur in einer Achsrichtung gefahren. Alle Arbeitsbewegungen sind deshalb achsparallel. Es können nur rechtwinklig zueinander angeordnete Flächen bearbeitet werden.

d) *3D-Bahnsteuerung:*
Die Steuerung kann mit drei oder mehr Vorschubantrieben beliebige Gerade oder Kreisbögen im Raum erzeugen.

167 Beschreiben Sie den Unterschied zwischen einer 2 ½ D-Bahnsteuerung und einer 3 D-Bahnsteuerung.

Bei einer 2 ½ D-Bahnsteuerung sind zwar drei Achsen steuerbar, es können jedoch stets nur zwei Achsen gleichzeitig gesteuert werden.
Bei einer 3 D-Bahnsteuerung können alle drei Achsen gleichzeitig gesteuert werden.

6 Steuerungs- und Regelungstechnik

168 Bei kreisförmigen Arbeitsbewegungen wird der Endpunkt des Kreises „absolut" und die Mittelpunktskoordinaten meistens „inkremental" programmiert.
a) Worin unterscheidet sich hierbei die Absolutmaßprogrammierung von der Inkrementalmaßprogrammierung?
b) Welche Adressbuchstaben erhalten hierbei die Kreismittelpunktskoordinaten der X-, Y- und Z-Achse?

a) Bei der Absolutmaßprogrammierung werden die tatsächlichen Abstände der Maße des Endpunktes zum Werkstücknullpunkt programmiert.
Bei der Inkrementalmaßprogrammierung wird die Entfernung vom Startpunkt der Kreisbewegung zum Mittelpunkt programmiert.
b) Die Kreismittelpunktskoordinaten erhalten für den Abstand vom Kreisanfangspunkt zum Kreismittelpunkt folgende Adressbuchstaben:

I auf der **X-Achse**
J auf der **Y-Achse**
K auf der **Z-Achse**

169 Programmieren Sie die Fräskontur vom Startpunkt P_A bis zum Endpunkt P_E. Der Fräser ist bei P_A bereits auf Frästiefe eingetaucht.

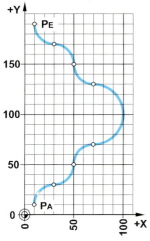

Programm:

N10	G2	X30	Y30	I20	J0
N20	G3	X50	Y50	I0	J20
N30	G2	X70	Y70	I20	J0
N40	G3	X70	Y130	I0	J30
N50	G2	X50	Y150	I0	J20
N60	G3	X30	Y170	I-20	J0
N70	G2	X10	Y190	I0	J20

G2 kreisförmige Bewegung im Uhrzeigersinn
G3 kreisförmige Bewegung im Gegenuhrzeigersinn

170 Begründen Sie, welcher der Sätze N10 bis N40 für die Kreisprogrammierung von P0 nach P1 gilt, wenn sich der Drehmeißel
a) vor der Drehmitte
b) hinter der Drehmitte befindet.

N10 G3 X36 Z-24 I-8 K0
N20 G2 X36 Z-24 I8 K0
N30 G3 X36 Z-24 I0 K-8
N40 G2 X36 Z-24 I0 K8

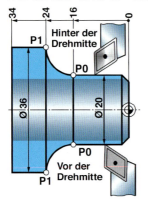

Für beide Fälle gilt der Satz N20.
Begründung:
Das Programm muss unabhängig von der verwendeten Drehmaschine sein. Bei einer Schrägbettdrehmaschine befindet sich der Drehmeißel hinter der Drehmitte und die Programmierung der Kreisbewegung erfolgt im Uhrzeigersinn, wie beim Fräsen.
Befindet sich der Drehmeißel vor der Drehmitte, wird auf einer Flachbettdrehmaschine gefertigt. In diesem Fall betrachtet man die X-Z-Ebene um 180° „umgeklappt". Dies ist bei der Festlegung der Drehrichtung des Kreises entsprechend zu berücksichtigen.

171 An welcher Stelle wird bei Drehteilen der Werkstücknullpunkt gelegt?

Bei Drehteilen liegt der Werkstücknullpunkt immer auf der Drehachse und meistens an der frei zugänglichen rechten Planfläche, seltener an der linken Planfläche.

172 Warum wird beim Plan- oder Kegeldrehen die Wegbedingung „G96" aufgerufen?

Bei diesen Drehverfahren ändert sich während des Drehens der Durchmesser. Durch Aufruf von G96 wird die Drehzahl entsprechend dem Durchmesser verändert und die Schnittgeschwindigkeit bleibt konstant.

173

a) Schreiben Sie das CNC-Schlichtprogramm der Kontur zwischen den Punkten P0 und P1. Der Drehmeißel steht bei X25/Z2.

b) An welchen Konturelementen des abgebildeten Drehteils entstehen Maßabweichungen, wenn keine Schneidenradiuskorrektur aufgerufen wird.

c) Beschreiben Sie, mit Skizze, warum ohne Schneidenradiuskorrektur Konturfehler entstehen können.

d) Welche Informationen benötigt die Steuerung, um die Schneidenradiuskorrektur durchzuführen?

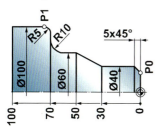

a) Schlichtprogramm

N	G	X	Z	I	K
10	G01	X 30	Z 0		
11		X 40	Z -5		
12			Z -30		
13		X 60	Z -50		
14			Z -60		
15	G02	X 80	Z -70	I 10	K 0
16	G01	X 90			
17	G03	X100	Z -75	I 0	K -5

b) An den Schrägen und den Kreisbögen.

c) Bei Drehteilen programmiert man so, als ob die Drehmeißelschneide eine Spitze P hätte. In Wirklichkeit besitzt der Drehmeißel, aus Gründen der Stabilität, des Verschleißes und der besseren Oberflächengüte, einen Schneidenradius R. Wird dieser Radius nicht berücksichtigt, dann entstehen an nicht achsparallelen Konturen Maßabweichungen von der theoretischen Kontur.

d) Aufruf der Wegebefehle G41 oder G42. Und im Werkzeugkorrekturspeicher müssen die Größen des Schneidenradius R und der Werkzeuglängen LX und LZ abgelegt sein.

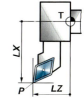

174 Erläutern Sie den Unterschied zwischen „satzweise wirksamen" und „modal wirksamen" G-Funktionen.

Satzweise wirksame G-Funktionen, wie G04 oder G74, sind nur in dem Satz wirksam, in dem sie programmiert wurden. Sie müssen in jedem erforderlichen Satz neu geschrieben werden.
Modal wirksame G-Funktionen, wie G00 oder G01, sind selbsthaltend und müssen nur im Satz ihres Wirkungsbeginnes geschrieben werden. Sie sind auch in allen folgenden Sätzen wirksam, bis sie durch eine andere G-Funktion aufgehoben bzw. gelöscht werden.

175 Erläutern Sie die Notwendigkeit einer Nullpunktverschiebung und geben Sie den NC-Satz für die abgebildete Nullpunktverschiebung an

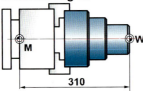

Ohne Nullpunktverschiebung müssten sich bei der Programmierung alle Werkstückkonturmaße auf den Maschinennullpunkt beziehen. Die Maße sollen aber vom frei gewählten Werkstücknullpunkt ausgehen, deshalb muss der Steuerung die Koordinatenabstände vom Maschinennullpunkt zum Werkstücknullpunkt mitgeteilt werden.

Satz: G54 X0 Z 310

176 Worin unterscheidet sich ein „Unterprogramm" von einem „Zyklus"?

Die Folge von Sätzen eines Unterprogramms können geändert, gelöscht oder neu erstellt werden. Zyklen dagegen sind zu einer Maschine gehörende, im Speicher fest abgelegte und nicht löschbare Unterprogramme.

177 Warum werden im Unterprogramm die Koordinaten meistens inkremental eingegeben?

Weil das Unterprogramm dann von jeder beliebigen Stelle aus wiederholt aufgerufen oder in andere Programme übernommen werden kann.

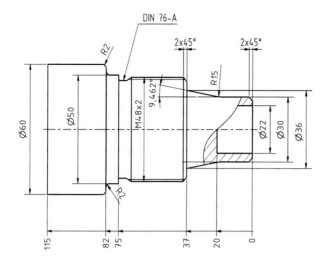

178 Erstellen Sie für den abgebildeten Gewindebolzen ein CNC-Drehprogramm.

%
O103
G54 X0 Z203 Nullpunkt-
G26   verschiebung
T404 M06 Plandrehen
G96 V180 F0.3 M04
G00 X62 Z0
G01 X-0.8
G26
T1616 M06 Bohren
S1000 F0.2 M04
G00 X0 Z2
G01 Z-20
G00 Z2
G26
T404 M06 Schruppen
G96 V180 F0.3 M04
G00 X62 Z2
G71 P10 Q20 I0.2 K0.1 D3
G26
T505 M06 Schlichten
G96 V250 F0.1 M04
G00 X26 Z2
G46

6 Steuerungs- und Regelungstechnik

```
N10 G01 X26 Z0
X30 Z-2
G01 X30 A180 R15
G01 X36 Z-37 A-9.462
X44
X47.9 Z-39
Z-75
X50
Z-80
G02 X54 Z-82 I2 K0
G01 X56
G03 X60 Z-84 I0 K-2
N20 G01 X62
G40
G26
T202 M06 Gewindefreistich
G96 V100 F0.1 M04
G00 X49 Z-68
G46
G01 X47.9
G01 X45 A210
G01 Z-75
G01 X52
G40
G26
T303 M06 Gewindeschneiden
G96 V100 M04
G00 X49 Z-36
G76 X45.55 Z-71 K1.225 F2.000
H8 D0.05
G26
M30
%
```

Traub TX 8F

179 In das Werkstück aus S235JR sollen die Buchstaben „CC" 3 mm tief eingefräst werden.
Arbeiten Sie das gegebene Hauptprogramm % 12.1 Satz für Satz durch.
Erstellen Sie für die Gravur das Unterprogramm L80 (Eintauchpunkt des Fräsers bei X30; Y20) und beschreiben Sie die einzelnen Sätze.

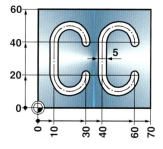

Hauptprogramm %12.1

N05	G0 Z100
N10	G0 X150 Y150
N15	T3 M06
N20	F80 S1910 M03
N25	G0 X0 Y40
N30	G0 Z1
N35	L8002
N40	G0 Z100 M08
N45	G0 X150 Y150
N50	M30

Durch den Aufruf von L80 02 im Hauptprogramm (Satz N35) wird das folgende Unterprogramm **zweimal** durchlaufen.

| L80 |
| N05 G91 |
| N10 G0 X30 Y-20 |
| N15 F40 |
| N20 G1 Z-4 M07 |
| N25 F80 |
| N30 G2 X-20 Y0 I-10 J0 |
| N35 G1 Y20 |
| N40 G2 X20 Y0 I10 J0 |
| N45 G0 Z4 |
| N50 G90 |
| N55 M17 |

N05: Aufruf der inkrementalen Maßeingabe.
N10: Inkrementales Anfahren des Eintauch-Startpunktes.
N15: Entauchen auf Gravurtiefe mit halbem Vorschub und Einschalten der Kühlung.
N20: Normaler Vorschub.
N25 bis N40: Inkrementale Programmierung des unteren Halbkreises, der Geraden und des oberen Halbkreises im Buchstaben „C".
N45: Inkrementales Herausfahren des Fräsers, 1 mm über das Werkstück.
N50: Aufheben der Inkrementalmaßeingabe durch Aufruf der absoluten Maßeingabe.
N55: Rücksprung in das Hauptprogramm.

180 Die auf dem Zeichnungsausschnitt sichtbare Kreistasche, mit dem Mittelpunkt X45 und Y45, wurde bereits gefräst. Nun soll das Gewinde gefertigt werden.
a) Nennen Sie die dafür notwendigen Arbeitsschritte mit den entsprechenden Werkzeugen und berechnen Sie die Schnittdaten.
Werkzeugformdatei, siehe Kap. 6.9.1
b) Schreiben Sie das CNC-Programm.

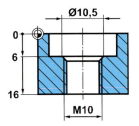

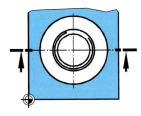

Hinweis:
Bei der Durchgangs-Gewindebohrung beträgt der Überlauf des Gewindebohrers 3 x *P*.

a) Schritte, Werkzeuge, Daten:

1. Zentrieren und Senken mit **T1**

$$n = \frac{v_c}{\pi \cdot d_{Senkung}} = \frac{3000}{\pi \cdot 10{,}5} \frac{1}{\min}$$

$$= 909{,}46 \frac{1}{\min} \approx \mathbf{910} \frac{1}{\min}$$

2. Bohren mit **T11**

$$n = \frac{3000}{\pi \cdot 8{,}5} \frac{1}{\min} = 1123{,}45 \frac{1}{\min}$$

$$\approx \mathbf{1120} \frac{1}{\min}$$

3. Gewindebohren mit **T13**

$$n = \frac{10000}{\pi \cdot 10} \frac{1}{\min} = 318{,}31 \frac{1}{\min}$$

$$\approx \mathbf{318} \frac{1}{\min}$$

b) Programm:

N25	G0 Z100
N30	G0 X100 Y50
N35	T1 M06
N40	F100 S910 M03
N45	G81 ZA-11.5 V1 W-5 M07
N50	G79 X45 Y45
N55	G0 Z100 M08
N60	G0 X100 Y150
N65	T11 M06
N70	F100 S1120 M03
N75	G81 ZA-19 V1 W-5 M07
N80	G79 X45 Y45
N85	G0 Z100 M08
N90	G0 X100 Y150
N100	F100 S318 M03
N105	G84 ZA-20.5 F1.50 M3 V4.5 W0 M07
N110	G79 X45 Y45
N115	G0 Z100 M08
N120	G0 X100 Y150
N125	M30

181

a) Erklären Sie den Begriff „Äquidistante".
b) Welchen Vorteil hat die Werkzeugbahnkorrektur?
c) Wie entscheiden Sie, ob die Bahnkorrektur mit G41 oder G42 aufgerufen wird?
d) Geben Sie das richtige G-Wort zur Werkzeugbahnkorrektur für die skizzierten Fräserbewegungen A bis D an.
e) Mit welchem Befehl wird die Werkzeugbahnkorrektur aufgehoben?

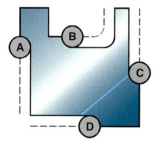

a) Beim Fräsen ist die Bahn des Fräsermittelpunktes gegenüber der erzeugten Werkstückkontur um den Werkzeugradius versetzt. Diese Bahn des Fräsermittelpunktes wird Äquidistante genannt; siehe gestrichelte Linie in der Abbildung.

b) Bei der Programmierung der Fräsermittelpunktsbahn kommen die Maße des Werkstücks nicht vor, d. h. die Zeichnungsmaße können nicht programmiert werden. Ein Werkzeugwechsel mit anderen Radius würde jedes Mal ein neues NC-Programm erfordern. Die Werkzeugbahnkorrektur erlaubt es, die Fertigkontur unabhängig vom Werkzeugdurchmesser zu programmieren. Der aktuelle Fräserradius wird durch den Tool-Aufruf bei Bearbeitungsbeginn in die Steuerung eingegeben, die dann selbstständig die Äquidistante ermittelt.

c) Aufruf von
G41, wenn der Fräser sich in Vorschubrichtung links der gewünschten Kontur bewegt.
Merkhilfe G4**l** = **l**inks
G42, wenn der Fräser sich in Vorschubrichtung rechts der gewünschten Kontur bewegt.

d) Fräser A: G41
Fräser B: G42
Fräser C: G41
Fräser D: G42

e) Der Befehl G40 hebt die Werkzeugbahnkorrektur auf.

182 Das dargestellte Werkstück ist auf einer CNC-Senkrechtfräsmaschine im Gleichlauf zu fräsen. Beachten Sie die Werkstücknullpunktlage und setzen Sie das begonnene Programm (N10 bis N40) mit der Arbeitsfolge fort:
1. Außenkontur, beginnend bei P1, fräsen und im Viertelkreis, R = 10 mm, wegfahren
2. Zentrieren / Senken
3. Bohren
4. Tasche fräsen

Werkzeugformdatei, siehe Kap. 6.9.1

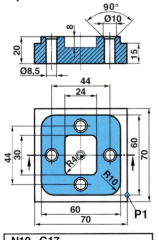

N10	G17
N15	G54
N20	T04 M06
N25	F70 S696 M03
N30	G0 X50 Y-50
N35	Z-5 M07
N40	G41

N45	G1 X35 Y-30
N50	X-20
N55	G2 X-30 Y-20 I0 J10
N60	G1 Y20
N65	G2 X-20 Y30 I10 J0
N70	G1 X20
N75	G2 X30 Y20 I0 J-10
N80	G1 Y-20
N85	G2 X20 Y-30 I-10 J0
N90	G3 X10 Y-40 I0 J-10
N95	G40
N100	G0 Z100 M08
N105	G0 X150
N110	T1 M06
N115	F100 S955 M03
N120	G81 ZA-5 V1 W1 M07
N125	G77 R22 AN0 AI90 O4 IA0 JA0
N130	G0 Z100 M08
N135	G0 X150
N140	T11 M06
N145	F100 S1125 M03
N150	G81 ZA-23 V1 W1 M07
N155	G77 R22 AN0 AI90 O4 IA0 JA0
N160	G0 Z100 M08
N165	G0 X150
N170	T07 M06
N175	F35 S1393 M03
N180	G72 ZA -8 LP24 BP30 D4 V1 W1 M07
N185	G79 X0 Y0
N190	G0 Z100 M08
N195	G0 X150 Y150
N200	T04 M06
N205	M30

6 Steuerungs- und Regelungstechnik

183 Das auf der Zeichnung dargestellte Werkstück
FL 120 x 15 DIN 1017 – S235JR soll auf einer CNC-Senkrechtfräsmaschine im Gleichlauf gefräst werden.
a) Arbeiten Sie sich in die Zeichnung des zu fertigenden Werkstücks ein und berechnen Sie die fehlenden Koordinaten der Positionen P1 bis P4.
b) Arbeiten Sie sich in das folgende unvollständige Programm (% 17.1) ein und nennen Sie die Arbeitsfolgen, die der Programmierer vorgesehen hat.
c) Ergänzen Sie im Hauptprogramm die fehlenden Sätze N95 bis N115, N195 und N200 vollständig, sowie die unterlegten Felder.

- *Werkzeugformdatei, siehe Kap. 6.9.1*
- *bei Toleranzen ist von der Toleranzmitte auszugehen*

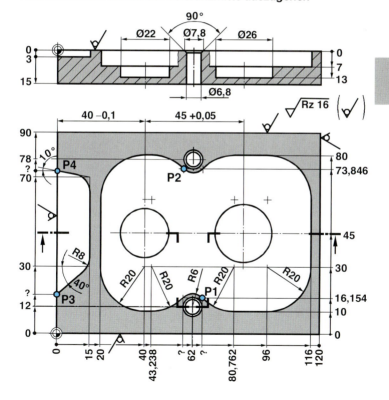

% 17.1 Programmblatt 1 von 2

N05	G17	
N10	G54	
N15	G0 Z100	
N20	G0 X150 Y-50	
N25	T8 M06	
N30	F55 S690 M03	
N35	G0 X68 Y45	
N40	G0 Z1 M07	
N45	G72 ZA-7 LP94 BP53 D2,5 V1 W1	
N50	G79 X68 Y45	
N55	G0 Z100 M08	
N60	G0 X150 Y-50	
N55	T4 M06	
N60	F70 S690 M03	
N65	G0 X42 Y28	
N70	Z-6 M07	
N75	G1 Z-7	
N80	G41	
N85	G1 X52 Y28	
N90	G3 X62 Y18 I10 J0	*Anfahren an die Kontur*
N950		
N100		
N105		
N110		
N115		
N120		
N125		
N130		
N135		
N140		
N145		
N150		
N155		
N100		
N105		
N110		
N115		
N120	G3 X72 Y28 I0 J10	*Verlassen der Kontur*
N125	G ..	
N100	G1 X62 Y28	

% 17.1 Programmblatt 2 von 2

N105 G0 Z1
N110 G0 X-10 Y27
N115 G0 Z-3
N120 G41
N125 G1 X0 Y...
N130 G1 X15 Y30
N135 G1 Y70
N140 G1 X0 Y...
N145 G40
N150 G1 X-10 Y62
N155 G0 Z100 M08
N160 G0 X150 Y-50
N165 T9 M06
N170 F60 S550 M03
N175 G73 ZA........................
N190 G79 X... Y...
N195
N200
N205 G0 Z100 M08
N210 G0 X150 Y-50
N215 T1 M06
N220 F   S   M03
N225 G0 X62 Y12 M07
N230 G0 Z1
N235 G1 Z...
N240 G0 Z1
N245 G0 Y78
N250 G1 Z...
N255 G0 Z100 M08
N260 G0 X150 Y-50
N265 T10 M06
N270 F120 S1440 M03
N275 G0 X62 Y12
N270 G0 Z1 M07
N275 G01 Z-18
N280 G0 Z1
N285 G0 Y78
N290 G1 Z-18
N295 G0 Z100 M08
N300 G0 X150 Y150
N305 M30

Lösung der Aufgabe **183**

a) P1: X 66,33   P2: X 57,67   P3: Y 17,414   P4: Y 72,645

b) Arbeitsschritte:
- Vorfräsen der Innenkontur, 7 mm tief mit Werkzeug T 8
- Fertigfräsen der Innenkontur, 7 mm tief mit Werkzeug T 4
- Fräsen der Aussparung links, 3 mm tief mit Werkzeug T 4
- Fräsen der Kreistasche Ø22 mm, 13 mm tief mit Werkzeug T 9
- Fräsen der Kreistasche Ø26 mm, 13 mm tief mit Werkzeug T 9
- Zentrieren und Senken der Bohrungen mit Werkzeug T 1
- Bohren Ø6,8 mm mit Werkzeug T 10

c) Programmergänzung:

N95   G2 X66.33 Y16.154 I0 J-6
N100 G3 X80.762 Y10 I14.432 J13.846
N105 G1 X96
N110 G3 X116 Y30 I0 J20
N115 G1 Y60
N120 G3 X96 Y80 I-20 J0
N125 G1 X80.762
N130 G3 X66.33 Y73.846 I0 J-20
N135 G2 X57.67 Y73.846 I-4.33 J4.154
N140 G3 X43.238 Y80 I-14.432 J-13.846
N145 G1 X40
N150 G3 X20 Y60 I0 J-20
N155 G1 Y30
N100 G3 X40 Y10 I20 J0
N105 G1 X43.238
N110 G3 X57.67 Y16.154 I0 J20
N115 G2 X62 Y18 I4.33 J-4.154
N125 G40
N125 G1 X0 Y17.414
N140 G1 X0 Y72.645
N175 G73 ZA-13 R11 D2.5 V1 W1 M07
N190 G79 X39.95 Y45
N195 G73 ZA-13 R13 D2.5 V1 W1
N200 G79 X84.975 Y45
N220 F100 S1220 M03
N235 G1 Z-3.9
N250 G1 Z-3.9

6.9.1 Werkzeugformdatei

Werkzeug-Nr.	T 1
Werkzeugdurchmesser in mm	12
Schnittgeschw. in m/min	30
Schnitttiefe a_p = max. in mm	
Schneidstoff	HSS
Anzahl der Schneiden	
Vorschubgeschw. in mm/min	100

Werkzeug-Nr.	T 4	T 5	T 6
Werkzeugdurchmesser in mm	16	10	8
Schnittgeschw. in m/min	35	35	35
Schnitttiefe a_p = max. in mm	6	4	2,5
Schneidstoff	HSS	HSS	HSS
Anzahl der Schneiden	5	4	4
Vorschubgeschw. in mm/min	70	50	40

Werkzeug-Nr.	T 7	T 8	T 9	T10	T11
Werkzeugdurchmesser in mm	8	16	20	6,8	8,5
Schnittgeschw. in m/min	35	35	35	30	30
Schnitttiefe a_p = max. in mm	2,5	2,5	2,5		
Schneidstoff	HSS	HSS	HSS	HSS	HSS
Anzahl der Schneiden	2	2	2		
Vorschubgeschw. in mm/min	25	35	60	120	100

Werkzeug-Nr.	T 12	T 13
Werkzeugdurchmesser in mm	M8	M10
Schnittgeschw. in m/min	10	10
Schnitttiefe a_p = max. in mm		
Schneidstoff	HSS	HSS
Anzahl der Schneiden		
Steigung in mm	1,25	1,5

Senkrechtfräsmaschine

- Der Werkzeugwechsel erfolgt von Hand.
- Der Werkzeugwechselpunkt wird aus Sicherheitsgründen bei X 150, Y 150 und Z 100 programmiert.
- Alle Werkzeuge sind rechtsschneidend.

7 Computertechnik

7.1	Grundlagen	342
7.2	Algorithmen	346
7.3	Programmieren	348

7 Computertechnik

7.1 Grundlagen

1 Erklären Sie das jedem Computer zugrunde liegende „E-V-A-Prinzip".

E-V-A-Prinzip heißt:
Eingabe der Daten
Verarbeitung der Daten nach entsprechendem Programm
Ausgabe der Ergebnisse

2 Nennen Sie verschiedene Dateneingabe- und Datenausgabegeräte.

Dateneingabe, z. B. über Tastatur, Maus oder Stift
Datenausgabe, z. B. über Monitor, Drucker oder Lautsprecher

3 Erklären Sie den Unterschied zwischen „Hardware" und „Software".

Hardware sind die anfassbaren Bauteile und Geräte eines Computers, z. B. Speicher, Monitor oder Drucker.
Software sind die zur Verarbeitung dienenden Programme und Daten.

4 Worin unterscheiden sich "parallele" Schnittstellen von "seriellen" Schnittstellen?

Die Schnittstellen (Interfaces) unterscheiden sich in der Art der Datenübertragung.
Parallele Schnittstellen übertragen z. B. 8 Bit gleichzeitig (parallel) in getrennten Leitungen und serielle Schnittstellen übertragen die Bits nacheinander mit einer Leitung pro Übertragungsrichtung.

5 Wie nennt man die kleinste Informationseinheit?

Ein Bit (**b**inary dig**it**) ist die kleinste Informationseinheit. Sie kann 0 oder 1 sein und entspricht einer Stelle im Dualsystem.

6 Was ist 1 Byte?

1 Byte ist ein Zeichen von 8 Bit Länge. Mit einem Byte können $2^8 = 256$ verschiedene Zustände im Dualsystem dargestellt werden.

7 Computertechnik

7 Im ASCII[1] – Zeichensatz werden 8 Bit verwendet.
Wozu dienen sie?
[1] **A**merican **S**tandard **C**ode for **I**nformation **I**nterchange

Den Werten 0 bis 127 (7 Bit) sind die Steuerzeichen, Buchstaben, mathematischen Zeichen und Zahlen zugeordnet. Die Werte 128 bis 255 dienen der Darstellung von Sonderzeichen und Grafikzeichen.

8 Wie viele Byte an Informationen enthalten
a) 1 Kilobyte (KB)
b) 1 Megabyte (MB)
c) 1 Gigabyte (GB)?

a) 1 KB = 2^{10} Byte
   = 1 024 Byte
b) 1 MB = 2^{10} KB
   = 1 048 576 Byte
c) 1 GB = 2^{10} MB
   = 1 073 741 824 Byte

9 Beschreiben Sie den Rechenweg zur Wandlung der Dezimalzahl „235" in die entsprechende Dualzahl und geben Sie die Dualzahl an.

Zur Ermittlung der Dualzahl wird die Dezimalzahl fortlaufend durch 2 geteilt. Bleibt bei der Teilung ein Rest, so wird eine „1" notiert, ansonsten die „0".

```
235 : 2 = 117,5  ⇨ 1
117 : 2 =  58,5  ⇨ 1
 58 : 2 =  29    ⇨ 0
 29 : 2 =  14,5  ⇨ 1
 14 : 2 =   7    ⇨ 0
  7 : 2 =   3,5  ⇨ 1
  3 : 2 =   1,5  ⇨ 1
  1 : 2 =   0,5  ⇨ 1
```
Leserichtung ↑

235 ⇨ **11101011**

10
a) Welche Grundregeln gelten für die Addition von Dualzahlen?
b) Berechnen Sie 6 + 5 mit Dualzahlen.

a) Für die Addition gilt:
   0 + 0 = 0
   1 + 0 = 1   und   0 + 1 = 1
   1 + 1 = 0 plus Übertrag 1

b) Berechnung:
```
   6            110
  +5          + 101
         Übertrag 1
  ───────────────────
  11  entspricht  1011
```

11

a) Welche Grundregeln gelten für die Subtraktion von Dualzahlen?
b) Berechnen Sie 11 - 5 mit Dualzahlen.

a) Für die Subtraktion gilt:
  0 − 0 = 0
  1 − 0 = 1
  0 − 1 = −1
  1 − 1 = 0

b) Berechnung:
```
  11              1011
−  5            −  101
             Übertrag 1
  ─────────────────────
   6   entspricht  0110
```

12 Welche Aufgaben hat ein Betriebssystem?

Das Betriebssystem verwaltet die angeschlossene Hardware, die auf dem Computer laufenden Programme und Daten. Des weiteren bietet es den Benutzern eine Schnittstelle für die Kommunikation zwischen Mensch und Maschine.

13 Worin unterscheiden sich „interne" und „externe" Datenspeicher?

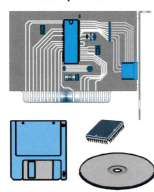

Interne Datenspeicher, z. B.
RAM (Random Access Memory = Schreib-Lese-Speicher),
ROM (Read Only Memory = Nur-Lesespeicher) oder
EPROM (Electical Erasable Programable Read Only Memory = Löschbarer und neu programmierbarer Nur-Lese-Speicher), sind Bestandteile des Computers und dienen zur Aufnahme des Betriebssystems, der Software und Daten.

Externe Datenspeicher, wie Diskette (Floppy Disc) oder CD (Compact Disc), sind magnetisch beschichtete Folienscheiben oder mit Laser beschreibbare Platten und dienen der Nutzung und Sicherung von Programmen und Daten.

14 Die Zentraleinheit eines Computers besteht im wesentlichen aus dem Mikroprozessor, der sogenannten „**C**entral **P**rocessing **U**nit".
Nennen und beschreiben Sie die Bauteile, die nötig sind, um den Prozessor zu betreiben.

- *Taktgeber:* Er steuert die Rechengänge indem er Impulse erzeugt, die alle Bauelemente zwingen im gleichen Takt zu arbeiten. Die Taktfrequenz bestimmt u. a. die Schnelligkeit eines Computers.
- *Festwertspeicher:* Im ROM oder EPROM ist das Grundprogramm enthalten.
- *Arbeitsspeicher:* Der RAM-Speicher steht für Programme, Daten und Zwischenspeicherung zur Verfügung.
- *I/O-Bausteine:* Die Ein- und Ausgabebausteine sind nötig, damit der Computer mit der „Außenwelt", z. B. Tastatur oder Monitor, in Kontakt treten kann.
- *Bussysteme:* Sind Datensammelleitungen, die den Prozessor mit den anderen Bausteinen verbindet.

15 Welche Aufgaben haben die Bussysteme:
- **Steuerbus**
- **Datenbus**
- **Adressbus?**

Steuerbus: Über ihn wird der Informationsfluss, d. h. die Befehle der CPU zu den Speichern und zu den I/O-Bausteinen, organisiert.
Datenbus: Dient zum Transport der Daten zwischen den einzelnen Bauteilen.
Adressbus: Über ihn spricht die CPU gezielt die Speicher oder Bauteile an, mit denen ein Informationsaustausch stattfinden soll.

7.2 Algorithmen

16
a) Erklären Sie den Begriff „Algorithmus".
b) Nennen Sie Möglichkeiten, um Algorithmen grafisch darzustellen.

a) Algorithmus heißt Lösungsweg und dient der Problemanalyse. Mit ihm werden die Anweisungen formuliert, die benötigt werden, um eine Aufgabe zu lösen.
b) Algorithmen können z. B. durch das Struktogramm oder den Programmablaufplan grafisch dargestellt werden.

17 Erstellen Sie für die dargestellte Verknüpfung ein Struktogramm.

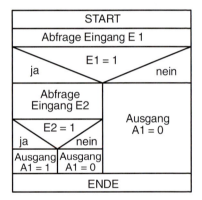

18 Welche Bedeutung haben die folgenden Sinnbilder in einem Programmablaufplan?

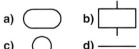

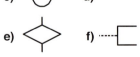

a) *Grenzstelle*, z. B. Beginn eines Programms
b) *Operation*, z. B. Verarbeitung wie Addition oder Subtraktion
c) *Übergangsstelle*, verbindet Darstellungsteile
d) *Verbindungslinie*, Zugriffsweg
e) *Verzweigung*, z. B. bei Entscheidung (ja/nein)
f) *Bemerkung*, zur Anführung erläuternder Texte, kann an jedes Sinnbild angefügt werden

7 Computertechnik

19 Mittels eines Menüprogramms soll für einen Kegel das Volumen oder die Mantelfläche berechnet werden.
Nach dem Start des Programms soll folgende Meldung auf dem Bildschirm erscheinen:

Erstellen Sie hierfür einen Programmablaufplan (PAP).

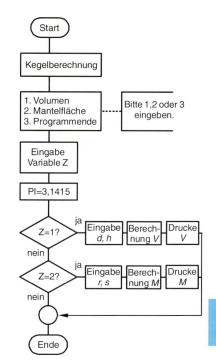

20 Die Aufgabenstellung für ein Pascal-Programm lautet:
Nach Eingabe der gefahrenen Kilometer und des verbrauchten Kraftstoffes soll der Durchschnittsverbrauch je 100 km ermittelt werden.
Erstellen Sie hierfür einen Programmablaufplan (PAP).

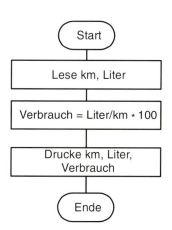

7.3 Programmieren

21 Worin unterscheiden sich „Assemblersprachen" von „Hochsprachen"?

Assemblersprachen entsprechen weitgehend den Maschinensprachen, d. h. jeder Befehl der Assemblersprache entspricht einem Befehl der Maschinensprache, nur werden die binär verschlüsselten Befehle der Maschinensprache durch verständliche Bezeichnungen ersetzt.
Da jedes System seine eigene Assemblersprache hat, erfordern sie genaue Kenntnisse des vorliegenden Rechnersystems.
Hochsprachen sind Kunstsprachen, die einfache Wörter, meist aus der englischen Sprache, verwenden.
Die Hochsprache wird mittels Interpreter oder Compiler in den Maschinencode des jeweiligen Prozessors übersetzt.

22 Nennen Sie verschiedene Programmier-Hochsprachen.

- Pascal
- C
- C++
- Visual Basic
- Cobol

23 Wofür steht die Abkürzung „BASIC"?

Beginners All Purpose Symbolic Instruction Code steht für eine sehr leicht zu erlernende problemorientierte Programmiersprache, die speziell für Schüler in der 60er Jahren in der USA entwickelt wurde.

24 Wofür stehen die Anweisungen „INPUT" und „PRINT" in einem Basic-Programm?

INPUT (lesen) steht für eine Eingabeaufforderung über die Tastatur bzw. vom aktuellen Eingabegerät.
PRINT (schreiben) steht für die Wertausgabe auf den Bildschirm bzw. auf das ausgewählte Ausgabegerät.

25 Mittels eines Menüprogramms soll für einen Kegel das Volumen oder die Mantelfläche berechnet werden.
Erstellen Sie hierfür ein Visual Basic Programm mit den Berechnungsformeln:

$$V = \frac{\pi \cdot d^2 \cdot h}{12}$$

$$M = \pi \cdot r \cdot s$$

und folgendem Aussehen der Benutzeroberflächen:

Lösung der Aufgabe 25

```
Const PI = 3.1415
Private Sub befProgrammbeenden_Click()
   End
End Sub
Private Sub befRechnen_Click()
If optVolumen.Value = True Then
   d = Val(txtDurchmesser.Text)
   h = Val(txtHoehe.Text)
   V = PI * d * d * h / 12
   V = Format(V, "0.0#")
   bezVolumen.Caption = Str(V)
Else
   d = Val(txtDurchmesser.Text)
   s = Val(txtMantelhoehe.Text)
   M = PI * d * s / 2
   M = Format(M, "0.0#")
   bezMantelflaeche.Caption = Str(M)
End If
End Sub
Private Sub Form_Load()
   befRechnen.Default = True
   befProgrammbeenden.Cancel = True
   optVolumen.Value = True
   bezMantelhoehe.Visible = False
   txtMantelhoehe.Visible = False
   bezEinheitMantelhoehe.Visible = False
   bezMantelflaecheKurzzeichen.Visible = False
   bezMantelflaeche.Visible = False
   bezEinheitMantelflaeche.Visible = False
End Sub

Private Sub optMantelflaeche_Click()
   bezHoehe.Visible = False
   txtHoehe.Visible = False
   bezEinheitHoehe.Visible = False

   BezVolumenKurzzeichen.Visible = False
   bezVolumen.Visible = False
   bezEinheitVolumen.Visible = False
```

```
    bezMantelhoehe.Visible = True
    txtMantelhoehe.Visible = True
    bezEinheitMantelhoehe.Visible = True
    bezMantelflaecheKurzzeichen.Visible = True
    bezMantelflaeche.Visible = True
    bezEinheitMantelflaeche.Visible = True
End Sub
Private Sub optVolumen_Click()
    bezHoehe.Visible = True
    txtHoehe.Visible = True
    bezEinheitHoehe.Visible = True

    BezVolumenKurzzeichen.Visible = True
    bezVolumen.Visible = True
    bezEinheitVolumen.Visible = True

    bezMantelhoehe.Visible = False
    txtMantelhoehe.Visible = False
    bezEinheitMantelhoehe.Visible = False

    bezMantelflaecheKurzzeichen.Visible = False
    bezMantelflaeche.Visible = False
    bezEinheitMantelflaeche.Visible = False
End Sub
```

26 Schreiben Sie ein Basic-Programm zur Hypotenusenberechnung, wenn auf dem Bildschirm folgende Angaben zu sehen sind:

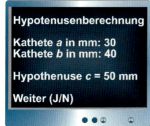

Da hier eine Schleife programmiert werden soll, kommt am Schleifenanfang die Anweisung DO und am Schleifenende LOOP UNTIL.

QBASIC-Programm:
```
DO
  CLS
  PRINT „Hypothenusenberechnung"
  INPUT „Kathete a in mm"; a
  INPUT „Kathete b in mm"; b
  c = SQR(a^2 + b^2)
  PRINT "Hypotenuse c = ";c;"mm"
  INPUT "Weiter (J/N)"; ok$
LOOP UNTIL ok$ = "N"
```

27

a) Wofür stehen in einem Pascal-Programm die Anweisungen „READ" und „WRITE"?

b) Welche Bedeutung hat die Ergänzung der Befehle mit "LN" (READLN, WRITELN)?

a) **READ** (lesen) steht für eine Eingabeaufforderung über die Tastatur bzw. vom aktuellen Eingabegerät.

WRITE (schreiben) steht für die Wertausgabe auf den Bildschirm bzw. auf das ausgewählte Ausgabegerät.

b) **LN**, steht für „new line", d. h. nach der Ausführung des Befehls springt der Curser in die nächste Zeile.

28 Aus welchen 3 Teilen bestehen Pascal-Programme in der einfachsten Form?

- Programmkopf, z. B.
  PROGRAM Multiplikation;
  uses wincrt;
- Vereinbarungsteil (Variablen-Deklaration), z. B.
  VAR x: REAL;
  Faktor: REAL;
- Ablaufteil (Programmteil), z. B.
  BEGIN
  X:=10.2
  READLN (Faktor);
  WRITELN (x * Faktor);
  END.

29 Der Programmierer muss beim Erstellen eines Pascal-Programms angeben, aus welchem Typ die verwendeten Variablen kommen.

a) In welchem Programmteil erfolgt diese Angabe?

b) Wie erfolgt die Angabe für Dezimalzahlen, wie für ganze Zahlen?

a) Die Angaben erfolgen im Vereinbarungsteil.

b) Die Angabe für Dezimalzahlen erfolgt durch:
VAR *Faktor:* REAL;
und für ganze Zahlen durch:
VAR *Stückzahl:* INTEGER;

30 Schreiben Sie ein Pascal-Programm für folgende Aufgabenstellung: Für einen Spannungsteiler soll die Spannung $U2$ am Widerstand $R2$ berechnet werden.
- Die angelegte Gesamtspannung U wird einmal eingegeben.
- Die Widerstände $R1$ und $R2$ werden einzeln eingegeben, anschließend wird die Spannung $U2$ berechnet und ausgegeben.
- Danach erfolgen die Eingaben der nächsten Werte für $R1$ und $R2$.
  Das Programm soll so angelegt sein, dass Werte für drei Eingaben abgefragt werden.
- Abschließend soll abgefragt werden, ob das Programm beendet werden soll.
- Formel:
  $U2 = U/(R1 + R2) * R2$

Bildschirm für eine Abfrage.

```
PROGRAM Spannungsteiler;
USES WINCRT;
VAR U, U2, R1, R2: REAL;
ch: CHAR;
I: INTEGER;

BEGIN
REPEAT
CLRSCR;
WRITELN ('SPANNUNGSTEILER');
WRITELN;
WRITE ('Angelegte Spannung U in V: ');
READLN (U);
WRITELN; WRITELN;
R1:=0; R2:=0; U2:=0;
FOR I:= 1 TO 3 DO BEGIN
WRITE ('Widerstand R1 in Ohm: ');
READLN (R1);
WRITE ('Widerstand R2 in Ohm: ');
READLN (R2);
U2:=U/(R1+R2)*R2;
WRITELN;
WRITELN ('Berechnung:   U2 = ', U2:6:2, ' Volt');
WRITELN;
END;
WRITELN;
WRITE ('Programmende? (J/N): ');
READLN (ch);
UNTIL (ch = 'j') OR (ch = 'J');
END.
```

7 Computertechnik

31 Erstellen Sie ein Pascal-Programm für folgende Aufgabe:
Nach Eingabe der gefahrenen Kilometer und des Kraftstoffverbrauchs soll der Durchschnittsverbrauch je 100 km in Liter, auf zwei Stellen nach dem Komma, berechnet werden.

```
PROGRAM Kraftstoffverbrauch;
USES WINCRT;
VAR km, Verbrauch, Liter: REAL;
BEGIN
CLRSCR;
WRITELN ('*************************');
WRITELN ('Kraftstoffverbrauch');
WRITELN ('je 100 km in Liter');
WRITELN ('*************************');
WRITELN;
WRITE ('Gefahrene Kilometer: ');
READLN (km);
WRITE ('Kraftstoffverbrauch:   ');
READLN (Liter);
Verbrauch: = Liter/km*100;
WRITELN;
WRITELN ('  Verbrauch je 100 km: ', Verbrauch:5:2,' l ');
WRITELN;
WRITELN ('   Programmende');
READLN;
END.
```

8 Handhabungstechnik

8.1	Handhaben	356
8.2	Robotertechnik	359

8 Handhabungstechnik

8.1 Handhaben

1 Worin unterscheiden sich „Handhaben" und „Transportieren"?

Handhaben ist ein gerichtetes Bewegen von Werkstück oder Werkzeug in einem abgegrenzten Arbeitsraum.
Transportieren ist eine Ortsveränderung von Werkstück oder Werkzeug über größere Entfernungen.

2 Handhaben ist eine Teilfunktion des Materialflusses.
Er wird nach VDI 2860 in fünf Funktionsbereiche gegliedert.
Nennen Sie diese Funktionsbereiche.

- Sichern, z. B. Spannen
- Bewegen, z. B. Verschieben
- Menge verändern; z. B. Verzweigen
- Speichern, z. B. geordnetes Speichern
- Kontrollieren, z. B. Messen

3 Welchen Zweck hat die Darstellung von Handhabungsfunktionen durch Sinnbilder?

Mit den Sinnbildern wird der Werkstofffluss und der Funktionsplan von Handhabungseinrichtungen übersichtlich dargestellt.
Eine Aussage über die technische Verwirklichung wird dabei zunächst nicht gemacht.

4 Wofür stehen in der Handhabungstechnik die folgenden Grundsinnbildzeichen?

a) Handhabungsfunktion: Im Rechteck werden Teilfunktionen, z. B. geordnetes Speichern oder Weitergeben, eingetragen.

b) Fertigungsverfahren, z. B. Bohren

c) Kontrollieren, z. B. Messen.

5 Zeichnen Sie die Sinnbilder für folgende Handhabungsfunktionen:
a) geordnetes Speichern
b) Bohren
c) Abteilen
d) Spannen
e) Verschieben
f) Entspannen.

a) ◇≡ d) ↕□↕
b) ○   e) ⊢⊣
c) n═ f) □

6 Stellen Sie den abgebildeten Handhabungsablauf in seinen Teilfunktionen mit Sinnbildern dar.

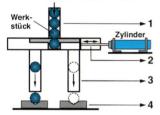

	Sinnbild	Benennung
1		geordnetes Speichern
2	⋀	Verzweigen
3		Führen
4		Positionieren

7 In welche Steuerungsarten werden Handhabungseinrichtungen unterteilt?

- handgesteuert
- maschinengesteuert

8 Erklären Sie, was man in der Handhabungstechnik unter „Manipulatoren" versteht.

Manipulatoren sind handgesteuerte Handhabungseinrichtungen, um z. B. schwere Bauteile oder gefährliche Lasten zu bewegen.
Die vom Bediener im Handgriff oder Bedienungsarm vorgegebene Bewegungen werden durch eine kraftverstärkende Koppelung auf den Arbeitsarm übertragen.

8 Handhabungstechnik

9 Wodurch unterscheidet sich „Teleoperator" von einem „Manipulator"?

Ein Teleoperator hat einen vom Bedienungsarm getrennten, abgeschirmten Arbeitsraum und ermöglicht dadurch Handhabungsaufgaben in Räumen, die, z. B. wegen radioaktiver Strahlung oder Hitze, nicht betretbar sind.

10 Welche Programmierungsarten des Bewegungsablaufes werden bei maschinengesteuerten Handhabungsgeräten unterschieden?

Fest programmierbare, mit mechanisch- konstruktiver Bewegungsbegrenzung, wie Endschalter oder Anschläge ⇨ Einlegegeräte.
Mechanisch programmierbare, z. B. über Kurvenscheibe oder Nockenwelle ⇨ Handhabungsautomaten.
Frei programmierbare, mit Punkt- oder Bahnsteuerung
⇨ Industrieroboter.

11 Berechnen Sie die Hauptnutzungszeit t_h der Durchgangsbohrung, wenn ein beschichteter HSS-Wendelbohrer Ø16 zum Einsatz kommt.
Der Anlauf l_a und der Überlauf l_u betragen jeweils 2 mm.

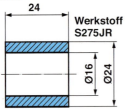
Werkstoff S275JR

$v_c = 40$ m/min
$f = 0{,}25$ mm

$l_s = 0{,}3 \cdot d$
$i = 1$
$l_a = l_u = 2$ mm
$l = 24$ mm

} Werteermittlung aus dem Tabellenbuch

$L = l + l_s + l_a + l_u = 32{,}8$ mm

$n = \dfrac{v_c}{d \cdot \pi} = 796 \, \dfrac{1}{\text{min}}$

$$t_h = \dfrac{L \cdot i}{n \cdot f}$$

$t_h = \dfrac{32{,}8 \text{ mm} \cdot 1}{796 \cdot 0{,}5 \text{ mm}}$ min

$t_h = \mathbf{0{,}08}$ min

8.2 Robotertechnik

12 Die meisten Industrieroboter besitzen 4 bis 6 Freiheitsgrade.
Erklären Sie den Begriff „Freiheitsgrad".

Unter Freiheitsgrade versteht man die Anzahl der verfügbaren Achsen eines Industrieroboters.

13 Der skizzierte Roboter verfügt über 6 Freiheitsgrade.
Ordnen Sie den Ziffern die entsprechende Achsenbezeichnung zu und geben sie deren Aufgaben an.

Die hier mit ①, ②, und ③ gekennzeichneten Achsen sind die drei Hauptachsen, auch als Grundachsen bezeichnet.
Sie bestimmen den Arbeitsraum des Industrieroboters.

Die Achsen ④, ⑤, und ⑥ sind die Nebenachsen, auch als Handachsen bezeichnet.
Sie bestimmen die Orientierung des Effektors (Greifer).

14 Je mehr Freiheitsgrade ein Industrieroboter besitzt, desto größer ist die Beweglichkeit.
Warum ist es nicht sinnvoll, nur Industrieroboter mit 6 Freiheitsgraden einzusetzen?

Je mehr Freiheitsgrade, umso
• teurer ist der Roboter,
• größer werden die Schwingungen,
• mehr nimmt die Genauigkeit ab,
• länger wird die Rechenzeit.
D. h. die Anzahl der Achsen muss optimal auf die Aufgabenstellung des Industrieroboters abgestimmt sein.

8 Handhabungstechnik

15 Die Industrieroboter werden nach ihrer Kinematik, d. h. nach der Art ihrer Bewegung unterteilt.
In welche Bewegungsmöglichkeiten lassen sich die Bewegungen der Haupt- und Nebenachsen unterscheiden?

Je nach Art der mechanischen Verbindungselemente zwischen den Roboterarmen unterscheidet man
- Drehgelenke für rotatorische R (drehende) Bewegungen
- Längenführungen für translatorische T (geradlinige) Bewegungen.

16

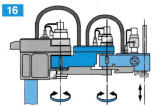

a) Welche Kinematik weist der abgebildete Industrieroboter auf?
b) Wie nennt man diesen Industrieroboter-Typ?
c) Erklären Sie, warum sich dieser Industrieroboter besonders für Montagehandhabungsaufgaben, die senkrecht von oben her ausgeführt werden, eignet.
d) Skizzieren Sie den Arbeitsraum des Industrieroboters.

a) Zwei rotatorische und eine translatorische ⇨ RRT–Kinematik.

b) Horizontalschwenkarmroboter oder auch SCARA (= Selective Compliance Assembly Robot Arm).

c) Die Faltwand soll das Prinzip verdeutlichen: Tritt eine Belastung in der Fügerichtung (Z-Achse) auf, so ist die Konstruktion sehr steif, während die ausgewählte Nachgiebigkeit ein Fügen auch bei bestehendem Versatz ermöglicht.

d) Arbeitsraum

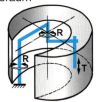

8 Handhabungstechnik

17 Nennen Sie Kenngrößen bzw. Leistungsmerkmale, die die Auswahl für die Handhabungsaufgabe eines Industrieroboters bestimmen.

- Anzahl der Freiheitsgrade als Maß der Beweglichkeit.
- Größe und Form des Arbeitsraums.
- Nutzlast bzw. Tragfähigkeit als Maß für die handhabbare Masse.
- Maximale Verfahrgeschwindigkeit.
- Wiederholgenauigkeit.
- Positioniergenauigkeit.
- Mächtigkeit der Steuerung, z. B. PTP, CP, Überschleifen.

18 Worin unterscheiden sich „Wiederholgenauigkeit" und „Positioniergenauigkeit"?

Wiederholgenauigkeit ist die zufällige Abweichung beim bedingungsgleichen, wiederholten Anfahren einer Position.

Positioniergenauigkeit ist das Maß für das Abweichen beim Anfahren des Zielpunktes mit der Nennlast.

19 Welche Antriebsaggregate werden bei Industrierobotern verwendet?

- Drehstrom-Servomotoren; werden überwiegend verwendet.
- Hydraulikantriebe; für sehr schwere Lasten und bei Robotern, die in explosionsgeschützten Räumen arbeiten müssen.
- Pneumatische Antriebe; werden nur für einfache Geräte z. B. Einlegegeräte, verwendet

20 Industrieroboter sind mit Greifern ausgestattet. Welche Greiferarten kommen für die folgenden Handhabungsaufgaben zum Einsatz:
a) Greifen zylindrischer Werkstücke
b) Greifen von glatten Kunststoffteilen?

a) Meist pneumatisch betätigte Zangengreifer mit Kniehebelgetriebe, siehe Abb., oder 3-Fingergreifer.

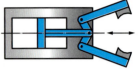

b) Für glatte und ebene Flächen verwendet man meist Sauggreifer.

21 Benennen und erläutern Sie die abgebildeten Interpolationsarten.

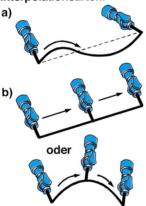

a) *Point to Point (PTP)*
Das Anfahren des Zielpunktes erfolgt durch gleichzeitigen Beginn und Stopp aller Achsen.
Der PTP-Betrieb ermöglicht die kürzesten Verfahrzeiten zwischen zwei programmierten Punkten.
(Point to point = Punkt zu Punkt)

b) *Continuous-Path (CP)*
Die Zwischenpunkte werden so berechnet, dass der Werkzeugbezugspunkt auf einer geraden Linie (Linearinterpolation) oder einer Kreisbahn (Zirkularinterpolation) liegt.
(Continuous path = stetige Bahn)

22 **Worin unterscheidet sich „exaktes Anfahren" vom „überschleifenden Anfahren" eines Punktes?**

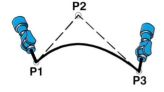

Muss ein Zielpunkt, z. B. ein Schweißpunkt, genau erreicht werden, so ist ein exaktes Anfahren erforderlich. Es entsteht eine eckige Bewegung.

Überschleifendes Anfahren ergibt allmähliche Richtungs- und Bewegungsübergänge.
Der Vorteil liegt darin, dass ein Zittern des Greifers mit möglichem Werkstückverlust vermieden wird.
Die Skizze zeigt, dass die Steuerung schon den Punkt P3 berechnet hat und im Bogen fährt, bevor der Greifer den Punkt P2 erreicht hat.

23 **Mit Roboterprogramme werden Bewegungen und Abläufe des Roboters und seiner Peripherie festgelegt.**
a) **Worin unterscheiden sich die ON-LINE-Programmierverfahren**
  • **Teach-in**
  • **Play-back?**
b) **Warum müssen die Mitarbeiter bei der ON-LINE-Programmierung besonders achtsam sein?**

a) **Teach-in-Programmierung**:
Über das Handprogrammiergerät werden durch Tastendruck oder Joy Stick die gewünschten Arbeitspositionen angefahren und im Programm abgespeichert.
(*to teach in = einlernen*)
Play-back- Programmierung:
Mit dem frei beweglichen Roboterarm werden Bewegungen manuell abgefahren. Die Steuerung speichert etwa alle 20 ms die Positionswerte der einzelnen Roboterachsen. Das so gespeicherte Programm spielt die von Hand geführte Bahn wieder ab.
(*to play back = wiederabspielen*)
b) Weil sie sich bei der Programmierung im Gefahrenbereich des Roboters aufhalten.

8 Handhabungstechnik

24 **In der Praxis werden Roboter in der Kombination ON-LINE und OFF-LINE programmiert.
Nennen Sie Vorteile der OFF-LINE-Programmierung.**

- Gefahrenraum des Roboters muss nicht betreten werden
- reduzierte Nebenzeiten, da die Produktion weiterlaufen kann
- grafische Simulation ist möglich
- größere Leistungsfähigkeit höherer Programmiersprachen

25 **Nennen Sie Sicherheitsmaßnahmen, die beim Automatikbetrieb von Industrierobotern erforderlich sind.**

- Vollständige Abschirmung des Roboterbewegungsraumes durch Umzäunung.
- Durch eine elektrisch und optisch gesicherte Tür wird der Roboter beim Betreten der Gefahrenzone sofort stillgesetzt.
- Not-Aus-Einrichtungen.
- Schlüsselschalter am Schaltschrank ermöglicht den Zugang nur für berechtigte Mitarbeiter.
- Überlastüberwachung der elektrischen Antriebe durch thermischen Überstromauslöser.
- Abschaltvorrichtungen bei Kollision durch elektromechanische Endlagenschalter und unabhängig davon Software-Endschalter.

26 **Welche besonderen Schutzmaßnahmen gelten für den Einrichte-Betrieb?**

- Vorrangschaltung des Handprogrammiergeräts gegenüber dem Gesamtsystem der Roboteranlage
- Leistungsreduzierung und Geschwindigkeitsbegrenzung auf ca. 10 % des Automatikbetrieb
- Not-Aus-Knopf am Handprogrammiergerät und ständige Betätigung der Zustimmungstaste, soweit vorhanden.

9 Grundlagen der Elektrotechnik

9.1 Begriffe, Größen und Berechnungen 366

9.2 Stromwirkung 373

9.3 Gefahren und Schutzmaßnahmen 375

9 Grundlagen der Elektrotechnik

9.1 Begriffe, Größen und Berechnungen

1 Unter welchen Bedingungen fließt elektrischer Strom?

Strom fließt, wenn an einen geschlossenen Stromkreis eine elektrische Spannung angelegt wird.

2 Wofür stehen die abgebildeten Schaltzeichen in einem Schaltplan?

a) —(A)— b) —▭—
c) —(V)— d) —⌀—
e) —(M)— f) —▭—
g) —⊗— h) —/—
i) —▱— j) —⊣⊢—
k) —[G]—

a) Strommesser
b) Widerstand, allgemein
c) Spannungsmesser
d) Widerstand, veränderbar
e) Motor
f) Sicherung
g) Glühlampe
h) Schalter
i) Umrichter, Gleichrichter
j) Stromquelle, Batterie
k) Stromquelle, Generator

Die Schaltzeichen sind nach DIN EN 60617 genormt.

3 Skizzieren Sie einen einfachen Stromkreis und kennzeichnen die elektrischen Betriebsmittel, die mindestens zu jedem Stromkreis gehören.

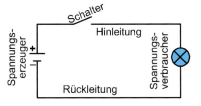

4 Wofür stehen die Abkürzungen „AC" und „DC"?

AC und DC sind die englischen Abkürzungen für Wechselstrom (Alternating Current) und Gleichstrom (Direct Current).

9 Grundlagen der Elektrotechnik

5 Warum wird in „technische" und „wirkliche" Stromrichtung unterschieden und in welche Richtung fließt dabei jeweils der elektrische Strom?

Weil die Richtung des Stromflusses bereits zu einer Zeit festgelegt wurde in der die physikalischen Zusammenhänge noch nicht richtig erforscht waren.
Technische Stromrichtung:
Es wurde vereinbart, dass der Strom innerhalb des Stromkreises vom Pluspol zum Minuspol fließt.
Wirkliche Stromrichtung:
Heute weiß man, dass sich die Elektronen im Stromkreis vom Minuspol (Elektronenüberschuss) zum Pluspol (Elektronenmangel) bewegen.

6
a) Was versteht man unter dem Begriff „elektrischer Strom"?
b) Nennen Sie das Formelzeichen und die Einheit des elektrischen Stromes.

a) Unter elektrischem Strom versteht man die gerichtete Bewegung von elektrisch geladenen Teilchen.
In Metallen sind diese Teilchen freie Elektronen (Elektronenstrom) und in Elektrolyten sind es Ionen (Ionenstrom).
b) Formelzeichen: I
Einheit Ampere (A)

7 Wie wird ein Strommesser in den Stromkreis angeschlossen?

Ein Strommesser wird in die zu messende Leitung angeschlossen.

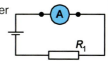

8
a) Was versteht man unter „elektrischer Spannung"?
b) Nennen Sie das Formelzeichen und die Einheit der elektrischen Spannung

a) Die elektrische Spannung ist die Kraft, die die Ladungsträger (Elektronen, Ionen) antreibt.
Ohne sie kann kein Strom fließen.
b) Formelzeichen: U
Einheit Volt (V)

9 Grundlagen der Elektrotechnik

9 Wo tritt elektrische Spannung auf?

Zwischen Punkten unterschiedlicher elektrischer Ladung.

10 Nennen Sie unterschiedliche Spannungsquellen und geben Sie an, wodurch dabei die elektrische Spannung erzeugt wird.

- Generator durch Induktion
- Solarzelle durch Licht
- Batterien durch chemische Umwandlung
- Piezo-Elektrizität durch Kristallverformung
- Thermoelemente durch Wärme

11 Wie wird eine elektrische Spannung im Stromkreis gemessen?

Ein Spannungsmesser wird parallel an die zu messende Spannung angeschlossen.

12 Welches Formelzeichen steht für den elektrischen Widerstand und in welcher Einheit wird er gemessen?

Das Formelzeichen des elektrischen Widerstandes ist R und die Einheit ist das Ohm (Ω).

13
a) **Erklären Sie den Begriff „spezifischer Widerstand".**
b) **Geben Sie das Formelzeichen und die Einheit des spezifischen Widerstands an.**

a) Der Widerstand eines Leiters von 1 m Länge und 1 mm^2 Querschnitt bei der Temperatur von 20 °C.
b) Das Formelzeichen des spezifischen Widerstandes heißt ρ (sprich: Rho) und dessen Einheit ist $\Omega \, \text{mm}^2/\text{m}$.

14 Wie lautet das „ohmsche Gesetz"?

$$I = \frac{U}{R}$$

$1\,\text{A} = \dfrac{1\,\text{V}}{1\,\Omega}$

Die Stromstärke ist umso höher, je größer die Spannung und je kleiner der Widerstand ist.

15 Erklären Sie mit Beispielen die Begriffe:
- Leiter
- Halbleiter
- Nichtleiter

Leiterwerkstoffe haben viele freie Elektronen. Beispiele sind alle Metalle und ionisierten Flüssigkeiten (Elektrolyten) und Gase.

Halbleiter, wie Silizium oder Germanium, haben eine begrenzte Anzahl von elektrischen Ladungsträgern und leiten den elektrischen Strom nur unter bestimmten Bedingungen, z. B. mit steigender Temperatur.

Nichtleiter sind Stoffe, die keine Ladungsträger enthalten. Diese Stoffe, z. B. Kunststoffe oder Porzellan, werden auch als Isolator bezeichnet.

16
a) Welche Bauelemente werden als Diode bezeichnet?
b) Welche wesentliche elektrische Eigenschaft hat eine Diode?
c) Zeichnen Sie das Schaltzeichen einer Diode.

a) Als Diode bezeichnet man Halbleiterbauelemente mit zwei Anschlüssen und meist nur einem PN-Übergang.
b) Die Diode lässt den Strom nur in eine Richtung durchfließen, in der Gegenrichtung sperrt sie.
c) Schaltzeichen:

17 Was versteht man unter dem Wirkungsgrad und mit welcher Formel wird er berechnet?

Das Verhältnis von abgegebener zu zugeführter Leistung nennt man Wirkungsgrad η.

$$\eta = \frac{P_{ab}}{P_{zu}}$$

18 Warum ist der Wirkungsgrad stets kleiner als 1 bzw. 100 %?

Weil jedes Betriebsmittel Verluste hat, z. B. durch Reibung, ist die abgegebene Leistung immer kleiner als die aufgenommene.

Ein *Perpetuum mobile*, d. h. eine Maschine, die mehr Leistung abgibt als sie aufnimmt, ist somit nicht möglich.

19 Berechnen Sie für die abgebildete Gleichstromschaltung
a) Gesamtwiderstand R
b) Ströme I und I_2
c) Gesamtleistung P

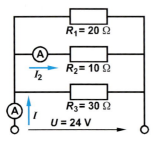

a) $$\frac{1}{R} = \frac{1}{R_1} + \frac{1}{R_2} + \frac{1}{R_3}$$

$$\frac{1}{R} = \frac{1}{20\,\Omega} + \frac{1}{10\,\Omega} + \frac{1}{30\,\Omega} = \frac{11}{60\,\Omega}$$

$$R = \frac{60\,\Omega}{11} = \mathbf{5{,}45\ \Omega}$$

b) $$I = \frac{U}{R}$$

$$I = \frac{U}{R} = \frac{24\text{ V}}{5{,}45\,\Omega} = \mathbf{4{,}4\ A}$$

$$I_2 = \frac{U}{R_2} = \frac{24\text{ V}}{10\,\Omega} = \mathbf{2{,}4\ A}$$

c) $$P = U \cdot I$$

$P = 24\text{ V} \cdot 4{,}4\text{ A} = \mathbf{105{,}6\ W}$

---

20 Wie groß ist in der skizzierten Schaltung der Strom I (in A)?

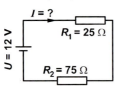

Es liegt eine Reihenschaltung vor.

Berechnung des Gesamtwiderstands:
$R = R_1 + R_2 = 25\ \Omega + 75\ \Omega$
$R = 100\ \Omega$

Ohmsches Gesetz:
$$I = \frac{U}{R} = \frac{12\text{ V}}{100\,\Omega} = \mathbf{0{,}12\ A}$$

21

a) Welche Aufgaben haben Transformatoren?
b) Beschreiben Sie den Aufbau und die Funktion eines Transformators.

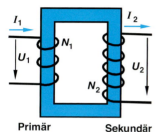

Primär — Sekundär

a) Transformatoren haben die Aufgaben Spannungen zu übersetzen.

b) Ein Transformator besteht aus einem Eisenkern mit zwei Spulen unterschiedlicher Windungszahlen. Wird an die Primärwicklung eine Wechselspannung U_1 angelegt, entsteht im Eisenkern ein magnetischer Kraftfluss, der in der Sekundärspule eine Wechselspannung U_2 induziert, die von den Windungszahlen N_1 und N_2 der Spulen abhängt.

Unter Vernachlässigung von Verlusten gilt:

$$\frac{U_2}{U_1} = \frac{N_2}{N_1} = \frac{I_1}{I_2}$$

22

Nach welchen Formeln wird die elektrische Leistung berechnet, im Zusammenhang zwischen
a) Arbeit und Zeit
b) Spannung, Strom und einem Wirkwiderstand?

a) $$P = \frac{W}{t}$$

Leistung = Arbeit pro Zeiteinheit

b) $$P = U \cdot I$$

Leistung = Spannung x Stromstärke

daraus folgt:

$$P = \frac{U^2}{R}$$ und $$P = I^2 \cdot R$$

23

Ein Relais nimmt im Betrieb einen Strom I = 15 mA auf bei einer Leistung von 0,12 W. Welchen Widerstand hat das Relais?

$$P = I^2 \cdot R \;\Rightarrow\; R = \frac{P}{I^2}$$

$$R = \frac{0{,}12 \text{ VA}}{0{,}015^2 \text{ A}^2}$$

$R = \mathbf{533{,}33}\ \Omega$

9 Grundlagen der Elektrotechnik

24 An welche höchstzulässige Spannung U kann ein Widerstand mit R = 500 kΩ und einer Leistung von 125 mW gelegt werden?

$$P = \frac{U^2}{R} \Rightarrow U = \sqrt{P \cdot R}$$

$U = \sqrt{0{,}125 \text{ VA} \cdot 500000 \text{ Ω}}$

$U = \textbf{250}$ V

25 Nach welcher Formel wird die elektrische Arbeit berechnet?

$$W = P \cdot t$$

Arbeit = Leistung x Zeit

26 Das Hydrauliköl eines CNC-Drehautomaten wird täglich mit einem Heizstab 1,25 Stunden lang vorgewärmt.
Berechnen Sie den elektr.
a) Strom im Heizstab
b) Energiebedarf innerhalb von 10 Tagen.

a) $$P = U \cdot I$$

$I = \dfrac{P}{U} = \dfrac{4000 \text{ W}}{230 \text{ V}} = \textbf{17,4}$ A

b) $$W = P \cdot t$$

$W = 4 \text{ kW} \cdot 1{,}25 \ \dfrac{\text{h}}{\text{Tag}} \cdot 10 \text{ Tage}$

$W = \textbf{50}$ kWh

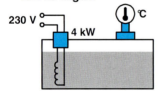

9.2 Stromwirkung

27 Nennen Sie die wichtigsten Stromwirkungen und geben Sie ein Anwendungsbeispiel dazu an.

- Wärmewirkung, z. B. Lötkolben, Härteofen
- Lichtwirkung, z. B. Glimmlampe, Leuchtstofflampe
- Chemische Wirkung, z. B. Akkumulator, Galvanotechnik
- Magnetische Wirkung, z. B. Motor, Relais, Schütz
- Physiologische Wirkung, z. B. Herzschrittmacher

28 Wie entsteht die Wärmewirkung durch den elektrischen Strom?

Fließt elektrischer Strom durch einen Leiter, so wird dieser erwärmt.
Je größer der Widerstand des Leiters bei gleicher Stromstärke, desto größer ist die Erwärmung.

29 Wie entsteht die Lichtwirkung des elektrischen Stroms?

Ein Leiter, z. B. die Wendel einer Glühlampe, wird durch elektrischen Strom so stark erwärmt, dass er glüht und Licht ausstrahlt.

30 Was versteht man unter der chemischen Wirkung des elektrischen Stromes und wo wird diese Wirkung ausgenützt?

Die Zerlegung leitender Flüssigkeiten. Die zerlegten Stoffe sind Ionen, der Vorgang heißt Elektrolyse.
Diese chemische Wirkung des elektrischen Stromes nützt man z. B. bei der Gewinnung von reinen Metallen, bei der Galvanotechnik (verkupfern, verchromen), beim Eloxieren des Aluminiums und bei der Wasserzerlegung.

31 Was versteht man unter der physiologischen Wirkung des elektrischen Stromes?

Man versteht darunter die Wirkung des elektrischen Stroms auf Lebewesen.
So kann der Strom beim Menschen tödlich wirken, wenn die Stromstärke über 50 mA und die Wechselspannung über 50 V beträgt. Aber auch geringere Werte können zu Atemlähmungen oder zum Verlust der Muskelkontrolle (= Loslassgrenze) führen.

32 Ein Strom von 50 mA, der durch den menschlichen Körper fließt, kann bereits tödlich wirken. Welche Wechselspannung U würde diesen Strom zum Fließen bringen, wenn der Strom folgenden Weg nimmt:
a) Hand ⇨ Hand
b) Hand ⇨ beide Füße?

a) Stromweg: Hand ⇨ Hand
   Widerstände R_1 und R_2 in Reihe:
   $R = R_1 + R_2$
   $R = 500\ \Omega + 500\ \Omega = 1000\ \Omega$

   $U = R \cdot I$
   $U = 1000\ \Omega \cdot 0{,}05\ A = \mathbf{50}$ V

b) Stromweg: Hand ⇨ beide Füße
   Widerstände R_3 und R_4 parallel und dazu R_1 in Reihe:

   $R = \dfrac{R_3 \cdot R_4}{R_3 + R_4} + R_1$

   $R = \dfrac{500\ \Omega \cdot 500\ \Omega}{500\ \Omega + 500\ \Omega} + 500\ \Omega$

   $R = 750\ \Omega$

   $U = R \cdot I$
   $U = 750\ \Omega \cdot 0{,}05\ A = \mathbf{37{,}5}$ V

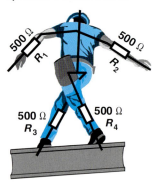

9.3 Gefahren und Schutzmaßnahmen

33 Warum können auch bei sehr kleinen Stromstärken ab 0,5 mA, die als ungefährlich angesehen werden, Unfälle geschehen?

In diesem Bereich liegt die Wahrnehmbarkeitsgrenze für Wechselstrom. Ab dieser Wahrnehmungsgrenze können durch Schreckreaktion Unfälle auftreten.

34 Erklären Sie, warum man bei Wechselstromstärken ab 10 mA von der „Loslassgrenze" spricht.

Ströme von ca. 10 mA überlagern die körpereigenen Stromimpulse so stark, dass sich die Muskeln verkrampfen und nicht mehr durch den eigenen Willen des Betroffenen gesteuert werden können, er kann z. B. eine umfasste Schweißelektrode nicht mehr loslassen.

35 Worauf müssen Sie besonders achten, wenn Sie einem durch elektrischen Strom Verunglückten erste Hilfe leisten wollen?

Den Verunglückten nicht zu berühren, bevor die elektrische Anlage, mit der er in Verbindung steht, spannungsfrei gemacht worden ist, d.h. Not-Aus-Schalter betätigen, Netzstecker ziehen. Dann erst übliche Erste Hilfemaßnahmen wie stabile Seitenlage, Atemspende bei Atemstillstand, Arzt verständigen.

36 Welche Aufgaben haben Sicherungen im elektrischen Stromkreis?

Sicherungen schützen Leitungen und Geräte vor Überlastung und Kurzschluss, indem sie selbsttätig den Stromkreis unterbrechen.

37 Warum ist es verboten, eine Schmelzsicherung zu flicken?

Weil die Gefahr besteht, dass ein zu dicker „Flickdraht" benutzt wird und die Sicherung dadurch ihre Sicherungsfunktion als schwächstes Glied im Stromkreis verliert.

38 Warum stellen FI-Schutzschalter einen besonders wirksamen Schutz gegen Fehlerströme dar?

Weil Fehlerstromschutzschalter (FI-Schutzschalter) in sehr kurzer Zeit (0,2 s) bei Fehlerströmen den Stromkreis unterbrechen.

39 In welchem Fall spricht man von Körperschluss?

Wenn ein spannungsführender Leiter mit einem elektrisch leitenden Geräteteil, das nicht zum Stromkreis gehört, z. B. dem Gehäuse, in Berührung kommt.

40 Nach DIN VDE 0100 sind Schutzmaßnahmen gegen gefährliche Körperströme erforderlich. Ordnen Sie den abgebildeten Schutzklassenzeichen die richtige Bezeichnung zu.

Das Schutzklassenzeichen
a) steht für Schutzisolierung, Schutzklasse II.
b) steht für Schutzkleinspannung, Schutzklasse III.
c) steht für Schutzmaßnahme mit Schutzleiter, Schutzklasse I.

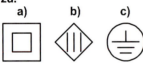

41 Erklären Sie die Schutzmaßnahme „Schutzisolierung" gegen gefährliche Körperströme.

Die Schutzisolierung soll das Auftreten unzulässiger Berührspannungen verhindern. Dazu erhalten alle die Teile der Betriebsmittel, die betriebsmäßig unter Spannung stehen (= aktive Teile) zusätzlich zur Basisisolierung eine Schutzisolierung.

42 Erklären Sie die Schutzmaßnahme „Kleinspannung".

Kleinspannung heißt, dass der Verbraucher mit einer für den Menschen ungefährlichen Spannung betrieben wird, z. B. beim Elektrolichtbogenschweißen.

10 Werkstofftechnik

10.1	Einteilung und Eigenschaften der Werkstoffe	378
10.2	Aufbau und Gefüge metallischer Werkstoffe	381
10.3	Legierungen	383
10.4	Eisen und Stahl	389
10.5	Wärmebehandlung von Stahl	395
10.6	Eisen-Gusswerkstoffe	403
10.7	Nichteisen-Metalle	407
10.8	Kunststoffe	415
10.9	Verbundwerkstoffe	419
10.10	Sinterwerkstoffe	421
10.11	Werkstoffprüfung	424

10 Werkstofftechnik

10.1 Einteilung und Eigenschaften der Werkstoffe

1 Welche Werkstoffe werden im Maschinen- und Werkzeugbau verwendet?

Metalle: Eisenwerkstoffe und Nichteisenmetalle
Verbundstoffe: Werkstoffe bestehen aus zwei oder mehreren Grundwerkstoffen, z. B. glasfaserverstärkte Kunststoffe oder Sinterwerkstoffe, wie Hartmetalle, Schleifscheiben.
Nichtmetalle, z. B. Holz, Diamant, Gummi, Keramik, Glas.
Hilfsstoffe, z. B. Kühlschmiermittel, Treib- und Brennstoffe, Reinigungsmittel, Beschichtungsstoffe.

2 Nennen Sie typische Eisenwerkstoffe.

Stahl: Grundstähle, Qualitätsstähle, Edelstähle.
Gusswerkstoffe: Grauguss, Stahlguss, Temperguss.

3 Was versteht man unter:
- technologischen,
- mechanischen,
- chemischen,
- physikalischen

Werkstoffeigenschaften?

Technologische Eigenschaften:
Verhalten der Werkstoffe bei der Verarbeitung, z. B. Umformbarkeit, Zerspanbarkeit, Gießbarkeit.
Mechanische Eigenschaften:
Verhalten der Werkstoffe bei Beanspruchung durch äußere Kräfte, z. B. Härte, Festigkeit, Zähigkeit.
Chemische Eigenschaften, wie Korrosionsbeständigkeit, Hitzebeständigkeit.
Physikalische Eigenschaften, wie Leitfähigkeit für Wärme und elektrischen Strom, Dichte, Schmelzpunkt.

10 Werkstofftechnik

4 Erklären Sie den Begriff „Festigkeit".

Festigkeit ist der größte innere Widerstand, den ein Werkstoff einer von außen wirkenden Kraft entgegensetzt. Nach der Wirkung dieser äußeren Kräfte unterscheidet man u. a. Zugfestigkeit, Druckfestigkeit, Knickfestigkeit, Scherfestigkeit, Verdrehfestigkeit.

5 Erläutern Sie den Begriff „Härte".

Härte ist der Widerstand, den ein Werkstoff dem Eindringen eines Körpers in seine Oberfläche entgegensetzt.

6 Erläutern Sie die Begriffe „Zähigkeit".

Zähigkeit ist die Fähigkeit eines Werkstoffes Formänderungen ohne Zerstörung zu überstehen.

7 Erläutern Sie den Begriff „Sprödigkeit".

Sprödigkeit ist die Neigung eines Werkstoffes bei Stoß-, Schlag- oder Biegebeanspruchung zu zerbrechen.

8 Erläutern Sie den Begriff „Elastizität".

Elastizität ist das Vermögen eines Werkstoffes, Formänderungen wieder rückgängig zu machen.

9 Erläutern Sie die Begriffe „Dauerfestigkeit" und „Gestaltfestigkeit".

Dauerfestigkeit (Dauerschwingfestigkeit) ist die Beanspruchung die ein Werkstoff „unendlich oft" ohne Bruch und Verformung erträgt, wenn die Belastung dauernd zwischen einem oberen und unteren Grenzwert wechselt. Die Grenzlastspielzahl liegt für Stahl bei 10 Millionen.
Gestaltfestigkeit ist die auf ein bestimmtes Bauteil, z. B. Kurbelwelle, bezogene Dauerfestigkeit.

10 Worin unterscheiden sich „Wechselfestigkeit" und „Schwellfestigkeit"?

Wechselfestigkeit ist der Dauerfestigkeitswert, bei dem die Mittelspannung Null ist.

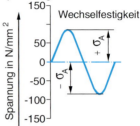

Schwellfestigkeit ist der Dauerfestigkeitswert, bei dem die Mittelspannung gleich dem Spannungsausschlag ist.

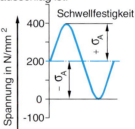

11 Wodurch entsteht ein Dauerbruch (Ermüdungsbruch) und woran kann man ihn erkennen?

Ein Dauerbruch wird durch wechselnde Belastung unterhalb der Bruchbelastung hervorgerufen. Dauerbrüche sind zu erkennen an einer oder mehreren Anrissstellen, einer Dauerbruchzone (glatte, matte Oberfläche) mit Rastlinien und einem Restbruch (Gewaltbruch) mit glänzendem, körnigem Bruchgefüge.

10.2 Aufbau und Gefüge metallischer Werkstoffe

12 Nach welchem Prinzip sind alle metallischen Stoffe im festen Zustand aufgebaut?

Metalle haben einen kristallinen Aufbau, d. h. die Metallionen sind in einem Kristallgitter regelmäßig angeordnet.
Die kleinste Einheit eines Kristallgitters heißt Elementarzelle.

13 Wie entsteht das Gefüge der metallischen Werkstoffe?

Beim Erstarren der Schmelze bilden sich an vielen Stellen um einen „Keim" herum Kristalle (Körner), die solange wachsen, bis sie mit Nachbarkristallen Berührung haben. Die Berührungsflächen sind die Korngrenzen.

14 Die folgenden Bilder zeigen die Elementarzellen von Metallkristalliten. Benennen Sie die Raumgitter und geben Sie an, welche Metalle darin kristallisieren.

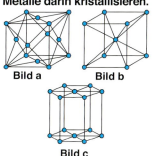

Bild a:
Als kubisch flächenzentriertes Raumgitter kristallisieren z. B. Eisen oberhalb 911°C, sowie Nickel, Kupfer, Blei, Silber, Platin und Gold.

Bild b:
Als kubisch raumzentriertes Raumgitter kristallisieren z. B. Eisen unterhalb 911°C, sowie Vanadium, Chrom, Molybdän, Tantal und Wolfram.

Bild c:
Als hexagonales Raumgitter kristallisieren z. B. Magnesium, Zink, Titan und Cadmium.

15

a) Welcher Zusammenhang wird mit der so genannten „Stahlecke" des Eisen-Kohlenstoff-Diagramms dargestellt?

b) Warum ist die Temperatur von 723 °C von Bedeutung?

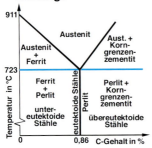

a) In der Stahlecke wird der Zusammenhang zwischen Schmelz- und Erstarrungstemperatur und dem Kohlenstoff bei langsamer Abkühlung dargestellt.

b) Bei 723 °C wandelt sich das Gefüge des Stahles bei der Erwärmung um, weil sich dort die Kristallform ändert und der Zementit zerfällt. Aus krz-Kristallen des Eisens werden kfz-Kristalle mit Kohlenstoff in den Gitterlücken. Weil dies im festen Zustand erfolgt, spricht man von einer festen Lösung. Die entstandenen Mischkristalle nennt man Austenit.
Bei langsamer Abkühlung geht der Prozess umgekehrt und das vorherige Gefüge entsteht wieder.

16 Erläutern Sie die Gefügebezeichnungen
„Ferrit"
„Perlit"
„Zementit"
„Austenit"
„Martensit".

Ferrit: reines Eisen mit einem kubisch-raumzentrierten Gitter.

Perlit: Eutektoidisches Gefüge aus Ferrit und Zementit; entsteht bei 723 °C.

Zementit: Sehr harte chemische Verbindung zwischen Eisen und Kohlenstoff (Fe_3C).

Austenit: „Feste Lösung" aus Kohlenstoff und Eisen.
Es entsteht bei höheren Temperaturen, im Fe-C-Diagramm über der Linie G-S-E.
Bei 1147 °C löst es bis zu 2,06 % Kohlenstoff.

Martensit: Feinnadliges Gefüge gehärteter Stähle, das eigentliche Härtungsgefüge. Es entsteht, wenn Austenit schnell abgekühlt wird.

10 Werkstofftechnik

17 Welchen Gefügeaufbau haben
- eutektoide
- untereutektoide
- übereutektoide

Stähle?

Eutektoide sind Stähle mit 0,86 % C-Gehalt und bestehen aus Perlit, dem Eutektikum.

Untereutektoide sind Stähle mit einem C-Gehalt < 0,86 % und bestehen aus Perlit und Ferrit.

Übereutektoide sind Stähle mit einem C-Gehalt > 0,86 % und bestehen aus Perlit und Zementit.

10.3 Legierungen

18 Wie werden Legierungen hergestellt und welches Ziel soll damit erreicht werden?

Legierungen werden durch Mischen verschiedener Metalle untereinander oder mit Nichtmetallen in flüssigem Zustand hergestellt.
Ziel ist die Verbesserung der Eigenschaften des Grundwerkstoffes.
Beispiel: Weiches Eisen und Kohlenstoff ⇨ Stahl.

19 Die Abkühlungskurve einer Metallprobe ergab den abgebildeten Kurvenverlauf.
Handelt es sich dabei um ein reines Metall oder um eine Legierung mit Mischkristallen?

Die Kurve zeigt das Erstarrungsverhalten einer Legierung mit Mischkristallen, da die Probe in einem Temperaturbereich erstarrt ⇨ Temperaturintervall ①.
Reine Metalle dagegen erstarren bei einer bestimmten Temperatur ⇨ Haltepunkt ②.

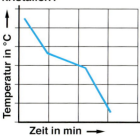

20 Worin unterscheiden sich „Mischkristalle" und „Kristallgemisch"?

Mischkristalle: Die Erstarrung der Schmelze erfolgt zwischen den Schmelzpunkten der Legierungselemente. Das Raumgitter des Grundmetalls nimmt Metallionen des Legierungselements auf. Diese nehmen die Gitterplätze der Metallionen des Grundmetalls ein und bilden ein einheitliches (homogenes) Gefüge. Sie werden auch als Legierungen mit Mischbarkeit in festem Zustand bezeichnet, z. B. Kupfer-Nickel-Legierung.

Kristallgemisch: Das Grundmetall und die Legierungsbestandteile bilden für sich je eigene Kristalle. Es entsteht ein nicht einheitliches (heterogenes) Gefüge, weil sich die Kristalle nebeneinander anordnen. Sie werden auch als Legierungen mit Unmischbarkeit in festem Zustand bezeichnet, z. B. Blei-Zinn-Legierung.

21 Welche Informationen können aus Zustandsschaubildern entnommen werden?

Schmelz- und Erstarrungspunkte aller möglichen Zusammensetzungen einer Legierung.

22 Legierungen mit Mischkristallen

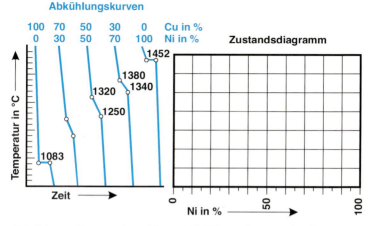

a) Zeichnen Sie aus den obigen Abkühlungskurven das Zustandsdiagramm einer Kupfer-Nickel-Legierung.

b) Beschriften Sie die einzelnen Felder des Zustanddiagramms mit den Begriffen „Schmelze", Mischkristalle", „Liquiduslinie"[1] und „Soliduslinie"[2]

c) Bestimmen Sie für eine Legierung mit 30 % Nickel und 70 % Kupfer den Beginn und das Ende der Erstarrung.

d) Welche zwei Arten der Mischkristallbildung unterscheidet man und welche Voraussetzungen bezüglich des Atomdurchmessers müssen dabei gegeben sein?

[1] liquidus: flüssig
[2] solidus: fest

10 Werkstofftechnik

Lösung der Aufgabe **22**

a) und b)

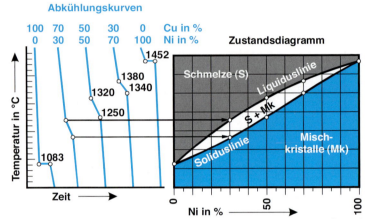

c) Abgelesen aus dem Diagramm: Erstarrungsbeginn bei 1240 °C und Erstarrungsende bei 1180 °C.

d) Bei den Legierungen mit Mischkristallbildung werden folgende Arten unterschieden:

Einlagerungsmischkristalle: In den Gitterlücken des Grundwerkstoffes lagern sich Fremdatome ein. Die Fremdatomdurchmesser müssen erheblich kleiner als die Grundstoffatomdurchmesser sein.

Austauschmischkristalle: Legierungsbestandteile mit etwa gleichem Atomdurchmesser wie das Grundmetall bilden Mischkristalle, indem die Atome des Legierungsbestandteiles Atome des Grundwerkstoffes ersetzen (Substitutionsmischkristalle).

23 Legierungen mit Kristallgemische

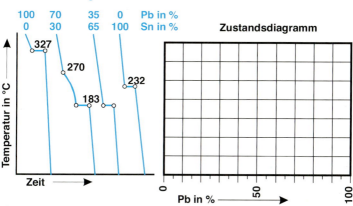

a) Zeichnen Sie aus den obigen Abkühlungskurven das Zustandsdiagramm der Blei-Zinn-Legierung.

b) Beschriften Sie die einzelnen Felder des Zustandsdiagramms mit den Begriffen „Schmelze" (Sm)", „Bleikristalle (Pb)", "Zinnkristalle (Sn)" und „Eutektikum (Eutekt)".

c) Warum wird diese Legierung als „Kristallgemisch-Legierung" bezeichnet?

d) Betrachten Sie die Blei-Zinn-Legierung mit 30 % Sn und 70 % Pb.
Beschreiben Sie die Vorgänge bei der Abkühlung.

e) Betrachten Sie die Legierung des so genannten Sickerlotes. Es ist das Weichlot S-Sn63Pb, eine Legierung mit 63 % Sn und 37 % Pb.
Welche Besonderheit weist es auf?

Lösung der Aufgabe 23

a) und b)

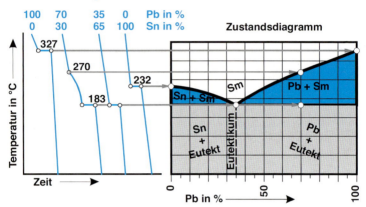

c) Man spricht hier von einer Kristallgemisch-Legierung, weil sich beim Erstarren des Grundmetalls und des Legierungsmetalls, durch die unterschiedlichen Atomgrößen und Gitterstrukturen, verschiedene Kristallarten ergeben.

d) Bei 270 °C beginnt die Erstarrung durch Bildung von Bleikristallen und die Restschmelze wird zinnreicher. Bei 183 °C hat die Restschmelze einen Zinngehalt von 65 % und erstarrt vollständig als Eutektikum von Mischkristallen. Die Legierung stellt eine Kristallgemisch-Legierung aus Bleikristallen und Mischkristallen dar.

e) Aus dem Zustandsdiagramm kann man erkennen, dass die Zinn-Blei-Legierung mit 65 % Zinn und 35 % Blei bei 183 °C ohne Zwischenstufe vom festen Zustand in den flüssigen Zustand übergeht. Das Weichlot S-Sn63Pb besitzt fast diese Zusammensetzung und schmilzt deshalb bei 183 °C.

10.4 Eisen und Stahl

24 Worin besteht der Unterschied zwischen Eisen und Stahl?

Eisen ist das Element Fe (Ferrum) ohne Zusätze.
Stahl ist eine Legierung aus Eisen und max. 2,06 % Kohlenstoff.

25 Woraus wird Eisen hergestellt?

Aus Eisenerzen, z. B. Magneteisenstein, Roteisenstein.
Es werden im Hochofen bei 1100 bis 1400 °C graues, weißes und halbiertes (meliertes) Roheisen hergestellt.

26 Wie wird Stahl hergestellt?

Aus dem sehr spröden, weil kohlenstoffreichen (3...5 % C) weißen Roheisen werden durch Verbrennen und chemische Bindung (Frischen) die unerwünschten Eisenbegleiter Phosphor, Schwefel, Mangan, Silizium und Kohlenstoff weitgehend entfernt.

27 Nach welchen Verfahren wird Stahl hergestellt?

Sauerstoffaufblasverfahren:
  LD-Verfahren:
  Sauerstoffaufblasverfahren, für phosphorarmes Roheisen.
  LD-AC-Verfahren:
  Sauerstoff und Kalkstaub werden aufgeblasen, dadurch wird Phosphoroxid gebunden, für phosphorreiches Roheisen.
Elektrostahlverfahren: In Lichtbogenöfen oder Induktionsöfen können alle Stahlsorten hergestellt werden.

28 Nennen Sie Eigenschaften des Stahles.

Stahl ist schmiedbar, schweißbar, lässt sich walzen, pressen, ziehen, biegen, zerspanen und härten.

10 Werkstofftechnik

29 In welcher Form und in welcher Höhe ist Kohlenstoff im Stahl enthalten?

In chemisch gebundener Form als Eisenkarbid (Zementit) von 0,05 % C bei Grundstählen, bis 2,2 % C bei legierten Edelstählen.

30 Welche Stahlarten unterscheidet man nach dem Kohlenstoff-Gehalt?

- Einsatzstahl
  0,10...0,20 % C-Gehalt
- Unlegierter Baustahl
  0,17...0,50 % C-Gehalt
- Vergütungsstahl
  0,20...0,60 (0,70) % C-Gehalt
- Federstahl
  0,40...0,70 % C-Gehalt
- Werkzeugstahl
  0,60...2,20 % C-Gehalt

31 Worin unterscheidet sich unberuhigt und beruhigt vergossener Stahl?

Unberuhigt vergossene Stähle (FU) entwickeln während des Erstarrens größere Gasmengen. Die schneller abkühlende Außenschicht bleibt blasenfrei. Der Gehalt an Phosphor und Schwefel ist im Kern höher. Anwendung meist bei unlegierten Baustählen.

Beruhigt vergossene Stähle (FN bzw. FF): Durch Zugabe von Aluminium und Silizium wird die Gasentwicklung weitgehend unterbunden. Die Blöcke erstarren beruhigt, d.h., mit fast gleicher Zusammensetzung von Rand und Kern. Anwendung bei Vergütungs- und Werkzeugstählen.

32 Nach welchen Normen erfolgt die Einteilung und Benennung der Eisen- und Stahlwerkstoffe?

- Durch die systematische Benennung von Eisen und Stahl nach DIN EN 10027-1.
- Durch Werkstoffnummern nach DIN EN 10 027-2.
- Durch Begriffsbestimmung, Einteilung und Kurzbenennung der Stahlsorten nach DIN EN 10020.

33 Sie finden folgendes Nummernsystem für Stahl vor: 1. 00 37(xx)
a) Warum werden zur Kennzeichnung nur Nummern verwendet?
b) Entschlüsseln Sie allgemein das obige Nummernsystem.

a) Die Zahlenangabe der Werkstoffnummern eignen sich hervorragend für die elektronische Datenverarbeitung.

b) **1 . 00 37(xx)**

Werkstoffhauptgruppe
1 Stahl

Stahlgruppen-Nummer
00 Grundstahl

Zählnummer
37, auf 4 Stellen erweiterbar (xx)

34 Mit welchen Nummern sind die Stahlgruppen gekennzeichnet?

00, 90 Grundstähle
01...07 unlegierte Qualitätsstähle
08...09 legierte Qualitätsstähle
10...18 unlegierte Edelstähle
20...28 legierte Edelstähle
32...49 legierte sonstige Stähle
51...89 legierte Bau-, Maschinenbau- und Behälterbaustähle.

35 Für welchen Verwendungszweck stehen die folgenden Stähle der Hauptgruppe 1?
a) E360C
b) S235JR
c) P265NH

Stähle werden nach DIN EN 10027 nach dem Verwendungszeck mit Kennbuchstaben als Hauptsymbolen versehen, dabei steht
a) E für Maschinenbaustahl
b) S für Stahlbaustähle
c) P für Druckbehälterbaustähle

36 Welche Merkmale weisen Qualitätsstähle auf?

Qualitätsstähle können unlegiert oder legiert sein und sind bezüglich ihres Gefüges, ihrer Oberfläche und ihrer Sprödbruchunempfindlichkeit besonders sorgfältig hergestellt. Bestimmte Sorten der unlegierten Qualitätsstähle sind für Vergütung und Oberflächenhärtung geeignet, legierte Qualitätsstähle sind nicht für eine Wärmebehandlung bestimmt.

37 Bei unlegierten Stählen mit einem Mn-Gehalt > 1 %, unlegierten Automatenstählen und legierten Stählen (ohne Automatenstähle) mit Gehalten der einzelnen Legierungselemente unter 5 % werden im Kurznamen die Prozent-Angabe der Legierungselemente durch Faktoren verschlüsselt angegeben.
Nennen Sie die wichtigsten Legierungselemente mit den Faktoren 4, 10 und 100.

Die wichtigsten Legierungselemente, die mit dem Faktor
- 4 verschlüsselt werden, sind: Mangan (Mn), Silizium (Si), Nickel (Ni), Wolfram (W), Chrom (Cr) und Kobalt (Co).
  Merkhilfe: „**Ma**n **Si**eht **Ni**e **4 W**eiße **CrCo**dile".
- 10 verschlüsselt werden, sind: Aluminium (Al), Kupfer (Cu), Molybdän (Mo), Tantal (Ta), Titan (Ti) und Vanadium (V).
  Merkhilfe: „**AlCuMoTaTiV**"
- 100 verschlüsselt werden, sind: Phosphor (P), Schwefel (S), Stickstoff (N) und Kohlenstoff (C).
  Merkhilfe: „Mit **100 PS N**ach **C**elle".

38 Entschlüsseln Sie folgende Stahl-Kurznamen:
a) 10CrMo9-10
b) 40CrMnNiMo8-6-4

a) Stahl mit einem mittleren Legierungs-Gehalt von
 0,10 % Kohlenstoff (10 : 100 %),
 2,25 % Chrom (9 : 4 %),
 1,00 % Molybdän (10 : 10 %).
b) Stahl mit einem mittleren Legierungs-Gehalt von
 0,40 % Kohlenstoff (40 : 100 %),
 2,00 % Chrom (8 : 4 %),
 1,50 % Mangan (6 : 4 %),
 1,00 % Nickel (4 : 4 %)
 und etwas Molybdän.

39 Wie lautet der Kurzname für einen Stahl mit 0,17 % Kohlenstoff, 1,5 % Chrom und 1,5 % Nickelgehalt?

17CrNi6-6 (Einsatzstahl)

40 Woran lässt sich im Werkstoffkurznamen erkennen, dass der Gehalt eines Legierungselementes > 5 % ist?

Durch das im Kurznamen vorangestellten „X".
Im weiteren folgt die Kohlenstoffkennzahl (Faktor 100), die chemischen Kurzzeichen und die Prozentgehalte der Legierungselemente.

Beispiel: X5CrNiMo17-12-2 ist ein (hoch)legierter Stahl mit 0,05 % Kohlenstoff, 17 % Chrom, 12 % Nickel und 2 % Molybdän.

41 Wie lautet der Kurzname für einen Stahl mit 0,37 % Kohlenstoff, 5 % Chrom und 1 % Molybdän und geringem Vanadiumgehalt?

X37CrMoV5-1, ein (hoch)legierter Warmarbeitsstahl.

42 Wozu werden Schnellarbeitsstähle eingesetzt und wodurch erhalten sie ihre hohe Härte?

Schnellarbeitsstähle werden zur Herstellung von Schnitt- und Zerspanungswerkzeugen eingesetzt.
Sie erhalten ihre hohe Härte vorwiegend durch harte und warmfeste Karbide der Legierungselemente.

43 Beschreiben Sie das besondere Kurznamen-Bezeichnungssystem der Schnellarbeitsstähle.

Der Kurzname der Schnellarbeitsstähle beginnt mit HS, es folgen in ganzen Zahlen die Gehalte an Wolfram, Molybdän, Vanadium und Kobalt.
Der Kohlenstoffgehalt (0,6...1,2 %) und der Chromgehalt (meist 4 %) werden nicht angegeben.

44 Entschlüsseln Sie den Kurznamen des Schnellarbeitsstahls HS6-5-2-5.

Schnellarbeitsstahl mit 6 % Wolfram, 5 % Molybdän, 2 % Vanadium und 5 % Kobalt.

45 Warum lassen sich Automatenstähle sehr gut zerspanen?

Automatenstähle, z. B. 11SMn37, weisen auf Grund höherer Schwefel- und Mangangehalte eine günstige Zerspanbarkeit und gute Spanbrüchigkeit (Bröckelspäne) auf.
Die zerspanbarkeitsfördernde Wirkung des Schwefels beruht auf der Bildung von Mangansulfideinlagerungen.

46 Welche Eigenschaften weisen Federstähle auf?

Federstähle weisen in gehärtetem und angelassenen Zustand hohe Streckgrenze und damit eine gute Elastizität auf. Sie sind meist mit Chrom und mehr als 1 % Silizium legiert, z. B. 54SiCr7.

10.5 Wärmebehandlung von Stahl

47 Nennen Sie Verfahren der Wärmebehandlung.

- Glühen
- Härten
- Anlassen
- Vergüten
- Nitrieren

48 Benennen Sie die Glühverfahren ① bis ⑤ für Stähle und geben Sie deren Zweck an.

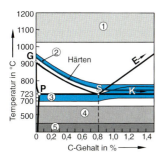

① *Diffusionsglühen*: Langzeitiges Glühen bei 1050 bis 1250 °C, um Seigerungen an Gussstücke auszugleichen.

② *Normalglühen*: Kurzzeitiges Glühen oberhalb der GSK-Linie (Austenitbereich) zur Beseitigung von Grobkorn.

③ *Weichglühen*: Bei 680 bis 750 °C über mehrere Stunden, um gehärtete Werkstücke wieder umformbar und spanbar zu machen.

④ *Spannungsarmglühen*: Abbau innerer Spannungen, die beim Gießen, Walzen, Schmieden, Schweißen entstanden sind, bei 550 bis 650 °C über mehrere Stunden.

⑤ *Rekristallisationsglühen*: Durch mehrstündiges Glühen bei 550 bis 650 °C werden Gefügeverzerrungen durch Kaltverformung beseitigt.

49 Wie wird Schnellarbeitsstahl geglüht?

- unter Luftausschluss im Kasten ⇨ Kastenglühung
- in Retorten unter Schutzgas
- im Salzbad in neutralen Salzen

50 Wovon ist die Härtbarkeit eines Stahls abhängig?

Vom Kohlenstoffgehalt, mindestens 0,5 bis 2,3 %, und den Legierungszusätzen.

51 Womit werden die einzelnen Werkzeugstahlarten nach dem Erwärmen meistens abgeschreckt?

- Unlegierte Werkzeugstähle mit Wasser oder Salzwasser.
- Niedriglegierte Werkzeugstähle mit Härteöl.
- Hochlegierte Werkzeugstähle mit Pressluft.

52 Womit lassen sich Temperaturen bei der Wärmebehandlung bestimmen?

Die Temperaturen lassen sich bestimmen mit
- dem Auge nach den Glühfarben (550...1300 °C).
- Temperaturmessfarbstiften (65...1000 °C)
- Segerkegeln (605...1980 °C)
- Widerstandsthermometern (-200...600 °C)
- Pyrometern (600...3000 °C)

53 Bei welchen Härtetemperaturen werden Werkzeugstähle gehärtet?

Unlegierte 750 bis 830 °C.
Legierte 760 bis 900 °C (Herstellerangaben beachten).
Schnellarbeitsstahl
1 150 bis 1 320 °C (unbedingt Herstellerangaben beachten!).

54 Nennen Sie das Ziel des Randschichthärtens.

Das Werkstück soll eine harte, verschleißfeste Oberfläche erhalten, während der Kern zäh bleiben soll, z. B. Zahnräder.

55 Wie wirkt sich eine Härtetemperatur, die
a) zu hoch
b) zu niedrig
ist auf den Stahl aus?

Ist die Härtetemperatur
a) zu hoch, so entsteht Grobkorn- und Rissbildung ⇨ Ausschuss.
b) zu niedrige, so erfolgt keine Härtesteigerung.

56 Erklären Sie den Härtevorgang an einem Stahl mit 0,86 % C-Gehalt.

Bei 723 °C zerfällt das Eisenkarbid im Perlit zu Eisen und Kohlenstoff. Der freigewordene Kohlenstoff löst sich im neu gebildeten Eisen auf und bildet Austenit (feste Lösung).
Bei rascher Abkühlung (Abschrecken) entsteht aus Austenit ein neues, sehr hartes und feines Gefüge, der Martensit.
Bei zu langsamer Abkühlung wird aus Austenit wieder Perlit.

57 Welches Gefüge entsteht beim „Abschrecken" von der Härtetemperatur und welche Eigenschaften weist dieses Gefüge auf?

Martensit-Gefüge: Ein feinnadliges, sehr hartes Gefüge, das die Grundmasse des Werkstoffs durchzieht.

58 Warum muss das Werkstück während des Abschreckens bewegt werden?

Damit das Werkstück immer mit frischer Abschreckflüssigkeit in Berührung kommt. Gas- und Dampfblasen, die zu ungleichmäßiger Härte führen, werden weggespült.

59 Welchen Zweck hat das Anlassen von
a) un- und niedrig legierten Stählen
b) Schnellarbeitsstählen?

a) Glashärte und innere Spannungen werden bei 200 bis 350 °C, je nach späterer Verwendung, verringert.
b) Bei Anlasstemperaturen zwischen 550 bis 580 °C wird Restaustenit in Martensit umgewandelt. Dadurch ist eine Steigerung der Härte um 2 bis 4 HRC möglich.

10 Werkstofftechnik

60 Woran kann man bei Stählen die Anlasstemperatur erkennen?

An den Anlassfarben.
Auf blanker Oberfläche bilden sich unter Wärmeeinfluss Oxidschichten, die bei steigender Temperatur Farbänderungen durchmachen.
Hinweis: Anlassfarbtafeln gelten nur für unlegierte Stähle. Anlassen nach Farbe wird nur bei Einzelfertigung einfacher Werkstücke angewandt.

61 Nennen Sie Vorgang und Ziel des Vergütens.

Vergüten ist Härten mit nachfolgendem Anlassen bei Temperaturen zwischen 400 bis 700 °C.
Ziel des Vergütens ist eine Erhöhung der Zug- und Druckfestigkeit und Streckgrenze bei ausreichender Zähigkeit.

62 Der Werkstoff 34Cr4 soll auf eine Zugfestigkeit von 800 N/mm² vergütet werden.
Ermitteln Sie die Anlasstemperatur.

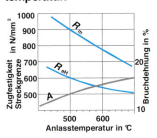

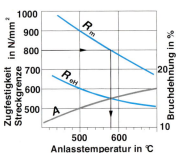

Die Anlasstemperatur beträgt hierfür 590 °C.
Zusätzlich lässt sich eine Streckgrenze von 550 N/mm² und eine Bruchdehnung von 18 % aus dem Anlassschaubild ermitteln.

10 Werkstofftechnik

63 Beschreiben Sie den Ablauf des Härtens.

- Werkstück erst langsam, dann rasch auf vorgeschriebene Härtetemperatur erwärmen.
- Auf Temperatur halten (Haltezeit abhängig von Werkstückabmessungen).
- Abschrecken.

64 Nennen Sie gebräuchliche Randschichthärteverfahren.

- Einsatzhärten im Kasten, Salzbad, in der Gasretorte.
- Flammhärten,
- Induktionshärten,
- Nitrieren.

65 Beschreiben Sie das Einsatzhärten.

Einsatzstähle, z. B. C15E, 16MnCr5, 20MnCr5, werden unter Luftabschluss in kohlenstoffabgebenden Mittel geglüht (850...950 °C). Der Kohlenstoff dringt dabei in die Werkstoffoberfläche ein (= Aufkohlen). Beim anschließenden Härten bleibt der kohlenstoffarme Kern zäh während die aufgekohlte Oberfläche hart wird.

66 Wie werden eingesetzte Stähle gehärtet?

- Härten nach vorausgegangenem Abkühlen.
- Härten nach Abkühlen und Halten bei 500...550 °C im Salzbad ergibt besonders feinen Martensit und gute Verklammerung zwischen Kern und Randschicht.
- Härten direkt aus der Einsatztemperatur (selten, da Grobkornbildung).

67 Wovon ist die Einsatztiefe abhängig?

Vom Verfahren und von der Einsatzzeit: 0,15 mm/h beim Kasteneinsatz, bis 0,5 mm/h beim Gaseinsatz, bis 0,7 mm/h beim Badeinsatz.

68 Warum wird heute bevorzugt mit Gas aufgekohlt?

- Der Zeit- und Energieaufwand ist wesentlich geringer als bei der Kastenaufkohlung.
- Der Verbrauch an ungiftigem Aufkohlungsmittel (Propan) ist niedrig.
- Giftige Abfälle wie beim Badaufkohlen, die hohe Entsorgungskosten verursachen, fallen nicht an.
- Die Unfallgefahr ist wegen der umfangreichen Sicherheitseinrichtungen gering.

69 Erläutern Sie Härteangaben in der Abbildung.

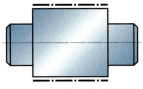

—·—·— einsatzgehärtet und angelassen
58 + 5HRC Eht = 0,8+0,2

Die mit der Strich-Punkt-Linie gekennzeichnete Mantelfläche der Welle soll einsatzgehärtet und angelassen werden.
Dabei soll die Rockwellhärte zwischen 58 und 63 bei einer Einsatzhärtungstiefe zwischen 0,8 mm und 1 mm liegen.

70 Beschreiben Sie das Flammhärten.

Bei unlegierten und legierten Stählen mit Kohlenstoffgehalten ab 0,35 bis 0,6% wird mit maschinell geführten Gasbrennern guter Wärmeleistung die Oberfläche auf Härtetemperatur gebracht. Die Werkstücke werden dann rasch abgeschreckt, bevor die Wärme ins Werkstück eindringen kann. Die Härtetiefe ist regelbar.
Der Kern bleibt zäh.

71 Beschreiben Sie das Induktionshärten.

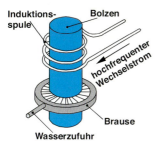

Das zu härtende Werkstück wird von Induktionsspulen berührungsfrei umschlossen. Wechselstrom von hoher Frequenz wird durch die Spulen geleitet. Das Werkstück wird mit gleichbleibender Geschwindigkeit durch die Induktionsspule geführt, in der Randschicht erwärmt und in der Brause abgeschreckt.
Je nach eingestellter Durchlaufgeschwindigkeit und Stromfrequenz lassen sich unterschiedliche Einhärtetiefen erzeugen.

72 Beschreiben Sie das Gasnitrierverfahren.

Nitrierstähle legiert mit Aluminium, Chrom, Molybdän, z. B. 34CrAlMo5, werden längere Zeit (10 h und mehr) in Retortenöfen in Ammoniakgas (NH_3) bei 550 °C gehalten. Der Stickstoff dringt in die Werkstückoberfläche ein und bildet ohne Abschrecken eine sehr harte Randschicht, die Nitridschicht.

73 Warum werden Stähle vor dem Nitrieren meistens vergütet?

Vor dem Nitrieren werden Stähle meist vergütet, um eine druckfeste Unterlage für die sehr dünne Nitrierschicht (0,01...0,3 mm, je nach Nitrierzeit) zu schaffen.

74 Nennen Sie einige Eigenschaften von Nitrierschichten.

Größte Oberflächenhärte (1050HV) und Verschleißfestigkeit, Anlassbeständigkeit bis 500 °C.
Niedrige Behandlungstemperatur, kein Abschrecken, deshalb kaum Verzug. Gute Gleit- und Notlaufeigenschaften.

75 Beschreiben Sie das Carbonitrieren.

Die Randschicht wird beim Einsetzen gleichzeitig aufgekohlt und nitriert und anschließend gehärtet. Carbonitrierschichten entsprechen in der Härte fast den Nitrierschichten, sie sind anlassbeständiger als Einsatzhärteschichten. Die, verglichen mit dem Nitrieren, wesentlich dickere Randschicht ist fest mit dem Untergrund verklammert ⇨ kein Abplatzen.

76 Welche Aluminiumlegierungen lassen sich Aushärten?

Aluminiumlegierungen mit Kupfer-, Zink- und Magnesium-Siliziumgehalt können ausgehärtet werden.

77 Wie erfolgt das Aushärten von Aluminiumlegierungen?

In 3 Arbeitsgängen:
1. Durch Lösungsglühen bei hohen Temperaturen gehen nahezu alle Legierungsbestandteile in Lösung. Es entsteht ein Mischkristall.
2. Durch Abschrecken in Öl oder Wasser wird dieser Gefügezustand festgehalten.
3. Durch Auslagern (Kalt- oder Warmauslagern) scheidet sich das Legierungselement aus dem übersättigten Mischkristall in feinverteilter Form als Metallverbindung aus. Durch Verspannen des Gitters werden Festigkeit und Härte gesteigert.

10.6 Eisen-Gusswerkstoffe

78 Nennen Sie Eisen-Gusswerkstoffe.

Gusseisen, Temperguss, Stahlguss, Sonderguss, Meehaniteguss

79 Welche zwei Arten von Gusseisen werden nach der Art der Graphitausscheidung unterschieden?

- Gusseisen mit lamellarem Graphit, Kurzzeichen nach DIN EN 1561 EN-GJL, z. B. EN-GJL-200.
- Gusseisen mit Kugelgraphit; Kurzzeichen nach DIN EN 1563 EN-GJS, z. B. EN-GJS-400-15.

80 Wie wirkt sich Graphit in seinen verschiedenen Formen auf Festigkeit und Dehnung von Gusseisen aus?

Rasterelektronenmikroskopische Aufnahmen (REM-Aufnahmen) von Gusseisen mit

Lamellengraphit EN-GJL-200 (GG-20)

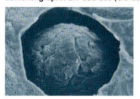

Kugelgraphit EN-GJS-400-15 (GGG-40)

Beim Gusseisen mit Lamellengraphit unterbrechen Graphitblätter den Zusammenhang der stahlartigen Grundmasse und kerben ihn ein. Der für die Festigkeit entscheidende Querschnitt wird dadurch verringert und somit auch die Werkstofffestigkeit und -dehnung.

Beim Kugelgraphit wird die Kerbwirkung vermindert, weil durch die kugelförmige Graphitausscheidung die geringste Querschnittsstörung erreicht wird. Daraus ergibt sich höhere Festigkeit und Dehnung und das Auftreten einer Streckgrenze.

81 Wie wirken sich Silizium und Mangan im Gusseisen aus?

Silizium bis 3 % fördert die Graphitausscheidung und bewirkt weichen grauen Guss.
Mangan erschwert die Graphitbildung. Dadurch entsteht hartes Weißeisen mit höherem Eisenkarbidgehalt.

82 Entschlüsseln Sie die Kurzzeichen folgender Gusseisenwerkstoffe:
a) EN-GJL-200
b) EN-GJL-HB235
c) EN-GJS-600-3

EN-GJ steht jeweils für *europäisch genormtes Gusseisen*. Die weiteren Angaben bedeuten
a) **L:** lamellare Graphitstruktur,
   200: Zugfestigkeit bis 200 N/mm^2
b) **L:** lamellare Graphitstruktur,
   HB235: Brinellhärte 165 bis 235
c) **S:** kugelförmige Graphitstruktur
   600: Zugfestigkeit bis 600 N/mm^2
   3: Bruchdehnung 3 %

83 Warum eignet sich Gusseisen besonders gut für Gleitlager, Führungen und Kolbenringe?

Gusseisen ist eine Legierung aus Eisen und Kohlenstoff. Die härteren Gefügebestandteile erbringen die notwendige Druckfestigkeit zum Tragen der Wellen, während die Graphiteinschlüsse die Schmierung begünstigen.

84 Worin wird Grauguss erschmolzen?

Meist in Kupolöfen; besonders reiner Grauguss wird in Elektroöfen hergestellt.

85 Wie hoch ist die Schmelztemperatur von Grauguss?

1 100 °C bis 1 300 °C
Die Temperatur steigt mit abnehmendem Kohlenstoffgehalt.

86 Welche Eigenschaften hat der Meehanite-Guss?

Sein perlitisches Grundgefüge und besonders feinblättriger Graphit oder Kugelgraphit bewirkt hohe Festigkeit, gute Verschleißfestigkeit, Korrosions- und Hitzebeständigkeit (bis 900 °C).
Meehaniteguss ist härt- und vergütbar und eine wichtige Gusssorte bei hoch beanspruchten Bauteilen.

10 Werkstofftechnik

87 Wie wird Kugelgraphitguss hergestellt?

Kugelgraphitguss wird als Sonderroheisen (niedriger Schwefel- und Phosphorgehalt) in meist elektrischen Schmelzanlagen hergestellt. Durch Zugabe von Magnesium wird eine Kristallisation des Graphits zu kugeligen Sphärolithen im Grundgefüge bewirkt.

88 Durch welche Maßnahmen lassen sich die Eigenschaften von Kugelgraphitguss verändern?

- Glühen:
  bei ca. 900 °C über 4...8h, erhöht die Bruchdehnung bis zu 22 %. Die Festigkeit sinkt bis auf 400 N/mm^2.
- Vergüten:
  Erwärmen auf 900 °C mit nachfolgendem Abschrecken und Anlassen auf 550 °C erhöht die Festigkeit auf bis zu 1 200 N/mm^2. Die Bruchdehnung sinkt auf 5...2 %.

89 Welchen Kohlenstoffgehalt hat Kugelgraphitguss und wie sieht das Bruchgefüge aus?

Kohlenstoffgehalt beträgt in globularer Form 3,4...4 %.
Das Gefüge ist feinkörnig und hellgrau.

90 Nennen Sie einige Bauteile, die aus Kugelgraphitguss hergestellt werden.

Kurbelwellen, Pleuelstangen, Bremsscheiben, Walzen, Pressstempel, Planscheiben usw.

91 Welche Eigenschaften hat Temperguss und wofür wird er verwendet?

Temperguss ist beschränkt schmiedbar, biegbar, verdrehbar, bedingt schweißbar, oberflächenhärtbar. Er besitzt höhere Festigkeit als Grauguss.
Verwendung: Schraubenschlüssel, Schlüssel, Beschlagteile, Ketten, Fittings usw.

10 Werkstofftechnik

92 Beschreiben Sie die Herstellung von Temperguss.

Temperguss ist ein Gusseisen mit stahlähnlichen Eigenschaften.
Die Herstellung erfolgt in zwei Arbeitsgängen:
1. Erschmelzen und Vergießen des sehr harten und nicht bearbeitbaren Temperrohgusses.
2. Wärmebehandlung (Tempern) der Rohgussstücke in entkohlender Atmosphäre (Glühfrischen) erbringt weißen Temperguss.
Glühen in nicht entkohlender neutraler Atmosphäre führt zu flockiger Graphitausbildung und erbringt schwarzen Temperguss.

93 Entschlüsseln Sie folgende Normbezeichnung: EN-GJMB-HB700-2.

EN: Europäische Norm
GJ: Gusseisen
MB: Temperguss, nicht entkohlend geglüht
HB700: Brinellhärte HB 700
2: Mindestbruchdehnung 2 %

94 Nennen Sie Eigenschaften des Stahlgusses.

Große Festigkeit und Zähigkeit, schweißbar, bei entsprechenden C-Gehalt härtbar und vergütbar.

95 Warum muss Stahlguss nach dem Gießen geglüht werden?

Ca. 12 stündiges Glühen bei 900 °C soll grobkörniges Gussgefüge verfeinern, die Zähigkeit steigern und Gussspannungen ausgleichen.

96 Welche Arten von Stahlguss unterscheidet man?

- Stahlguss für allgemeine Verwendungszwecke, z. B. GS-38,
- Stahlguss mit verbesserter Schweißeignung und Zähigkeit, z. B. G8Mn7V,
- warmfester Stahlguss, z. B. G17CrMo5-5,
- nicht rostender Stahlguss, z. B. GX22CrNi17.

10 Werkstofftechnik

97 Welche Unterschiede bestehen zwischen dem Gießen von Grauguss und Stahlguss?

Stahlguss erfordert eine höhere Gießtemperatur.
Das Schwindmaß beträgt bei Grauguss 1 %, bei Stahlguss 2 %.
Stahlguss ist dickflüssiger, erstarrt schneller und neigt mehr zu Lunkern und zu Rissbildung.
Diese Unterschiede müssen bei der Herstellung der Gießform berücksichtigt werden.

10.7 Nichteisen-Metalle

98 Welche Metalle werden als NE-Metalle bezeichnet?

Alle Metalle und deren Legierungen mit Ausnahme des Eisens.

99 Wie werden die Nichteisenmetalle eingeteilt?

Nach der Dichte ρ (Rho) in
- Schwermetalle $\rho > 5$ kg/dm3
- Leichtmetalle $\rho < 5$ kg/dm^3.

Nach dem Schmelzpunkt, die Grenze liegt bei ca. 1000 °C, in
- hochschmelzende Metalle
- niedrigschmelzende Metalle.

Nach der chemischen Beständigkeit, insbesondere gegen Luftsauerstoff, in
- edle Metalle
- unedle Metalle.

100 Ein Werkstück hat eine Masse von 44,8 kg und ein Volumen von 5 dm^3. Aus welchem Werkstoff könnte das Werkstück bestehen?

Berechnung der Dichte:

$$\boxed{\rho = \frac{m}{V}} = \frac{44{,}8 \text{ kg}}{5 \text{ dm}^3} = \mathbf{8{,}96} \, \frac{\text{kg}}{\text{dm}^3}$$

Aus Stoffwertetabelle ⇨ Kupfer.

101 Berechnen Sie die Masse m in g des abgebildeten Aluminium-Drehteiles.

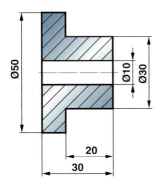

Dichte Aluminium: $\rho = 2{,}7$ kg/dm³

$$\boxed{m = V \cdot \rho}$$

$V = V_1 + V_2 - V_3$

$V = \dfrac{\pi \cdot d_1^2}{4} \cdot h_1 + \dfrac{\pi \cdot d_2^2}{4} \cdot h_2 - \dfrac{\pi \cdot d_3^2}{4} \cdot h_3$

$V = \dfrac{\pi \cdot (0{,}60 \text{ dm})^2}{4} \cdot 0{,}10 \text{ dm}$

$\quad + \dfrac{\pi \cdot (0{,}30 \text{ dm})^2}{4} \cdot 0{,}20 \text{ dm}$

$\quad - \dfrac{\pi \cdot (0{,}10 \text{ dm})^2}{4} \cdot 0{,}30 \text{ dm}$

$V = 0{,}04 \text{ dm}^3$

$m = 0{,}04 \text{ dm}^3 \cdot 2{,}7 \, \dfrac{\text{kg}}{\text{dm}^3}$

$m = 0{,}108 \text{ kg} = \mathbf{108{,}149}$ g

102 Nennen Sie für die Technik wichtigsten NE-Schwermetalle.

Kupfer (Cu), Zink (Zn), Zinn (Sn), Blei (Pb), Chrom (Cr), Nickel (Ni), Mangan (Mn), Wolfram (W), Vanadium (V), Molybdän (Mo), Kobalt (Co), Antimon (Sb), Wismut (Bi), Kadmium (Cd), Quecksilber (Hg), sowie die Edelmetalle Gold (Au), Silber (Ag) und Platin (Pt).

103 Nennen Sie jeweils 4
a) niedrigschmelzende
b) hochschmelzende
NE-Metalle mit Angabe der Schmelztemperatur.

a) Niedrigschmelzende NE, z. B.
　Zinn (Sn), 231,9 °C
　Blei (Pb), 327,4 °C
　Zink (Zn), 419,5 °C
　Aluminium (Al), 659 °C
b) Hochschmelzende NE, z. B.
　Kupfer (Cu), 1083 °C
　Mangan (Mn), 1244 °C
　Chrom (Cr), 1903 °C
　Wolfram (W), 3390 °C

10 Werkstofftechnik

104 Welche Nichteisenmetalle werden hauptsächlich als Gusswerkstoff verwendet?

Als Gusswerkstoff finden Verwendung:
- NE-Schwermetalle, z. B. Kupfer, Zink, Zinn, Blei und ihre Legierungen.
- NE-Leichtmetalle, z. B. Aluminium, Magnesium und ihre Legierungen.

105 Warum werden Nichteisenmetalle häufig als Legierungen verarbeitet?

Nichteisenmetalle werden häufig als Legierungen verarbeitet, weil dadurch Festigkeit und Härte größer sind als bei den Reinmetallen.

106 Welche Nichteisenmetalle werden meist nur als Legierungszusätze verwendet?

Als Legierungszusätze verwendet man u. a. die NE-Metalle Magnesium, Mangan, Chrom, Nickel, Antimon, Wolfram, Kobalt, Wismut, Molybdän, Vanadium, Titan, Beryllium und das Nichtmetall Silizium.

107 Welche Arten von Legierungen unterscheidet man nach der Herstellung?

- Gusslegierungen: müssen für die entsprechende Gießart gute Gießeigenschaften aufweisen und gut zerspanbar sein.
- Knetlegierungen: müssen in warmen und kalten Zustand gut spanlos umformbar sein. Die Zerspanbarkeit ist schlechter, Knetlegierungen neigen zum ,,Schmieren".

108 Welche NE-Metall-Werkstoffnummern werden nach DIN 17 007 gekennzeichnet?

Nach dieser Norm werden die Werkstoffnummern aller NE-Metalle gebildet, außer Aluminium und Aluminium-Legierungen, sowie Kupfer- und Kupfer-Knetlegierungen.

109 Beschreiben Sie die Systematik des Bezeichnungssystems der NE-Metalle.

Das Bezeichnungssystem der NE-Metalle hat folgende Systematik:
- EN = Europäische Norm,

es folgen Kennbuchstabe für
- Metall (A = Aluminium, C = Kupfer, M = Magnesium)
- die Verarbeitung (W = Knetlegierung, C = Gusslegierung)

es folgt das Bezeichnungssystem mit chemischen Symbolen oder numerisch
- Grundmetall gefolgt von den Legierungsmetallen, geordnet nach fallendem Prozentanteil
- Werkstoffzustand

110 Entschlüsseln Sie die Kurzzeichen folgende NE-Metalle:
a) ENAW-Al Cu4Mg1
b) EN-MCMgAl8Zn1

Die Schreibweise für Aluminiumlegierungen ist so genormt, dass hinter Al eine Leerstelle eingefügt wird. Bei Magnesiumlegierungen dagegen wird die ganze Bezeichnung zusammengeschrieben und „EN" durch einen Bindestrich abgesetzt.

a) EN: Europäische Norm
   AW: Aluminium-Knetlegierung
   Al: Grundmetall Aluminium
   Cu4: 4 % Kupfer
   Mg1: 1 % Magnesium

b) EN: Europäische Norm
   MC: Magnesium-Gusslegierung
   Mg: Grundmetall Magnesium
   Al8: 8 % Aluminium
   Zn1: 1 % Zink

111 Nennen Sie einige wichtige Eigenschaften von Kupfer.

- Kupfer ist weich und zäh. Durch Kaltverformen wird es hart, durch Glühen und Abkühlen wieder weich.
- Sehr gute elektrische und thermische Leitfähigkeit.
- Hohes Formänderungsvermögen.
- Gut schweiß- und lötbar.
- Gute Korrosionsbeständigkeit und Legierfähigkeit.
- Schlecht gießbar, wird von Säuren angegriffen.

10 Werkstofftechnik

112 Wozu wird Kupfer hauptsächlich verwendet?

- Wegen der Witterungsbeständigkeit z. B. für Dachbelägen, Dachrinnen usw.,
- wegen der elektrischen Leitfähigkeit z. B. für Kabeln und Gegenständen der Elektroindustrie,
- wegen seiner Wärmeleitfähigkeit z. B. für Lötkolben, Heiz- und Kühlschlangen,
- wegen seiner Legierungsfähigkeit z. B. für die Herstellung von Messing, Bronze, Rotguss.

113 Welche Eigenschaften hat Zink?

Farbe grauweiß, Bruch glänzend und grobkristallinisch.
Zink ist sehr witterungsbeständig, lässt sich gut löten und zerspanen, nach Erwärmung auf 100 °C auch pressen, walzen und ziehen. Verfügt über eine große Wärmedehnung.
Zink wird von Säuren und Laugen angegriffen. Gelöste Zinkverbindungen sind giftig.

114 Wozu wird Zink verwendet?

Für Dachabdeckungen, Dachrinnen, zum Gießen, hauptsächlich Druckguss, und Legieren mit Kupfer.
Zur Herstellung von Korrosionsschutzmitteln oder -überzügen, z. B. Verzinken, Zinkfarben, Zinkopferanoden (siehe Kap. Korrosionsschutz).

115 Nennen Sie Eigenschaften und Einsatzmöglichkeiten von Chrom.

Chrom ist hart und spröde, sehr verschleißfest, korrosionsbeständig, gut polierfähig und wird deshalb zur Oberflächenveredlung (verchromen, hartverchromen) von Metallen verwendet. Außerdem ist Chrom ein wichtiges Legierungselement für Qualitäts-, Edel- und Schnellarbeitsstähle.

116 Welche Eigenschaften besitzt Zinn und wozu wird es verwendet?

Silberglänzend, gut bearbeitbar, biegsam, leicht schmelzbar, gut walzbar.
Bei Temperaturen unter 15 °C zerfällt Zinn zu Staub „Zinnpest".
Reines Zinn gibt beim Biegen ein reibendes Geräusch von sich „Zinnschrei"
Wird verwendet zum Verzinnen (Weißblech) und zur Herstellung von Legierungen, z. B. Bronze, Rotguss, Lagermetall, Lötzinn.

117 Welche Eigenschaften hat Nickel und wozu wird es verwendet?

Nickel ist glänzend, magnetisch, äußerst korrosionsbeständig, schweißbar, walzbar, polierbar. Geeignet zur Oberflächenveredlung von Metallen (vernickeln), zur Herstellung von Kupfer-Nickel-Legierungen, Bronzen und zur Legierung von Qualitäts- und Edelstählen (Einsatz-, Vergütungsstähle, rostfreie Stähle).

118 Nennen Sie Eigenschaften und Verwendungsmöglichkeiten von Mangan.

Mangan ist ein rötlich glänzendes sehr hartes und sprödes Metall.
Als Legierungselement erhöht es im Stahl dessen Härte und Verschleißfestigkeit.
Silizium-manganlegierte Stähle eignen sich besonders zur Federnherstellung.

119 Nennen Sie die am häufigsten verwendeten NE-Schwermetallegierungen.

Kupfer-Zink-Legierungen.
Der Kupfer-Gehalt soll mindestens 50 % betragen, (geringerer Cu-Gehalt bedeutet steigende Sprödigkeit).

10 Werkstofftechnik

120 Mit welchen Metallen, außer Zink, wird Kupfer sonst noch legiert?

Mit Zinn zu Zinnbronze,
mit Aluminium zu Aluminiumbronze,
mit Blei zu Bleibronze,
mit Nickel und Zink zu Neusilber.

121 Welche Eigenschaften hat Wolfram und wozu wird es verwendet?

Wolfram wird wegen seiner Härte und seiner Bereitwilligkeit, sich mit Kohlenstoff zu verbinden, als Legierungsmetall für Schnellarbeitsstähle und zur Herstellung von Hartmetall (Wolframkarbid) verwendet.
Wegen der hohen Temperaturbeständigkeit ist Wolfram z. B. zur Herstellung von Glühlampenwendeln, Thermoelementen und WIG-Elektroden geeignet.

122 Nennen Sie Eigenschaften und Einsatzmöglichkeiten von Aluminium.

Aluminium ist leicht, weich, dehnbar und sehr gut verformbar.
Es ist ein guter Leiter für elektrischen Strom und Wärme.
Es ist löt-, schweiß- und gießbar.
Aluminium wird rein z. B. für Folien, Tuben, Haushaltsgeräte verwendet, legiert ist es ein wichtiges Metall im Kraftfahrzeugbau (Getriebegehäuse, Motorblöcke, Karosserien), Apparate- und Flugzeugbau.

123 Nennen Sie Vor- und Nachteile von Aluminiumguss- und Knetlegierungen gegenüber Reinaluminium.

Vorteile:
- größere Festigkeit,
- bessere Gießbarkeit,
- höherer Verschleißwiderstand,
- höhere Warmfestigkeit,
- geringes Schwindmaß.

Nachteile:
- geringere Dehnung,
- geringere Korrosionsbeständigkeit,
- geringere Leitfähigkeit für Wärme und Elektrizität.

10 Werkstofftechnik

124 Nennen Sie Eigenschaften und Einsatzmöglichkeiten von Magnesium.

Silberweiß, im frischen Bruch stark glänzend.
Es entzündet sich bei 800 °C und verbrennt mit weißem Rauch und blendendem Licht.
Magnesium wird meist mit Aluminium, Zink und Silizium legiert, um Festigkeit, Härte und Korrosionsbeständigkeit zu erhöhen.
Mg-Knet- und Gusslegierungen werden zu Verkleidungen, Leichtbauteilen, Getriebegehäusen, Zylinderkopfdeckeln usw. verarbeitet.
Vorsicht beim Zerspanen, da feine Späne sich entzünden können.

125 Welche Eigenschaften hat Titan und wozu wird es verwendet?

Titan ist dehnbar, gut walzbar, sehr korrosionsbeständig.
Die Zugfestigkeit entspricht der des Stahles.
Gute Zerspanbarkeit.
Als Legierungszusatz wirkt Titan festigkeitssteigernd, bei Aluminiumlegierungen kornverfeinernd.
Titan und seine Legierungen spielen im Automobilbau, in der Raumfahrttechnik, der chemischen Industrie und der Medizintechnik eine wichtige Rolle.

10.8 Kunststoffe

126 Nennen Sie einige wichtige Anwendungen von Kunststoffen im Maschinenbau.

Wichtige Anwendungen im Maschinenbau sind:
- Verkleidungen, Gehäuse
- Zahnräder, Riemen, Kupplungen, Lager
- Isolierungen, Dichtungen
- Klebstoffe

127 Welche gemeinsame Eigenschaften haben alle Kunststoffe durch die sie sich von anderen Werkstoffen unterscheiden?

Gemeinsame Eigenschaften der Kunststoffe sind:
- geringe Dichte
- elektrisch nicht leitend
- schwingungsdämpfend
- schlecht wärmeleitend
- korrosionsbeständig
- einfärbbar

128 Aus welchen Grundstoffen werden Kunststoffe überwiegend hergestellt?

Kunststoffe werden synthetisch hergestellt aus organischen Stoffen wie Zellulose, Kasein, aus mineralischen Stoffen wie Kalk, Kohle, Luft, Wasser, Nebenprodukten des Erdöls und Erdgases sowie aus Silizium (Silikone).

129 Beschreiben Sie die Struktur von Kunststoffen.

Kunststoffe bestehen aus ketten- oder netzartigen „Makromolekülen", die aus Einzelmolekülen durch eine chemische Reaktion gebildet werden.
Die meisten Kunststoffe bestehen aus Makromolekülen mit Kohlenstoff als Grundgerüst.
In den Kunststoffen, die als Silikone bezeichnet werden, bilden Silizium- und Sauerstoffatome das Grundgerüst der Makromoleküle.

130 Warum sind Thermoplaste warmumformbar?

Thermoplaste sind aus fadenförmigen Makromolekülen aufgebaut, die wattebauschartig miteinander verknäuelt, aber *nicht vernetzt* sind.

Bei Erwärmung schwingen diese Makromoleküle auseinander. Der Kunststoff wird dadurch weich und formbar.

131 Warum bleiben Duroplaste auch bei höheren Temperaturen hart und fest?

Duroplaste bestehen aus Makromolekülen, die durch chemische Bindung[1] *engmaschig* miteinander *verknüpft* sind.

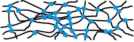

Bei Erwärmung verhindert die Vernetzung ein Auseinanderschwingen der Molekülfäden. Der Kunststoff behält seine Form und wird nicht weich.

[1] Die Reaktion wird ausgelöst durch Mischen von 2 Komponenten oder durch Wärme und Druck.

132 Erklären Sie den Aufbau und das Verhalten der Elastomere.

Elastomere sind aus Makromolekülen aufgebaut, die verknäuelt und an wenigen Stellen *weitmaschig vernetzt* sind.

Elastomere sind gummielastisch, d. h. sie lassen sich sehr stark elastisch verformen und kehren nach Wegnahme der verformenden Kraft in ihre Ausgangsform zurück. Elastomere sind nicht warm umformbar.

133 Beschreiben Sie die drei chemischen Reaktionsarten zur Herstellung von Makromolekülen:
- Polymerisation
- Polykondensation
- Polyaddition.

Polymerisation: Die Doppelbindungen *gleicher* ungesättigter Monomere (Grundmoleküle) werden aufgespalten und verbinden sich zu fadenförmigen Makromolekülen. Beispiel:

$$\begin{array}{c}H\ \ H\\|\ \ \ |\\C=C\\|\ \ \ |\\H\ \ H\end{array}\ ;\ \begin{array}{c}H\ \ H\\|\ \ \ |\\C=C\\|\ \ \ |\\H\ \ H\end{array}$$ vom Monomer *Ethylen*

$$-\overset{H}{\underset{H}{C}}-\overset{H}{\underset{H}{C}}-\overset{H}{\underset{H}{C}}-\overset{H}{\underset{H}{C}}-$$ zum Polymer *Polyethylen* (PE)

Polykondensation: Zwei *verschiedene* Molekülarten verbinden sich zu Makromolekülen unter Abscheidung eines Kondensats, meist Wasser. Beispiel:

$$-\overset{H}{\underset{H}{C}}-\overset{H}{\underset{}{N}}-H\quad HO-\overset{O}{\underset{}{C}}-\overset{H}{\underset{H}{C}}-$$ Aus den Endgruppen der Ausgangsstoffe

Aminogruppe   *Säuregruppe*

$$-\overset{H}{\underset{H}{C}}-\overset{H}{\underset{}{N}}-\overset{O}{\underset{}{C}}-\overset{H}{\underset{H}{C}}-\ +\ H_2O$$ entsteht das Makromolekül *Polyamid* (PA)

Polyaddition: Gleiche oder verschiedene Einzelmoleküle verknüpfen sich durch umlagern einzelner Atome zu Makromolekülen. Beispiel:

$$-\overset{H}{\underset{H}{C}}-O-H\quad \overset{H}{\underset{O}{C}}=N-\overset{H}{\underset{H}{C}}-$$ Aus den Endgruppen der Ausgangsstoffe

Alkohol   *Zyanat*

$$-\overset{H}{\underset{H}{C}}-O-\overset{}{\underset{O}{C}}-\overset{H}{\underset{}{N}}-\overset{H}{\underset{H}{C}}-$$ entsteht das Makromolekül *Polyurethan*

10 Werkstofftechnik

134 Unterteilen Sie die Kunststoffe nach der Struktur und dem thermischen Verhalten.

- Thermoplaste: warmumformbar und schweißbar.
- Duroplaste: nicht warmumformbar und nicht schweißbar.
- Elastomere: gummielastisch, nicht umformbar, nicht schweißbar.

135 Jeder Kunststoff hat ein oder mehrere typische Erkennungsmerkmale. Mit welchen Verfahren lassen sich Kunststoffe bestimmen?

Durch Anwendung der Biegeprobe, Schwimmprobe, Klangprobe, Brennprobe (Verhalten beim Brennen, Geruch) lassen sich Kunststoffe sicher bestimmen.

136 Welche Schweißverfahren werden bei Thermoplasten angewandt?

- Heißgasschweißen,
- Heizelementschweißen, z. B. Stumpfschweißen, Abkantschweißen, Überlappschweißen, T-Stoßschweißen,
- Reibschweißen,
- Folienschweißen.

Bei allen Schweißverfahren erfolgt die Verbindung durch Wärme und Druck.

137 Nennen Sie einige Verfahren zur Verarbeitung von Thermoplaste und Duroplaste.

Thermoplaste, z. B. Spanen, Extrudieren, Spritzgießen, Streckformen, Vakuumformen, Blasformen, Blistern.
Duroplaste, z. B. Spanen, Gießen, Spritzpressen, Formpressen.

138 Beschreiben Sie das Spritzgießen.

Kunststoffgranulat wird in einem beheizten Zylinder plastifiziert. Die Masse wird unter Druck in eine geteilte, gekühlte Form eingespritzt. Nach Abkühlung in der Form (Schließzeit) wird das Gussteil ausgeworfen.

10.9 Verbundwerkstoffe

139 Woraus bestehen Verbundwerkstoffe?

Verbundwerkstoffe bestehen aus zwei oder mehr Stoffen (Grundwerkstoff und Füllstoff bzw. Verstärkungskomponente) mit unterschiedlichen Eigenschaften, die miteinander zu einem neuen Werkstoff verbunden werden.

140 Wie werden Verbundwerkstoffe eingeteilt?

Durchdringungsverbundwerkstoffe, bei denen fest zusammenhängende Teilchen (Matrix), zwischen denen Hohlräume vorliegen, von einem zweiten Stoff durchdrungen werden, z. B. getränkte Sinterwerkstoffe, Lagerwerkstoffe.

Teilchenverbundwerkstoffe, bei denen in einem zusammenhängenden Stoff (Matrix), kleine Teilchen eines zweiten Stoffes eingelagert sind, z. B. Hartmetalle, Schleifscheiben.

Faserverbundwerkstoffe, bei denen Fasern in den Grundwerkstoff (Matrix) eingelagert sind, z. B. glasfaserverstärkte Werkstoffe, Drahtglas.

Schichtverbundwerkstoffe, bei denen gleichartige oder verschiedenartige Materialschichten miteinander verbunden sind, z. B. Sperrholz, Schichtpapier.

Oberflächenbeschichtung, bei denen nur die Oberfläche mit einer Schicht aus einem anderen Stoff versehen ist.

141 Welche Vorteile bringt der Verbund von Glasfasern mit Kunststoff?

Bei geringem Kostenaufwand wird die Zugfestigkeit von Polyester- und Epoxidharzen erheblich gesteigert während die Dichte nur unwesentlich zunimmt.

142 Woraus bestehen Kunststoff-Pressmassen und wozu werden sie verwendet?

Kunststoff-Pressmassen bestehen aus
- Grundwerkstoffen, z. B. Phenol-, Polyester-, Melamin- und Harnstoffharze und
- Füllstoffen, z. B. Stein- und Holzmehl, Papierschnitzel,

aus denen unter Wärme und Druck Formen für Bauteile der Elektrotechnik, Gehäuse und Hebel hergestellt werden.

143 Woraus bestehen Schichtpressstoffe und wofür werden sie verwendet?

Schichtpressstoffe bestehen aus Schichtwerkstoffe (Papier, Gewebe, Holz) die mit dem Grundwerkstoff (meist Phenolharz) getränkt und gepresst werden.
Verwendung finden sie für mechanisch hoch beanspruchte Bauteile, z. B. Zahnräder, Lager, Laufrollen aus Hartgewebe oder Isolationsteile in der Elektroindustrie.

144 Wovon hängt die Festigkeit eines faserverstärkten Werkstoffes ab?

- Von der Festigkeit des Faserwerkstoffes
- von der Lage der Fasern zur Beanspruchungsrichtung (in Faserrichtung am höchsten)
- vom Faseranteil.

10.10 Sinterwerkstoffe

145 Womit befasst sich die Pulvermetallurgie?

Die Pulvermetallurgie befasst sich mit der Herstellung von Formteilen aus Metallpulvern, mit der Herstellung von Verbundwerkstoffen, Gleitlagerwerkstoffen, Magnetwerkstoffen, Hartmetallen usw.

146 In welchen Einzelschritten erfolgt die Herstellung von Sinterkörpern?

Pulvererzeugung: Durch Verdüsen oder Zerstäuben von Metallschmelzen wird feines Metallpulver hergestellt.
Mischen: Mischung von Metallpulvern in der gewünschten Zusammensetzung.
Pressen: Durch Zusammenpressen unter hohem Druck wird aus dem Pulver ein „Grünling" in der gewünschten Form hergestellt.
Sintern: Glühen des gepressten Pulvers, bei dem durch Rekristallisation und Diffusion ein zusammenhängendes Kristallgefüge entsteht oder durch flüssigwerdendes Bindemittel die Pulverteilchen benetzt und verbunden werden.
Nach dem Sintern erfolgt bei manchen Sinterteilen eine Nachbehandlung, z. B. *Kalibrieren*, *Wärmebehandlung* oder *Tränken*.

147 In welchem Fall werden Sinterteile nach dem Sintern noch kalibriert?

Wenn die Sinterteile große Maßgenauigkeit oder hohe Oberflächengüte aufweisen sollen, werden sie nach dem Sintern auf das Endmaß genaugepresst (kalibriert).

148 Wodurch können Sinterwerkstoffe völlige Dichte erhalten?

Durch Pulverschmieden in geschlossenen Schmiedewerkzeugen nach dem Pressen und Sintern.

149 Schlüsseln Sie die folgenden Normbezeichnungen für Sintermetalle auf und geben Sie jeweils ein Beispiel dazu an:
a) Sint-AF50
b) Sint-B10
c) Sint-D30

a) Sintermetall, mit einer Raumausfüllung < 73 %,
legiert mit Cu > 60 Masse-%
Beispiel: Filter aus Sinterbronze, Sn 9...11 Masse-%, Rest Cu.

b) Sintermetall, mit einer Raumausfüllung von 80 ±2,5 %,
1...5 Masse-% Cu, ohne C oder mit C < 0,2 %
Beispiel: Gleitlager aus Sinterstahl mit 4% Cu und 0,1 % C.

c) Sintermetall, mit einer Raumausfüllung von 90 ±2,5 %,
mit oder ohne Cu bzw. C,
andere Legierungselemente, wie Ni < 6 Masse-%.
Beispiel: Zahnräder aus Sinterstahl mit 0,2 % C, 4% Cu und 3 % Ni.

150 Warum sind Gleitlager aus Sintermetall wartungsfrei?

Gleitlager aus Sintermetall enthalten einen Porenanteil von 15 bis 25 %, der mit Flüssigschmierstoff gefüllt ist. Durch die Erwärmung des Gleitlagers im Betriebszustand tritt dieser aus den Poren und bildet einen Schmierfilm ⇨ wartungsfreier Selbstschmiereffekt.

151 Die Ausgangsstoffe für Hartmetalle (HM) sind chemische Verbindungen aus Metallen und Kohlenstoff.
a) Wie bezeichnet man eine solche Verbindung?
b) Nennen Sie Arten dieser Verbindung bei HM und geben Sie deren Eigenschaften im Vergleich zu Stahl an.

a) Chemische Verbindungen aus Metallen und Kohlenstoff bezeichnet man als Metallkarbide.

b) Metallkarbide der HM sind z. B. Wolframkarbid (WC), Tantalkarbid (TaC) und Titankarbid (TiC).
Sie haben eine Härte, die um ein Vielfaches über der Härte von Stahl liegt und besitzen Schmelztemperaturen über 2000 °C.

152 Welche zwei Gruppen von Hartmetallen werden nach der Zusammensetzung unterschieden?

- Hartmetalle HW,
  mit Wolframkarbid als vorwiegender Härteträger und Kobalt als Bindemittel.
- Hartmetalle HT (Cermets)[1],
  mit Mischungen aus Karbiden und Nitriden von Tantal, Titan u. a. als Härteträger und ein Gemisch aus Nickel, Kobalt und Molybdän als Bindemittel.

Beschichtete Hartmetalle, gleich welcher Art, werden mit HC gekennzeichnet.

[1] **cer**amics und **met**als

153 Welche Bedeutung haben bei Hartmetallen für die zerspanende Bearbeitung die Anhängezahlen im Kurzzeichen, z. B. P 01, P 50, M 10, M 40?

Die Hartmetalle mit der höheren Anhängezahl haben einen größeren Bindemittelgehalt, d. h. eine höhere Zähigkeit aber eine geringere Verschleißfestigkeit.

154 Welche Vor- und Nachteile bringt das Sintern gegenüber anderen Herstellungsverfahren?

Vorteile:
- Verbindung schwer schmelzbarer Werkstoffe ist möglich,
- die chemische Zusammensetzung genau bestimmbar,
- keine Werkstoffverluste,
- niedrige Sintertemperaturen,
- Herstellung genauer, dichter oder poröser Formteile ist möglich.

Nachteile:
- hohe Pressdrücke begrenzen Größe der Formteile,
- komplizierte Teile sind schwierig herzustellen.
- Verzug unsymmetrischer Teile.
- Wirtschaftlich nur bei Massenherstellung.

10.11 Werkstoffprüfung

155 Zu welchem Zweck werden Werkstoffprüfungen durchgeführt?

- Ermittlung der allgemeinen und besonderen Eigenschaften der Werkstoffe.
- Ermittlung der Ursachen werkstoffbedingter Mängel an Maschinen und Bauteilen.
- Erstellung von Richtlinien für die Verwendung von Werkstoffen und allgemein anerkannter Güte- und Lieferbedingungen.

156 Nennen Sie technologische Prüfverfahren mit denen in der Werkstatt Stähle und Eisenguss-Werkstoffe untersucht werden können.

- Beurteilung des Aussehens,
- Klangprobe,
- Bruchprobe,
- Biegeprobe,
- Schleiffunkenprobe,
- Feilprobe,
- Drehprobe,
- Schmiedeprobe,
- Schweißprobe
- Härteprobe.

157 Welche Werkstoffprüfungen werden im Labor durchgeführt?

- Statischen bzw. dynamischen Prüfungen zur Ermittlung von Festigkeit, Dehnung, Härte, Kerbschlagzähigkeit, Dauerfestigkeit u. a.
- Metallografische Untersuchung des Gefüges eines Werkstoffes.
- Chemische Prüfung zur Feststellung der Legierungsbestandteile eines Werkstoffs.

158 Wie wird eine metallografische Untersuchung durchgeführt?

Eine Probe wird geschliffen, poliert, in schwacher Säure geätzt.
Unter dem Mikroskop sind bei entsprechender Vergrößerung Gefügebestandteile wie Ferrit, Perlit oder Korngrenzenzementit zu erkennen.

10 Werkstofftechnik

159 Welche Werkstoffeigenschaften sollen durch die folgenden Versuche ermittelt bzw. untersucht werden?
a) Druckversuch
b) Umlaufbiegeversuch
c) Kerbschlagbiegeversuch

a) Ermittlung von Druckfestigkeit, Stauch- und Quetschgrenzen
b) Ermittelt die Biegewechselfestigkeit.
c) Ermittelt die Widerstandsfähigkeit metallischer Werkstoffe gegen schlagartige Beanspruchung.

160 Wozu werden Zeitstandsversuche durchgeführt?

Bei Zeitstandsversuche wird das Verhalten der Werkstoffe bei statischer Zugbelastung über einen längeren Zeitraum bei unterschiedlichen Temperaturen ermittelt. Werkstoffwerte sind Zeitstandfestigkeit, Zeitdehngrenze, Zeitbruchdehnung.

161 Worüber gibt die chemische Prüfung Aufschluss?

Die Analyse und Spektralanalyse eines Werkstoffes gibt genauen Aufschluss über Art und Menge von Legierungsbestandteilen, z. B. Kohlenstoff, Schwefel, Phosphor.

162 Nennen Sie Verfahren zur zerstörungsfreien Werkstoffprüfung.

- Eindringverfahren, z. B. Fluoreszenzverfahren, Met-L-Check-Verfahren,
- Ultraschallprüfung
- Röntgen- oder Gammastrahlen Prüfung
- Magnetpulverprüfverfahren

163 Beschreiben Sie wie ein Bauteil auf Haarrisse durch das „Met-L-Check-Verfahren" geprüft wird.

Roter Farbstoff wird auf das Werkstück gesprüht. Dieser dringt auf Grund der Kapillarwirkung in vorhandene Haarrisse ein. Nachdem das Werkstück gründlich abgewaschen wurde wird ein weißer Farbstoff aufgesprüht. Dieser zieht den in den Rissen eingedrungenen roten Farbstoff heraus und macht die Risse sichtbar.

164 Wie erkennt man innere Fehler, wie Einschlüsse und Lunker, in Bauteilen?

Durch Röntgen- oder Gammastrahluntersuchung oder durch Ultraschallprüfung.

165
a) Welche Werkstoffkennwerte werden aus dem Zugversuch ermittelt?
b) Skizzieren Sie je ein Spannungs-Dehnungs-Diagramm für einen Werkstoff mit und ohne ausgeprägte Streckgrenze. Beschriften Sie die Achsen und tragen Sie die Lage der Werkstoffkennwerte ein.

a) Ermittelt werden
- Streckgrenze R_e bzw. die 0,2-Dehngrenze $R_{p0,2}$,
- Zugfestigkeit R_m,
- Bruchdehnung A

b) Diagramme

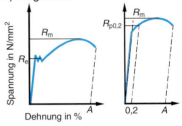

166
a) Für welche Werkstoffe wurde die 0,2 %-Dehngrenze ($R_{p0,2}$) eingeführt?
b) Wie wird die 0,2 %-Dehngrenze ($R_{p0,2}$) bestimmt?

a) Für Werkstoffe ohne ausgeprägte Streckgrenze, z. B. Aluminium- und Kupferlegierungen, Nitrier- und Federstählen.

b) Im Spannungs-Dehnungs-Diagramm durch eine Parallele zur Geraden am Kurvenanfang (Hooke'sche Gerade) durch den Punkt $\varepsilon = 0{,}2\,\%$.

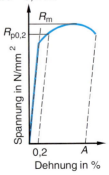

167 Der Zugversuch an einer Probe mit d = 10 mm und L_o = 100 mm liefert folgende Messwerte:
- Zugkraft bei der Streckgrenze F_e = 27,882 kN
- Höchstzugkraft F_m = 38,485 kN
- Messlänge nach dem Bruch L_u = 122 mm.

Berechnen Sie
a) Streckgrenze R_{eH}
b) Zugfestigkeit R_m
c) Bruchdehnung A.
d) Welcher Baustahl weist die berechneten Kennwerte auf, wenn vom Werkstoff zusätzlich eine sehr gute Schweißeignung gefordert wird?

a) $R_{eH} = \dfrac{F_e}{S_0}$ mit $S_0 = \dfrac{\pi \cdot d^2}{4}$

$R_{eH} = \dfrac{27\,882\text{ N} \cdot 4}{100\text{ mm}^2 \cdot \pi} = \mathbf{355}\ \dfrac{\text{N}}{\text{mm}^2}$

b) $R_m = \dfrac{F_m}{S_0}$

$R_m = \dfrac{38\,485\text{ N} \cdot 4}{100\text{ mm}^2 \cdot \pi} = \mathbf{490}\ \dfrac{\text{N}}{\text{mm}^2}$

c) $A = \dfrac{L_u - L_0}{L_0} \cdot 100\,\%$

$A = \dfrac{122\text{ mm} - 100\text{ mm}}{100\text{ mm}} \cdot 100\,\%$

$A = \mathbf{22}\ \%$

d) Die Baustähle S355JR, S355JO, S355J2G3, S355J2G4, S355K2G3, S355K2G4 weisen die geforderten Kennwerte auf. Die bessere Schweißeignung der aufgeführten Baustähle hat der Baustahl **S355K2G4**.

---

168 Nennen Sie einige wichtige Härteprüfverfahren und ihren Einsatzbereich.

Statische Härteprüfverfahren:
- Brinellverfahren für weiche bis mittelharte metallische Werkstoffe.
- Rockwellverfahren für alle Metalle, besonders für harte Werkstoffe mit einer Mindestdicke von 1 mm.
- Vickersverfahren für alle Metalle, besonders für dünne Proben.

Dynamische Härteprüfverfahren, z. B. Rückprallhärteprüfung für mittelharte bis harte Werkstoffe.

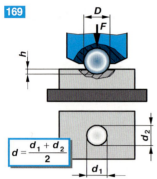

$$d = \frac{d_1 + d_2}{2}$$

a) Benennen Sie das skizzierte Härteprüfverfahren.
b) Welche Werkstoffe werden damit geprüft?
c) Beschreiben Sie die Durchführung des Härteprüfverfahrens.

a) Härteprüfung nach Brinell, da der skizzierte Prüfkörper eine Kugel ist.
b) Alle Metalle, deren Brinellhärte nicht über 650 HB liegt, z. B. ungehärteter Stahl, Gusseisen und NE-Metalle.
c) Eine gehärtete Stahl- oder Hartmetallkugel von 10 mm, 5 mm, 2,5 mm, 2 mm oder 1 mm Durchmesser wird mit einer genormten Prüfkraft F für 10 oder 30 Sekunden in die Oberfläche einer Probe eingedrückt. Der Eindruckdurchmesser d wird gemessen, der Härtewert HB nach folgender Formel berechnet:

$$HB = 0{,}102 \cdot \frac{2 \cdot F}{\pi \cdot D \cdot \left(D - \sqrt{D^2 - d^2}\right)}$$

oder Tabellen entnommen.

170 Welche Informationen können der Bezeichnung 90 HBS 2,5/62,5/30 entnommen werden?

Brinellhärte 90, geprüft mit Stahlkugel von 2,5 mm Durchmesser mit einer Prüfkraft von (62,5 : 0,102 =) 613 N und einer Belastungsdauer von 30 Sekunden.

171 Welche Bedeutung hat das Kurzzeichen 350 HBW 10/3000?

Brinellhärte 350, geprüft mit einer Hartmetallkugel von 10 mm Durchmesser und einer Prüfkraft von (3000 · 9,80665 N =) 29420 N.

172 Bei einer Brinell-Härteprüfung wird in die Werkstückprobe mit einer Prüfkraft von $F = 29\,420$ N eine Hartmetallkugel mit dem Durchmesser $D = 10$ mm eingedrückt. Nach der Belastungszeit wird ein Eindruckdurchmesser $d = 3{,}13$ mm gemessen.

Berechnen Sie
a) Eindringtiefe h
b) Härtewert HBW.
c) Geben Sie die normgerechte Brinellhärteangabe an.

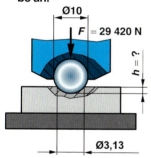

a) Eindringtiefe h, mit Pythagoras

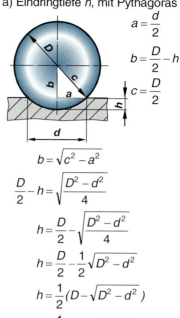

$$a = \frac{d}{2}$$

$$b = \frac{D}{2} - h$$

$$c = \frac{D}{2}$$

$$b = \sqrt{c^2 - a^2}$$

$$\frac{D}{2} - h = \sqrt{\frac{D^2 - d^2}{4}}$$

$$h = \frac{D}{2} - \sqrt{\frac{D^2 - d^2}{4}}$$

$$h = \frac{D}{2} - \frac{1}{2}\sqrt{D^2 - d^2}$$

$$h = \frac{1}{2}(D - \sqrt{D^2 - d^2})$$

$$h = \frac{1}{2}(10 - \sqrt{100 - 9{,}8})\,\text{mm}$$

$$h = \mathbf{0{,}25}\ \text{mm}$$

b) Härtewert HBW:

$$\boxed{\text{HBW} = 0{,}102 \cdot \frac{2 \cdot F}{\pi \cdot D \cdot \left(D - \sqrt{D^2 - d^2}\right)}}$$

$$\text{HBW} = 0{,}102 \cdot \frac{2 \cdot 29\,420}{\pi \cdot 10 \cdot \left(10 - \sqrt{10^2 - 3{,}13^2}\right)}$$

$$\text{HBW} = \mathbf{380{,}2}$$

c) Brinellhärteangabe:

Härtewert	Härte nach Brinell (Hartmetallkugel)	Prüfkugeldurchmesser in mm	Prüfkraft $F = 29\,420$ N mal $0{,}102$
380	**HBW**	**10**	**/ 3000**

173 Wie wird die Rockwellhärte C (HRC) für einen Werkstoff ermittelt?

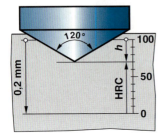

Der Eindringkörper ist ein Diamantkegel mit 120° Spitzenwinkel.
Die Prüfgesamtkraft von 1471 N, die in zwei Stufen (Vorkraft 98 N, Prüfkraft 1373 N) aufgebracht wird, lässt den Diamantkegel in das Werkstück eindringen. Nach Wegnehmen der Prüfkraft wird dann unter Beibehalten der Vorkraft die bleibende Eindringtiefe ermittelt. Diese wird in Einheiten von 0,002 mm umgerechnet, die, von 100 abgezogen, die Rockwellhärte C ergeben.

$$\text{HRC} = 130 - \frac{h}{0{,}002 \text{ mm}}$$

174 Für welche Werkstoffe ist die Härteprüfung nach Vickers besonders geeignet und wie wird sie durchgeführt?

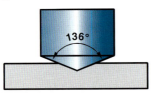

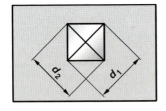

Die Härteprüfung nach Vickers ist für alle Metalle, besonders für dünne Proben geeignet.
Durchführung:
Eine Diamantpyramide mit quadratischer Grundfläche und einem Flächenwinkel von 136° wird in den Prüfkörper eingedrückt.
Die Prüfkräfte liegen im Makrobereich zwischen 49 N und 980 N, im Kleinlast bzw. Mikrobereich zwischen 0,2 und 49 N.
Gemessen wird die Länge der beiden Diagonalen des Abdrucks.
Aus deren Mittelwert kann die Vickershärte HV bestimmt werden.

$$\text{HV} = 0{,}1891 \cdot \frac{F}{d^2}$$

175

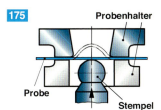

a) Was wird mit dem dargestellten Verfahren an einem Blech geprüft?
b) Beschreiben Sie die Versuchsdurchführung.

a) Mit dem dargestellten Tiefungsversuch nach Erichsen wird die Tiefziehfähigkeit von Blechen und Bändern geprüft.
b) Der Stempelkopf wird langsam so weit gegen die Probe gedrückt, bis ein Riss auftritt. Die im Augenblick des Einreißens in mm erreichte Eindringtiefe des Stempels ist die Erichsentiefe IE und dient als Gütemaßzahl.

176

a) Welcher Werkstoffkennwert wird mit dem „Wöhlerversuch" ermittelt?
b) Beschreiben Sie die Versuchdurchführung.
c) Zeichnen Sie die Wöhlerkurve für das folgende Versuchsergebnis:

Spannungs-ausschlag in N/mm²	Bruch nach Lastspielen
± 350	4 251
± 300	8 401
± 250	21 985
± 200	70 354
± 180	108 701
± 160	10 000 000 o. B.
± 140	10 000 000 o. B.
...	
o. B. = ohne Bruch	

a) In Wöhlerversuchen wird die Dauerfestigkeit (Wechsel- oder Schwellfestigkeit) von Werkstoffen ermittelt.
b) Sechs bis zehn polierte gleichartige Proben werden bei unterschiedlich hoher schwingender Belastung untersucht. Für jede Probe wird ermittelt, nach welcher Schwingungszahl sie zu Bruch geht. Die gesuchte Dauerfestigkeit ergibt sich bei Stahlproben nach 10 Million ertragener Lastspiele, da diese erfahrungsgemäß nicht mehr brechen.
c) Wöhlerkurve

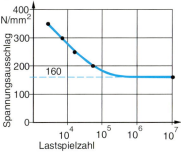

11 Lernfeld-Abschlussprüfung

Auftrags- und Funktionsanalyse	434
Anlage analysieren und Bauteile dimensionieren	437
Ablaufsteuerung planen	438
SPS-Programm erstellen	441
Anlagesicherheit bewerten	443
Energieverbrauch berechnen und verbessern	444
Fertigungstechnik	
Fertigung Planen	446
Fertigung Durchführen	447
Fehlerkosten analysieren und bewerten	448

BERUFSTHEORIE	Bearbeitungszeit: 120 Minuten

Prüfungs-bereich:	Auftrags- und Funktionsanalyse	Fertigungstechnik
Richt-zeiten:	60 Minuten	60 Minuten
Verlangt:	Es sind jeweils alle Aufgaben zu lösen	

Hilfs-mittel: Eingeführtes Tabellenbuch, eingeführte Formelsammlung, Taschenrechner, Zeichengeräte, eingeführte Befehlssätze zu CNC- bzw. Steuerungstechnik

11 Lernfeld-Abschlussprüfung

„Pick and Place – Transfersystem"

Projektbeschreibung

Zum Umsetzen von Werkstücken zwischen der Bearbeitungsstation und dem Transportband wird ein „Pick and Place – Transfersystem" verwendet.
Dabei dient ein Greifer (vgl. Gesamtzeichnung) zur Aufnahme und Arretierung (Spannen) des Werkstücks.

Funktionsbeschreibung der Steuerung

Sobald die Bearbeitungsstation ein Freigabesignal meldet (S1 = 1) und sich der Hubzylinder 2A1 in der hinteren Endlage (2B1 = 1) befindet, wird der Greifer durch den Greiferzylinder 1A1 gelöst (1M1 = 1).
Meldet der Sensor 1B2, dass der Greifer gelöst ist, wird dieser vom Hubzylinder 2A1 in die Aufnahmebohrung des Werkstücks abgesenkt.
Meldet 2B2, dass der Greifer in die Aufnahmebohrung eingefahren ist, wird 1M1 zurückgesetzt und das Werkstück arretiert (gespannt).
Meldet der Sensor 1B1, dass der Greifer das Werkstück sicher erfasst hat (1B1 = 1), hebt der Hubzylinder 2A1 das Werkstück zum Weitertransport aus der Bearbeitungsstation.
Die Greifereinheit wird nach rechts verfahren und wenn der Sensor 3B2 das Erreichen der Absetzposition meldet (3B2 = 1), wird das Werkstück auf das Transportband abgesenkt.
Der Greifer legt das Werkstück ab und die Greifereinheit fährt wieder in die Startposition zurück. Der Zyklus beginnt von neuem.

Sie erhalten im Rahmen einer Kundenübergabe den Auftrag, das Transfersystem zu analysieren, Berechnungen durchzuführen, Abläufe zu planen und Unterlagen zu erstellen bzw. zu vervollständigen.

11 Lernfeld-Abschlussprüfung

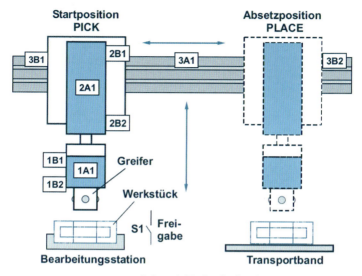

Anlage 1: Technologieschema Pick and Place

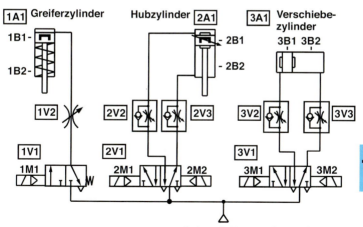

Anlage 2: Pneumatischer Schaltplan

11 Lernfeld-Abschlussprüfung

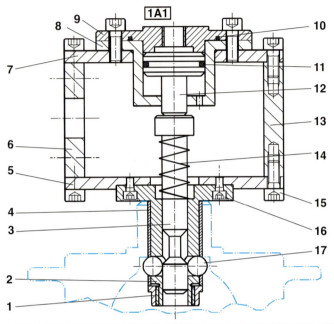

Pos.	Menge	Benennung	Sachnr. / Norm-Kurzbezeichnung	Bemerkung
1	1	Gewindering		C35E
2	1	Führungsbuchse	Rund EN 10278 - 60h11 x 70	16MnCr5
3	1	Spannbolzen	Rund EN 10278 - 20h9 x 94	35S20
4	1	Hülse	Rohr DIN 2391 – A – BK 30 x 26	16MnCr5
5	1	Grundplatte	Flach EN 10278 – 80 x 6 x 120	S235JR
6	1	Aufnahmeplatte	Flach EN 10278 – 80 x 10 x 65	S235JR
7	1	Deckplatte	Flach EN 10278 – 80 x 6 x 120	S235JR
8	1	Führung	Rund EN 10278 - 80h11 x 36	10S20
9	1	Verschlussdeckel	Rund EN 10278 - 80h11 x 15	10S20
10	1	O-Ring axial	DIN 3771 - 40 x 2,65	NB
11	1	O-Ring axial	DIN 3771 - 25 x 3,55	NB
12	1	Kolben	Rund EN 10278 - 35h9 x 350	16MnCr5
13	1	Distanzplatte	Flach EN 10278 – 80 x 10 x 65	S235JR
14	1	Druckfeder	DIN 2098 – 2 x 16 x 45	
15	10	Zylinderschraube	ISO 4762 – M6 x 16 – 8.8	
16	4	Zylinderschraube	ISO 4762 – M4 x 10 – 8.8	
17	4	Wälzlagerkugel	DIN 625 – 6206 RS	100Cr6 ⌀10
		Stückliste	GREIFER	

Anlage 3: Gesamtzeichnung mit Stückliste

AFA 1 Anlage analysieren und Bauteile dimensionieren

1.1 Benennen Sie die folgenden Pneumatikbauteile und erläutern Sie deren Aufgabe im Pneumatikplan (Anlage 2).
- 1A1
- 1V1
- 2V2

1A1: Einfachwirkender Zylinder, der den Greifer betätigt.
1V1: 3/2-Wegeventil, elektrisch betätigt mit Federrückstellung, vorgesteuert, als Stellelement für 1A1
2V2: Drosselrückschlagventil zur Einstellung der Hubgeschwindigkeit (abluftgedrosselt).

1.2 Betrachten Sie die Gesamtzeichnung des Greifers (Anlage 3) und erläutern Sie, wie und welche Bauteile bewegt werden müssen, um das Werkstück zu entspannen.

Die Bauteilebenennung mit Positionsnummer ist dabei anzugeben.

Der Kolben (Pos. 12) des Zylinders 1A1 wird mit Druck beaufschlagt. Dadurch bewegen sich der Kolben (Pos. 12) mit dem Spannbolzen (Pos. 3) nach unten und drücken die Druckfeder (Pos. 14) zusammen. Hat der Spannbolzen (Pos. 3) die vordere Endlage erreicht, gibt seine Aussparung den Raum für die Wälzlagerkugeln (Pos. 17) frei.
Das Werkstück wird entspannt, indem der Greifer vom Hubzylinder 2A1 angehoben wird. Dadurch werden die Wälzlagerkugeln (Pos. 17) durch die Werkstückkante in die Aussparung des Spannbolzen (Pos. 3) geschoben.

1.3 Wählen Sie aus dem Tabellenbuch die Abmessungen für den Hubzylinder 2A1, bei einem Betriebsdruck von 6 bar, einer Werkstückmasse von 32 kg, einer geforderten Hubsicherheit von 2 und einem Wirkungsgrad von 0,88.

$m = 32$ kg; $S = 2$; $\eta = 0{,}88$; $g \approx 10\,\dfrac{m}{s^2}$

Gewichtskraft:

$F_G = m \cdot g = 32\,\text{kg} \cdot 10\,\dfrac{m}{s^2} = 320\,\text{N}$

Erforderliche Zugkraft:

$F_{Z1} = S \cdot F_G = 2 \cdot 320\,\text{N} = 640\,\text{N}$

$F_{Z2} = \dfrac{F_{Z1}}{\eta} = \dfrac{640}{0{,}88} = 727\,\text{N}$

⇨ Kolbendurchmesser 50 mm, Kolbenstangendurchmesser 20 mm.

11 Lernfeld-Abschlussprüfung

AFA 2 Ablaufsteuerung planen

2.1 Der GRAFCET zeigt die ersten fünf Schritte und den letzten Schritt der Ablaufsteuerung. Vervollständigen die fehlenden Angaben im GRAFCET.

Linke Spalte (zu ergänzen):
- 0
- ???
- 1 — ???
- 1B2
- 2 — ???
- ???
- 3 — 1M1:=0
- ???
- 4 — ???
- ???
- 5 — ???
- 3B2
- ⋮
- 10 — 3M2
- 3B1

Rechte Spalte (Lösung):
- 0 "Initialisierung, Grundstellung"
- S1 * 2B1
- 1 — 1M1:=1 "Greifer lösen"
- 1B2
- 2 — 2M1 "Senken"
- 2B2
- 3 — 1M1:=0 "Werkstück spannen"
- 1B1
- 4 — 2M2 "Heben"
- 2B1
- 5 — 3M1 "Verfahren nach rechts"
- 3B2
- ⋮
- 10 — 3M2 "Verfahren nach links"
- 3B1

2.2 Ergänzen Sie die Zuordnungsliste und verdrahten bzw. beschalten Sie die Sensoren und Taster in der elektrischen Zuordnungsbeschaltung.

11 Lernfeld-Abschlussprüfung

Zuordnungsliste und elektrische Zuordnungsbeschaltung		
Symbol	Adresse	Kommentar / Funktion
		Reed-Sensor, Schließer, 1A1 ist eingefahren
	E124.1	Reed-Sensor, Schließer, 1A1 ist ausgefahren
2B1	E124.2	Reed-Sensor, Schließer, 2A1 ist eingefahren
2B2	E124.3	Reed-Sensor, Schließer, 2A1 ist ausgefahren
3B1	E124.4	Reed-Sensor, Schließer, 3A1 steht links
3B2	E124.5	Reed-Sensor, Schließer, 3A1 steht rechts
	E124.6	Taster, Schließer, Start Ablauf
	E124.7	Taster, Schließer, Rücksetzen Grundstellung
1M1	A124.0	
2M1	A124.1	5/2 Wegeventil, 2A1 fährt aus (senken)
2M2		
3M1	A124.3	5/2 Wegeventil, 3A1 verfährt nach rechts
3M2	A124.4	5/2 Wegeventil, 3A21 verfährt nach links

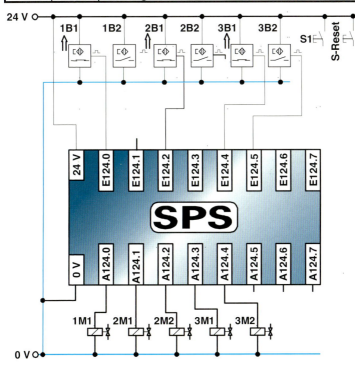

Lösung der Aufgabe **AFA 2.1**

Zuordnungsliste und elektrische Zuordnungsbeschaltung		
Symbol	**Adresse**	**Kommentar / Funktion**
1B1	E124.0	Reed-Sensor, Schließer, 1A1 ist eingefahren
1B2	E124.1	Reed-Sensor, Schließer, 1A1 ist ausgefahren
S1	E124.6	Taster, Schließer, Start Ablauf
S-Reset	E124.7	Taster, Schließer, Rücksetzen
1M1	A124.0	3/2 Wegeventil, 1A1 fährt aus (lösen)
2M2	A124.2	5/2 Wegeventil, 2A1 fährt ein (heben)

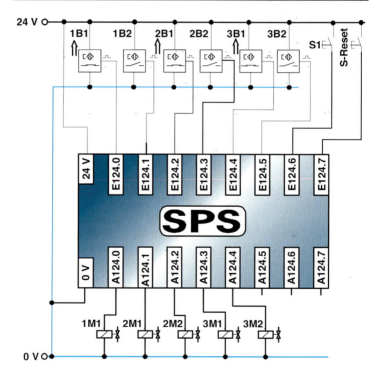

AFA 3 SPS-Programm erstellen

3 Das SPS-Programm wird in der Funktionsbausteinsprache (FUP) programmiert. Dargestellt sind die ersten fünf Schritte. Ergänzen Sie die unterlegten Felder im SPS-Programm.

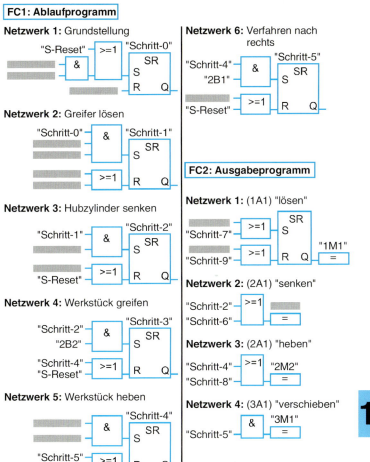

11 Lernfeld-Abschlussprüfung

Lösung der Aufgabe **AFA 3**

FC1: Ablaufprogramm

Netzwerk 1: Grundstellung

"S-Reset", "Schritt-10", "3B1" → ≥1 → S (SR) → "Schritt-0"
"Schritt-1" → R

Netzwerk 2: Greifer lösen

"Schritt-0", "S1", "2B1" → & → S (SR) → "Schritt-1"
"Schritt-2", "S-Reset" → ≥1 → R

Netzwerk 3: Hubzylinder senken

"Schritt-1", "1B2" → & → S (SR) → "Schritt-2"
"Schritt-3", "S-Reset" → ≥1 → R

Netzwerk 4: Werkstück greifen

"Schritt-2", "2B2" → & → S (SR) → "Schritt-3"
"Schritt-4", "S-Reset" → ≥1 → R

Netzwerk 5: Werkstück heben

"Schritt-3", "1B1" → & → S (SR) → "Schritt-4"
"Schritt-5", "S-Reset" → ≥1 → R

Netzwerk 6: Verfahren nach rechts

"Schritt-4", "2B1" → & → S (SR) → "Schritt-5"
"Schritt-6", "S-Reset" → ≥1 → R

FC2: Ausgabeprogramm

Netzwerk 1: (1A1) "lösen"

"Schritt-1", "Schritt-7" → ≥1 → S (SR) → "1M1" =
"Schritt-3", "Schritt-9" → ≥1 → R

Netzwerk 2: (2A1) "senken"

"Schritt-2", "Schritt-6" → ≥1 → "2M1" =

Netzwerk 3: (2A1) "heben"

"Schritt-4", "Schritt-8" → ≥1 → "2M2" =

Netzwerk 4: (3A1) "verschieben"

"Schritt-5" → & → "3M1" =

AFA 4 Anlagesicherheit bewerten

4.1 Erklären Sie dem Kunden, wie sich der Greifer bei elektrischem und pneumatischem Energieausfall verhält?

Bei elektrischem und/oder pneumatischem Energieausfall ist die Greiferfunktion (sicheres Spannen) durch die Feder Pos. 14 gewährleistet.

4.2 Aus Sicherheitsgründen wird vom Kunden gefordert, dass sowohl der Hub- als auch der Verschiebezylinder bei elektrischem Energieausfall <u>sofort</u> stehenbleibt.
Beurteilen Sie, ob die jetzige Anlage diese Anforderung erfüllt.
Machen Sie gegebenenfalls Vorschläge, wie man durch den Austausch von Bauteilen diese Anforderung erfüllen kann.

Die Anforderung ist nicht erfüllt, da bei 5/2-Wegeventilen der Zylinder ganz in die jeweilige Endlage fährt.

Ein sofortiges Stehenbleiben der Hub- und der Verschiebezylinder bei elektrischem Energieausfall wird erfüllt, wenn das 5/2-Wegeventil durch ein 5/3-Wegeventil in Mittelstellung gesperrt ersetzt wird.

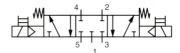

AFA 5 Energieverbrauch berechnen und verbessern

Nach einiger Zeit ändert der Kunde die umzusetzenden Werkstücke. Das neue Werkstückgewicht hat sich um 2/3 verringert, so dass zum Heben der Last nur noch 2 bar und zum Absenken 0,2 bar erforderlich sind.
Um den Luftverbrauch zu mindern, wurden deshalb Druckregelventile (Energiesparventile) eingebaut. An ihnen werden die niedrigeren Drücke 2 bar und 0,2 bar eingestellt.

5.1 **Berechnen Sie die Energieeinsparungen in einem Jahr in Euro und Prozent, im Vergleich zum Betrieb der Anlage mit 6 bar beim Ein- und Ausfahren des Zylinders 2A1.**

Hubzahl:
1 Hub/min, 20 h/Tag,
240 Tage/Jahr

Zylinder:
Kolben ⌀ 50 mm,
Kolbenstange ⌀ 20 mm
Hublänge 10 cm

Luftkosten:
0,06 €/m³

Bisheriger Luftverbrauch:
792 m³/Jahr.

Kolbenfläche: $A_K = 19{,}6$ cm²
Kolbenringfläche: $A_R = 16{,}5$ cm²
Hublänge: $s = 10$ cm
Hubzahl: $n = 1$ min⁻¹
Überdruck im Zylinder beim
Ausfahren / Senken $p_{eA} = 0{,}2$ bar
Einfahren / Heben $p_{eE} = 2$ bar
Luftdruck $p_{amb} = 1$ bar

Luftverbrauch

$$Q = A \cdot s \cdot n \cdot \frac{p_e + p_{amb}}{p_{amb}}$$

Luftverbrauch beim

- Ausfahren / Senken :

$$Q_A = 19{,}6 \text{ cm}^2 \cdot 10 \text{ cm} \cdot 1 \frac{1}{\min} \cdot \frac{0{,}2 \text{ bar} + 1 \text{ bar}}{1 \text{ bar}}$$

$$Q_A = 235{,}2 \frac{\text{cm}^3}{\min} = 0{,}235 \frac{\text{l}}{\min}$$

- Einfahren / Heben :

$$Q_E = 16{,}5 \text{ cm}^2 \cdot 10 \text{ cm} \cdot 1 \frac{1}{\min} \cdot \frac{2 \text{ bar} + 1 \text{ bar}}{1 \text{ bar}}$$

$$Q_E = 495 \frac{\text{cm}^3}{\min} = 0{,}495 \frac{\text{l}}{\min}$$

Gesamtluftverbrauch pro Stunde :

$$Q_{Gesamt(h)} = 0{,}730 \frac{\text{l}}{\min} = 0{,}0438 \frac{\text{m}^3}{\text{h}}$$

Gesamtluftverbrauch pro Jahr :

$$Q_{neu} = 0{,}0438 \frac{\text{m}^3}{\text{h}} \cdot 20 \frac{\text{h}}{\text{Tag}} \cdot 240 \frac{\text{Tage}}{\text{Jahr}}$$

$$Q_{neu} = 210{,}24 \, \frac{m^3}{Jahr}$$

Verbrauchseinsparung pro Jahr in m^3 :

$$\Delta Q = Q_{alt} - Q_{neu}$$

$$\Delta Q = (792 - 210{,}24) \frac{m^3}{Jahr}$$

$$\Delta Q = 581{,}76 \frac{m^3}{Jahr}$$

Kosteneinsparung in Euro :

$$K = \Delta Q \cdot k = 581{,}76 \frac{m^3}{Jahr} \, 0{,}06 \frac{€}{m^3}$$

$$\underline{\underline{K = 34{,}90 \,€}}$$

Kosteneinsparung in Prozent :

$$P_K = \frac{K_{neu}}{K_{alt}} \cdot 100\,\% = \frac{34{,}90 \,€}{47{,}53 \,€} \cdot 100\,\%$$

$$\underline{\underline{P_K = 73{,}4\,\%}}$$

5.2 Welche weiteren Energieeinsparmöglichkeiten sind bei der gesamten Anlage noch möglich?

Druckverluste, die durch Leckage, zu lange Schläuche, zu eng dimensionierte Bauteile (Ventile) usw. bedingt sind, feststellen und beseitigen. Prüfen, ob auch die Zylinder 1A1 und 3A1 mit geringerem Druck betrieben werden können und gegebenenfalls auch Energiesparventile verwenden.

11 Lernfeld-Abschlussprüfung

Die Führungsbuchse (Pos. 2) des Greifers ist zu fertigen.

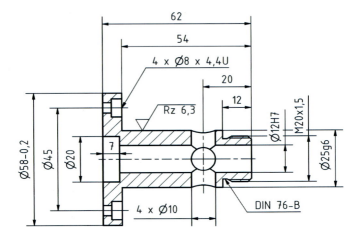

FT 1 Fertigung Planen

1.1 Welche Fertigungsverfahren sind für die Herstellung der Führungsbuchse Pos. 2 erforderlich?

Drehen, Bohren, Gewindedrehen und Flachsenken.
Kompletbearbeitung auf einer CNC-Drehmaschine mit dritter geregelter Achse (C-Achse) möglich.

1.2 Skizzieren und bemaßen Sie den Gewindefreistich DIN 76-B.

Für Feingewinde sind die Maße des Gewindefreistichs nach der Steigung (hier 1,5) zu wählen.

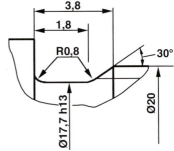

446

FT 2 Fertigung Durchführen

2.1 Ermitteln Sie für das Schlichten mit dem Werkzeug T2 (Schneidplatte VCMT 110404-HCP10) den maximalen Vorschub zum Erreichen der geforderten Oberflächengüte.

$$R_{th} \approx \frac{f^2}{8 \cdot r} \qquad f \approx \sqrt{8 \cdot r \cdot R_{th}}$$

$f \approx \sqrt{8 \cdot 0{,}4 \text{ mm} \cdot 0{,}0063 \text{ mm}} \approx \mathbf{0{,}14 \text{ mm}}$

R_{th} aus der Zeichnung und r der Schneidplattenbezeichnung entnommen.

2.2 Erstellen Sie das CNC-Drehprogramm zur Fertigstellung der Außenkontur einschließlich des Gewindes aber <u>ohne</u> Bohrungen.

Werkzeuge:
- T1 Außendrehmeißel Schruppen
  v_c = 240 m/min
  f = 0,5 mm
  a_p = 5 mm
- T2 Außendrehmeißel Schlichten
  VCMT 110404-HCP10
- T3 Gewindedrehmeißel

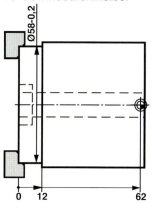

```
%
O1
G26
G96 V240 T101 F0.2 M04
G00 X62 Z0
G92 S3000
G01 X-0.4
G00 X62 Z2
G71 P10 Q20 I0.2 K0.1 D5 F0.5
G26
G96 V280 T202 F0.14 M04
G00 X17 Z1
G46
N10 G01 X17 Z0
X20 Z-1.5
Z-8.2
X17.7 A210 R0.8
Z-12 R0.8
X24.9865
Z-54
N20 X62
G40
G26
G97 V20 T303 M04
G00 X20.2 Z1
G76 X18.16 Z-9 K0.92 F1.500 H6
D0.05
G26
M30
```

Traub TX 8

FT 3 Fehlerkosten analysieren und bewerten

Bei der Montage der Zylinderreihe für den Hubzylinder 2A1 ergaben sich zu hohe Nacharbeitskosten.
Eine Fehlersammelkarte der Kalenderwoche 21 gibt Ihnen Auskunft über die Fehlerart, Fehlerhäufigkeit und Fehlerkosten.

FEHLERSAMMELKARTE		Summe KW 21	
Fehler-Nr.	Fehlerart	Fehler Gesamt	Kosten je Fehler
1	Schmutzabstreifer fehlt	5	8 €
2	Dichtung defekt	12	40 €
3	Gewinde beschädigt	10	30 €
4	Kolbenstange schwergängig	12	10 €
5	Kratzer am Zylinderrohr	10	6 €

3 Erstellen Sie eine Kosten-Pareto-Analyse.
Bearbeiten Sie dazu die folgende Tabelle und stellen Sie anschließend das Ergebnis im Pareto-Diagramm dar.
Ziehen Sie geeignete Schlussfolgerungen.

Tabelle

Rang	Fehler-Nr.	Gesamt-kosten in Euro	Gesamt-kosten in Prozent	Kumulierte Prozent-werte
1				
2				
3				
4				
5	1	40 €	4 %	100 %

Lösung der Aufgabe FT 3

Tabelle:

Rang	Fehler-Nr.	Gesamt-kosten in Euro	Gesamt-kosten in Prozent	Kumulierte Prozent-werte
1	2	480 €	48 %	48 %
2	3	300 €	30 %	78 %
3	4	120 €	12 %	90 %
4	5	60 €	6 %	96 %
5	1	40 €	4 %	100 %

Diagramm:

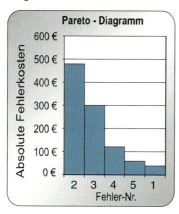
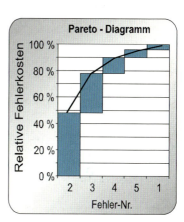

Schlussfolgerungen:
Die Fehler „Dichtung defekt" (Fehler-Nr. 2) und „Gewinde beschädigt" (Fehler-Nr. 3) sind für rund 80 % der Fehlerkosten verantwortlich. Folglich sollte in erster Linie die Kontrolle bzw. Fertigung dieser Teile optimiert werden.

Sachwortverzeichnis

Abbe'scher Grundsatz 24
Ablaufsteuerung 256, 317
Abluftdrosselung 270
Abnutzungsvorrat 186
Abscherberechnung 150
Abschrecken 397
Abtragen 120
Achsen 155
Adressbus 346
Algorithmen 346
Allgemeintoleranzen 42
Aluminium 413
-guss 413
-legierung 402
Anweisungsliste 304
Äquidistante 333
Arbeit, elektrische 372
Arbeitssicherheit 52
Arithmetischer Mittelwert 223
Auflagerkräfte 155
Aus
-funken 116
-schneiden 81
-tauschbau 39
Austenit 382
Automatenstahl 394
Axiallager 161

Bahnsteuerung 324
Basic -Programme 348-351
Befestigungsgewinde 147
Beißschneiden 80
Benchmarking 212
Beschichten 204-206
Betriebssystem 344
Bewegungsgewinde 147
Bezugspunktsymbole 323
Biegen 69

Biegeradius 69
Bohren 89
-, Einstellwerte 90-91
Bohrer 89
-typen 90
Breiten 76
Brennschneiden 127
Bügelmessschraube 26-27
Bussysteme 346
Byte 342

Carbonitrieren 402
Chrom 411
CNC 319-339
-Drehen 326-330
-Drehprogramme 327,329
-Fräsen 331-339
-Fräsprogramme 325
-Steuerungsarten 324
-Unterprogramm 331
-Wegmesssysteme 320
-Werkzeugformdatei 339
Computertechnik 342
CPU 345

Daten
-bus 346
-speicher 344
Dauer
-bruch 380
-festigkeit 379
-form 58
-modell 55
Dichteberechnung 408
Dichtungen 165
-, dynamische 165
-, statische 165
Dielektrikum 121, 125
Diffusionsglühen 395
Diode 369
Direktes Teilen 111
Disjunktive Normalform 260
Drahterodieren 124

Drehen 96
Drehmomentberechnung 155
Druck
-gießen 60
-regelventil 299
Dualzahl 343
-berechnungen 343
Durchdrücken 64
Duroplaste 416

Eckenwinkel 101
ECM 125
EC-Senken 126
Effektor 362
Eichen 18
Eingriffsgrenzen 241
-berechnung 244
Einheiten 12
-, umrechnen 13-14, 263
-, Vorsätze 13
Einheits
-bohrung 44
-welle 44
Einsatzhärten 399
Eisen 389
-Gusswerkstoffe 403
-werkstoffe 378
Elastizität 379
Elastomere 416
Elektrochemische
-, Abtragung 125
-, Korrosion 201
-, Spannungsreihe 201
Elektroden 140
Elektrolyt 125
Elektropneumatik 284-289
Elektrotechnik 366-376
-berechnungen 370-374
-, Gefahren 375
-, Schutzmaßnahmen 375

12 Sachwortverzeichnis

Endmaße 20
-kombinationen 21-22

Erodieren 120

EVA-Prinzip 342

Faserverlauf 73

Feder 153
-kennlinien 154
-stahl 394

Fehler
-klassen 208
-sammelkarte 219
-, systematische 16
-, zufällige 16

Fein
-gießen 57
-schneiden 84

Ferrit 382

Fertigungsverfahren 54

Festigkeit 379

Festigkeits
-berechnung 148, 427
-klasse 148

Festkörperreibung 158

Festlager 163, 171

FI-Schutzschalter 376

Flachriemen 176

Flammhärten 400

Fließ
-grenze 192
-kurve 62
-pressen 64
-späne 88
-spannung 62

FMEA 216-217

Folge
-schneidwerkzeug 81
-verbundwerkzeug 83

Form
-sand 58
-toleranz 48

Formelumstellung 13, 14

Fräsen 107

Freiheitsgrad 359

Freiwinkel 86

Fügen 129

Fühlerhebelmessgerät 29

Funkenerosives Abtragen 121

Funktions
-diagramm 271
-plan 257
-tabelle 258

Gas
-flaschen 135
-nitrieren 401
-schmelzschweißen 136

Gauß´sche Normalverteilung 223

Gegenlauffräsen 107

Genauigkeitsgrad 22

Gesamt
-schneidwerkzeug 81
-verbundwerkzeug 83

Geschwindigkeitsverhältnis 116

Gesenk
-formen 74-75
-schmieden 72
  Ober- 73
  Unter- 73

Gestalt
-abweichung 33
-festigkeit 379

Gestreckte Länge 71

Getriebe
-berechnung 180
  Schnecken- 181
  Zahnrad- 181

Gewinde 146
-arten 146
  Befestigungs- 147
  Bewegungs- 147
-bohrer 95
-herstellung 95, 104
-, mehrgängiges 147
-, metrisches 146
  Trapez- 147

Gießen 54
  Druck- 60
  Fein- 57
  Kokillen- 59
  Sand- 59
  Schleuder- 59
  Vollform- 60

Glättungstiefe 34

Gleichlauffräsen 107

Gleichungen
-, umstellen 14

Gleitlager 158-160
-berechnung 59
  Hydrodynamische- 159-160
  Hydrostatische- 160

Glühverfahren 395

GRAFCET 277-288, 315, 438

Grat
-bahn 75
-bahnverhältnis 76
-rille 75
-spalt 75

Grauguss 404

Grenz
-abmaße 40
-lehrdorn 30
-rachenlehre 31
-wellenlänge 35

Grundabmaß 45

Guss
-eisen 403
-eisenwerkstoffe 404
-fehler 59
-werkstoff 403

Halbleiter 369

Handhaben 356
-Teilfunktionen 356

Handhabungs
-funktionen 357
-symbole 357
-technik 356-364

Härte 379
-angaben 400
-prüfverfahren 427-430
-temperatur 396

Härten 395

Hartmetalle 423

Hauptnutzungszeit-
berechnung 92, 358

12 Sachwortverzeichnis

Hebelberechnung 156
Histogramm 228
Höchst
-maß 41
-spiel 47
-übermaß 47
Honen 117
Hydraulik 290-301
-öl 290-291
-pumpen 293-295
-rohre 296
-schläuche 297
-speicher 300
-symbole 291
-ventile 295, 299, 301

Indirektes Teilen 111-112

Induktionshärten 401

Industrieroboter 359
-Antriebsaggregate 361
-Greifer 362
-Kinematik 360
-Programmierung 363-364
-Schutzmaßnahmen 364

Injektor 137

Inspektion 188

Instandhaltung 186

Instandsetzung 189

Ishiwaka 215

Istmaß 39

Justieren 17

Kalibrieren 18

Kaltumformen 61

Kegel
-drehen 106
-größen 32
-prüfen 32

Keile 151

Keil
-riemen 176
-winkel 78, 86

Kernmodell 55

Klassen
-grenzen 228
-weite 227

-zahl 227

Kleben 129

Klebstoffe 130

Kokillenguss 59

Kolkverschleiß 100

Kontaktplan 257

Korrosion 200
-arten 202
-elektrochemische 201
-schutz 202, 204-206
-schutz –aktiv 204
-schutz –passiv 204
-selektive 203

Kristallgemisch 384
-Zustandsschaubild 387

Kugelgraphitguss 405

Kunststoff 415-418
-eigenschaften 415
-herstellung 417
-struktur 415

Kupfer 411

Kupplungen 175

Kurzhubhonen 117

KV-Diagramm 259, 261

Lager 156-157
-ringe 164
Axial- 161
Fest- 163
Gleit- 158
Los- 163
Nadel- 164
Radial- 161
-schmierung 165
Wälz- 160
-werkstoffe 157
-zapfenbemaßung 174

Lagetoleranz 48

Langhubhonen 117

Läppen 119

Läppverfahren 117

Laser 128

Legierung 383-388
-Abkühlungskurve 383

Lehren 12, 31
-, Form- 31
-, Gewinde- 32
-, Grenz- 31
-, Maß- 31

Leichtmetall 407

Leistung, elektrische 371

Leiter, elektrische 369

Lernfeldaufgaben
-, „Abfüllmaschine" 312
-, „Abschlussprüfung" 434
-, „Antriebseinheit" 166
-, „Düsennadel" 227
-, „Dauerbetrieb" 288
-, „Fallmagazin" 307
-, „Instandhaltung" 195
-, „Maschinenfähigkeits-
    untersuchung" 231
-, „Pareto-Analyse" 219
-, „Regelkarten" 243
-, „Ritzelwelle" 170

Lichtbogen 138
-kennlinien 139

Lochen 81

Logische Verknüpfungen 257

Loslager 163, 171

Lote 133

Löten 131

Magnesium 414

MAK-Wert 53

Mangan 412

Manipulator 357-358

Martensit 382

Maschinenfähikeits-
untersuchung 231

Maß
-bildungsreihen 21
-einheiten 12

Massenberechnung 408

Menüprogramm 347

Messen 12

Messerschneiden 79

12 Sachwortverzeichnis

Mess
-abweichung 16
-fehler 16, 27
-geräte 20
-geräte, pneumatische 30
-schieber 24, 26
-uhr 28
-unsicherheit 17
-schraube 17

MFU 231

Middle Third 242

Mindest
-einschraubtiefe 149
-maß 41

Mischkristall 384
-Zustandsschaubild 385-387

Mischreibung 158

Mittenrauwert 34

Modell 54
-ausschmelzverfahren 57
　Dauer- 55
-grundfarben 58
　Kern- 55
-lackierung 58
　Natur- 55

Modul 179

Mutterformen 148

Nadellager 164

Naturmodell 55

Neigungswinkel 101

Nennmaß 39

Neutrale Faser 69

Nichteisen
-Legierungen 409
-Metalle 407-414
-Metalle -Kurzeichen 410
-Schwermetalle 408

Nichtleiter 369

Nickel 412

Nitrieren 401

Nonien 23, 25

Normale 18

Normal
-glühen 395

-verteilung 223

Nullpunktverschiebung 328

Oberflächen
-beschaffenheit 37
-kenngrößen 34
-messgeräte 34
-prüfung 33
-symbole 37

Ohmsches Gesetz 368

Öle 192

Parallaxenfehler 19

Parallelendmaße 20

Pareto-Analyse 218-220

Pascal-Programm 347, 352-354

Passfeder 151
-bemaßung 153

Passungen 43

Passungs
-rost 164
-system 43

Penetration 193

Perlit 382

PFU 235-239

Plasma-Schneiden 128

Play-Back 363

Pneumatik 263-274
-berechnungen 266
-ventile 266
-, Zeitsteuerung 274

Poka-Yoke 212

Poly
-addition 417
-gonwellen 151
-kondensation 417
-merisation 417

Positioniergenauigkeit 361

P-Profil 35

Pressschweißen 134

Primärsteuerung 298

Programmablaufplan 346

Proportionalventil 301

Prozess
-abbild 303
-fähigkeitsuntersuchung 235
-kennwerte 235
Prüfen 12
-, subjektiv 12
-, objektiv 12

Prüfmittel 20
-fähigkeit 17

Punkt
-last 162, 164
-steuerung 324

Qualitäts
-audit 211
-elemente 209
-kosten 214
-management 208
-managementsystem 209
-merkmale 208
-prüfung 100 % 214
-prüfung 210
-regelkarten 240
-stähle 391
-störgrößen (7"M") 210
-zirkel 211

Querschneide 89-90

Randschichthärten 396

Raumgitter 381

Rau
-heitsprofil 35-36
-tiefe 34, 86
-tiefe, theoretische 37

Rechte-Hand-Regel 322

Regel
-einrichtung 255
-karten 240

Regelung 254

Reibahle 93
　Hand- 94
　Maschinen- 94
-, Teilung 93

Reiben 93
-, Schnittdaten 94

Reibung 198
　Festkörper- 158
　Misch- 158

12 Sachwortverzeichnis

Reißspäne 88

Rekristallisationsglühen 395

Relais 285, 371

Riementrieb 176
-berechnungen 177-178, 183

Roboter 359

R-Profil 36

Run 242

Sandgießen 56

SCARA-Roboter 360

Scher
-fläche 82
-schneiden 79
-späne 88

Schleifen 113

Schleif
-fehler am Bohrer 92
-mittel 115
-scheibengefüge 113
-verfahren 117

Schleuderguss 59

Schlupf 177

Schmiedegesenk 72

Schmieden 72
  Gesenk- 76

Schmier
-fette 190-194
-stoffe 190
-stoffkennzeichen 191

Schneckengetriebe 181

Schneiden
  Beiß- 80
  Fein- 84
-, geometrisch bestimmt 87
-, geometr. unbestimmt 87
-radiuskorrektur 327
  Scher- 79
  Messer- 79

Schneid
-kraft 81, 82
-spalt 81, 83
-stoff 88
-vorgang 80

Schnell
-arbeitsstahl 393

-entlüftungsventil 267

Schnitt
-fläche 81
-kraft 103
-streifen 85

Schrauben
-berechnungen 149
-, Festigkeitsklasse 148
-formen 147
-herstellung 147-148
-sicherungen 149

Schutz
-gasschweißen 141
-klassenzeichen 376

Schweißen 134

Schweiß
-brenner 137
-nahtarten 139

Schwellfestigkeit 380

Schwermetall 407

Schwindmaß 55

Sekundärsteuerung 298

Selbsthaltung 287

Senkerodieren 122

Sensoren 275

Seven Tools 215

Sicherheitszeichen 52

Sicherungen 375

Signalformen 255

Sinter
-metall 422
-werkstoffe 421-423

Sinuslineal 23

Span
-bildung 87
-formen 87
-formstufen 100
-winkel 86

Spanen 86

Spann
-rolle 177
-weite 223

Spannung
-; elektrische 367

Spannungs
-armglühen 395
-Dehnungs-Diagramm 62, 426
-messung 368
-quellen 368
-reihe 201

SPC 221

Spezifische Schnittkraft 102

Spielpassung 44

SPS 302-318
-, Ablaufsteuerung 317, 441
-, Programmiersprachen 303
-, Zuordnungsbeschaltung
   307, 316, 440

Stahl 389
-Anlasstemperatur 398
-Arten 390
-Eigenschaften 389
-Einteilung 390
-gruppen 391
-herstellung 389
-Norm 392
-Nummernsystem 391
-unlegiert 392
-Wärmebehandlung 395

Standardabweichung 223

Standzeit 112

Statistische Prozessregelung
221

Stauchen 76

Steigen 76

Steuer
-bus 346
-einrichtung 255

Steuerungstechnik 254

Stichprobenprüfung 221

Stifte 150

Stirnrad
-schrägverzahnt 182

Strangpressen 64-65

Streckensteuerung 324

Streifenbild 85

Strom 366
-arten 366

© Holland + Josenhans 455

12 Sachwortverzeichnis

-kreis 366-367
-laufplan 257
-regelventil 295
-richtung 367
-wirkung 373

Struktogramm 346

Summenhäufigkeit 229

Systematische Fehler 16

Tastschnittverfahren 34

Transformator 371

Taylor'scher Grundsatz 31

Teach-In 363

Teilung von Längen 15

Teleoperator 358

Tellerfeder 153

Temperguss 405

Thermisches Trennen 127

Thermoplaste 416

Tiefungsversuch 431

Tiefziehen 65
-, Berechnungen 67-68

Titan 414

Toleranz 39
-feld 48
-grad 45
-klasse 45

Topfzeit 131

Transportieren 356

Trend 241

Trennen 78

Übergangspassung 45

Übermaßpassung 45

Umfangslast 162, 164

Umformen 61
 Biege- 61
 Druck- 61
-, Hauptarten 76
 Kalt- 61
 Schub- 61
 Warm- 61
 Zug- 61
 Zugdruck- 61

Umform
-grad 62
-verfahren 61

Urformen 54

Urliste 227

Verbundwerkstoffe 419

Vergüten 398

Verknüpfungssteuerung 256

Viskosität 192, 291

Vollformgießen 60

Volumenberechnung 53

Vorrichtungen 184

Wahrscheinlichkeit 222
-snetz 225

Walkpenetration 194

Wälzlager 160
-körper 160
-montage 161

Warmarbeitsstähle 77

Wärme
-behandlung 395
-dehnung 15, 162

Warmumformen 61

Warngrenzen 241
-berechnung 244

Wartung 187

Wechselfestigkeit 380

Weichglühen 395

Wellen 155
-arten 156
-dichtungen 164-165

Welle-Nabe-Verbindungen 151-152

Wendeschneidplatten 100

Werkstoff
-eigenschaften 378
-Gefüge 381
-prüfung 424-431
-prüfverfahren 424
-technik 378-431

Werkzeug
-bahnkorrektur 333
-schneide 78

-stahl 396

Widerstand, elektrischer 368

Wiederholgenauigkeit 361

Winkel
-funktionen 93, 323
-addition 13

Wirbelsintern 206

Wirkungsgrad 369

W-Netz 225

Wöhlerversuch 431

Wolfram 413

Zähigkeit 379

Zahnrad 179
-berechnungen 179-183
-pumpe 293
-, schrägverzahnt 182
-, Stirnrad 182

Zehnerregel 214

Zeitstandversuch 425

Zementit 382

Zentrierbohrung 173

Zertifizierung 211

Zieh
-leisten 68
-spalt 66
-verhältnis 67

Zink 411

Zinn 412

Zufällige Fehler 16-17

Zugversuch 426
-berechnung 427

Zuluftdrosselung 270

Zuordnungsbeschaltung 307, 316, 440

Zuordnungsliste 304

Zustandsschaubild 385

Zweihandsteuerung 268

Zylinderstifte 150